KB092997

무자비한
알고리즘

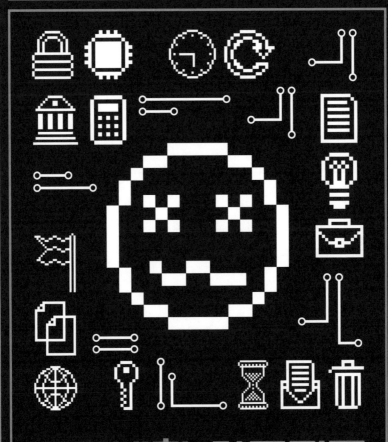

무자비한 알고리즘

왜 인공지능에도 윤리가 필요할까?

카타리나 츠바이크 지음 | 유영미 옮김

니케북스

차례

3부 기계와 더불어 더 나은 미래로 가는 길

왜, 인공지능 윤리인가

들어가는 말

곳곳에서 인공지능이 들어와 인간들에 대해, 인간들과 더불어, 인간들을 위해 결정을 내리고 있다. 가능하면 현명한 결정이 내려질 수 있도록, 우리는 어떤 것이 좋은 결정이며, 과연 컴퓨터가 우리 대신 그런 결정을 내릴 수 있을지 생각을 해보아야 한다. 이를 위해 나는 독자들을 이런 문제의 배경이 되는 기계(머신)의 영역으로 안내하려고 한다. 이 영역에서 독자들은 데이터과학자들이 데이터를 근거로 결정을 이끌어내기 위해 어떤 방법들을 활용하는지를 볼 수 있을 것이다. 그리고 이 일에 독자 한 사람 한 사람이 참여할 여지가 있음을 알 수 있을 것이다. 한 사람 한 사람이 어떤 결정을 하는가가 중요하기 때문이다. 사회가 중요한 결정들을 기계에 위임하려면 기계가 이 사회의 문화적·도덕적 기준에 따라 행동한다는 것을 믿을 수 있어야 한다. 그리하여 나는 이 책에서 무엇보다 독자들의 권한을 일깨우고, 알고리즘과 관련하여 종종 엄습해오는, 통제력을 잃었다는 느낌을 없애주고자 한다. 독자들에게 알고리즘과 관련해 필요한 개념들을 설명해주고, 어느 부분에 어떻게 개입할 수 있는지를 보여주고자 한다. 컴퓨터과학자들과 더불어, 나아가 회사 대표나 정치인들과 더불어 인공지능의 의미와 무의미를 토론할 수 있도록 독자들에게 지식을 전달하고자 한다.

인공지능이 사회 각 영역으로 들어오고 있는 이유는 무엇일까?

우선은 그것이 인간에게서 귀찮은 반복 노동의 일부분을 덜어주어 일을 더 효율적으로 만들어주기 때문이다. 그러나 한편으로 우리는 인공지능이 인간보다 우월한 위치에서 결정을 내리는 데 사용되는 것을 보게 된다. 데이터에 기초해, 구직 지원서를 낸 사람들 중에 어떤 사람이 면접을 보러 오는 것이 좋을지 골라주기도 하고, 전공적합성을 평가해주기도 하고, 누군가가 폭력 성향을 가지고 있는지 등도 평가해준다.

어쩌다 많은 사람들이 기계가 인간에 대해 인간보다 더 나은 판단을 할 수 있다고 여기게 된 건 것일까? 그것은 우선 컴퓨터가 인간은 도저히 분석할 수 없는 양의 데이터를 처리할 수 있기 때문이다. 하지만 내게 그보다 중요해 보이는 것은 현재 우리 스스로 인간의 판단력을 별로 신뢰하지 못한다는 점이다. 2002년 대니얼 카너먼Daniel Kahneman이 인간의 비합리성에 대한 연구로, 2017년 리처드 탈러Richard H. Thaler가 '넛지Nudge'[1]에 대한 연구로 노벨상을 수상한 이래 우리는 인간을 굉장히 비합리적이고 조작당하기 쉬운 존재로, 주관적이고 편파적인 존재로 여기게 되었다. 물론 우리 각자는 자신보다 타인을 더 비합리적이라고 여긴다.[2] 타인이 자신의 개성이나 복합성을 잘못 판단하는 경우를 곧잘 겪기 때문이다. 그래서 우리는 매수당할 가능성이 없는 기계가 더 객관적인 결정을 내려줄 수 있기를, 기계가 가진 '비법'으로 인간행동의 패턴과 규칙을 찾아내고, 그로써 더 확실한 예측을 해주기를 바란다.

이런 희망은 어디에서 오는 것일까? 최근 전 세계의 인공지능 개발자들은 컴퓨터가 인공지능을 통해 20년 전만 해도 해결이 불가능할 것으로 보이던 과제를 얼마나 빠르고 효율적으로 해결할 수 있는지를 보여주었다. 기계는 매일같이 수십억 개의 웹사이트를 검색해 우리가 원하는 최상의 결과를 제시해준다. 사진에서 반쯤 숨겨진 자전거나 보행자를 알아볼 수 있고, 이어질 그들의 움직임을 신빙성 있게 예측할 수 있다. 체스와 바둑에서 최고의 고수들을 물리칠 수도 있다. 그러므로 기계가 사회를 도와 인간에 대해 공정한 판단을 해주지 않을까 하는 생각이 드는 건 자연스럽다.

많은 사람들은 이를 통해 더 객관적인 결정을 내릴 수 있을 거라고 믿는다. 실로 많은 곳에서 객관적인 결정을 필요로 한다! 알고리즘 기반 의사결정 시스템이 오늘날 이미 강력한 영향력을 발휘하고 있는 나라는 미국이다. 미국에는 지구 전체 수감자의 무려 20퍼센트가 수감되어 있고, 아프리카계 미국인들은 백인에 비해 구금될 확률이 6배에 달하는 가운데, 국민들은 잠재적으로 인종주의가 끼어들 수 없는 시스템을 원한다. 그리고 이런 분위기는 '재범 가능성 예측 알고리즘'의 도입으로 이어졌다. 이는 예전에 범법행위를 한 사람의 재범 가능성을 평가하는 알고리즘이다. 이런 시스템은 재범을 저지르는 사람들에게서 종종 발견되고 그렇지 않은 사람들에게서는 드물게 발견되는 특성에 대한 자동분석에 기초한다. 여기서 나를 충격에 빠뜨린 것은 도입되어 여러 번 사용된 이런 알고리즘 기반 결정 시스템이 경범죄와 관련해서는 최대 30퍼센트, 중범죄와 관련해서는 최대 75퍼센트까지 오판(!)을 한다는 사실이었다. 즉 알고리즘이 재범 확률이 높다고 판단한 사람들 중에서 경범죄 예측에서는 열 명 중 세 사람이 재범을 하지 않았고, 중범죄 예측에서는 네 명 중 한 사람만이 그런 행위를 저질렀다. 이것이 충격적인 것은 일반적인 재범 확률을 고려해 비전문가가 주먹구구식으로 추측한 결과도 이런 알고리즘에 별로 뒤지지 않기 때문이다. 게다가 이런 경우는 최소한 자신이 순전히 짐작으로 맞혔음을 의식하며 조심스럽게 임하기라도 한다.

그러면 기계가 인간을 판단할 때 어떤 점에서 그르치게 될까? 학제 간 연구를 해온 학자인 나는 소프트웨어의 영향과 부작용을 특별한 시각으로, 즉 사회정보학social informatics이라는 관점으로 관찰하고 있다. 사회정보학은 정보학informatics 분야의 신생 학문으로, 컴퓨터과학뿐 아니라 심리학, 사회학, 경제학, 통계물리학의 접근방법들을 활용한다. 사회정보학자들은 기술과 프로그래머의 상호작용 및 유저와 소프트웨어의 상호작용은 이를 전체 시스템으로서 고려해야만 이해할 수 있다고 본다. 그리고 그런 시스템을 '사회기술 시스템'이라 부른다.

나는 15년 넘게 컴퓨터로 복잡한 세계를 언제 어떻게 더 잘 이해할 수 있을지를 연구해왔다. 연구 수단은 바로 '데이터를 활용가능하게 만드는' 데이터마이닝data mining이다. 이로써 나는 지구상에서 가장 섹시한 직업을 가진 사람 중 하나인 셈이다.[3] 다른 사람들에겐 거대한 양의 데이터에 파묻혀 통계적인 방법으로 흥분을 자아내는 연관을 찾아내느라 주말을 송두리째 바치는 것이 그리 유혹적으로 들리지 않겠지만 말이다. 하지만 처음부터 내가 이런 직업을 가지려고 했던 건 아니다. 처음 컴퓨터과학을 접했을 때 나는 그저 데이터마이닝을 연구에 활용하고자 하는 자연과학 대학원생이었다. 그리고 연구에 이런 방법들을 사용해도 될지, 그 결과가 정말로 신빙성이 있을지 늘 의심스러웠다. 내가 대학에서 택한 첫 전공이 수학과는 거리가 먼 것이었기 때문이다. 나는 학부에서 생화학을 전공하며 생물학, 의학, 물리학, 화학 분야의 기본지식을 습득했다. 하지만 이 전공과정에 통계학은 한 시간도 포함되어 있지 않았다.

그 뒤 나는 당시 신생학문인 생물정보학을 공부하며 점점 불어나는 바이오데이터를 연구하기 위한 방법들을 고안하고 적용하는 것을 배웠지만, 이 과정에서도 통계학은 접하지 못했다. 이 두 전공 공부를 하며 과학이론을 배운 적도 없다. 나는 자연과학 전공 커리큘럼에 통계학이나 과학이론이 누락되어 있는 것이 자못 위험한 학문적 공백을 초래하고 있다고 본다.

사정이 이렇다 보니 많은 정보학자와 엔지니어들이 데이터들로부터 순수하고 객관적인 진실을 끌어낼 수 있다고, 특히 인공지능의 토대인 머신러닝machine learning(기계학습)과 데이터마이닝을 통해 모든 복합적인 문제를 해결할 수 있다고 맹신하는 것도 놀랄 일이 아니다. 자신들이 다루는 것이 모델일 따름이라는 걸 알지 못하면 쉽게 다음과 같이 떠벌릴 수 있기 때문이다. "삶의 매 순간 최대의 능력을 발휘하고 싶지 않은가? 그런 삶은 생산적이고 효율적이고 영향력이 크다. 당신은 (드디어) 초능력을 갖게 될 것이며, 여가시간을 훨씬 많이 누리게 될 것이다. 이런 세계가 재미없다고 생각하며 예측할 수 없는 리스크를 감수하는 사람들이 있을지도 모른다. 하지만 이윤을 중시하는 조직은 그렇게 생각하지 않을 것이다. 이런 조직들은 이미 리스크를 줄이기 위해 높은 연봉을 주고 경영자들을 고용하고 있으니 말이다. 업무과정을 최적화하고 이윤을 극대화할 수 있도록 도와주는 수단이 있다면, 그것이 무엇인지 알아야 할 것이다. 바로 분석에 기초한 예측을 활용하면 그런 멋진 도움을 받을 수 있다."[4]

사실 이것은 어느 길지 않은 컴퓨터과학 교과서의 서문에서 인용한 글이다! 여기서 좀더 나아가 '피고용인의 능력을 예측'하는 데이터마이닝 소프트웨어를 만드는 회사들은 이렇게 광고할지도 모른다.

"(…)양질의 데이터가 충분하기만 하면 예측은 얼마든지 가능합니다. (…)채용과정에서 자칫 불확실한 감정이 개입되지 않게끔, 데이터에 기반한 의사결정 시스템으로 대치하십시오!"[5] 채용이라는 말이 나왔으니 잘됐다. 이제 우리의 '카이KAI'가 독자들의 채용을 기다리고 있기 때문이다. 카이는 이 책의 동반자가 되어주고자 한다. 카이는 인공지능이라서[독일어로 인공지능은 KI(künstlich Intelligenz), 영어로는 AI(artificial intelligence)라 둘을 합쳤다] 인간을 이해하는 데 좀 애를 먹는다. 하지만 엄청 노력을 하긴 한다!

앞의 두 인용문을 읽으며 내가 카이를 과도하게 신뢰하지 않도록 경고하고 싶어 한다는 것을 이미 예감했을 것이다. 이 책은 우리가 머신러닝의 결과들을 너무 쉽게 믿지 말아야 할 때가 언제인지를 보여주고자 한다. 한편 데이터마이닝, 즉 알고리즘을 통해 데이터들을 처리하는 것으로 어떤 유익을 얻을 수 있는지를 아는 것도 중요하다. 그리하여 이 책은 알고리즘에 기반한 의사결정 시스템이 어떤 부분에서 믿을 수 없는지 구체

인공지능, 즉 독일어로는 KI, 영어로는 AI, 그래서 카이KAI. 카이가 이 책에서 독자들의 동반자가 되어줄 것이다. 카이는 능력이 많지만 아직 약간 단순하다. 그러니 그에게 잘해주기 바란다!

적으로 제시하고, 알고리즘에게 결정을 위임하는 것이 가능한 경우 그 시스템을 어떻게 감시해야 하는지를 제안하고자 한다. 또한 이를 위해 시스템을 어떻게 개발하고 통제하고 감독해야 최상의 결정을 내리는 데 뒷받침을 받을 수 있을지를 모색해보고자 한다.

이 책은 독자들에게 컴퓨터가 인간에 대해 판단할 수 있는지, 현재로서 그 일을 그리 잘할 수 없는 이유가 무엇인지, 그것을 어떻게 개선시킬 수 있는지를 보여줄 것이다. 동료 인간에 대한 잘못된 판단을 내리는 것을 막기 위해 알고리즘 기반의 의사결정 시스템을 투입해서는 안 되는 경우들에 대해서는 특히나 주목하려고 한다. 알고리즘이 무조건 객관적이고 확실하다는 이미지에 호도되어서는 안 되기 때문이다.

이 책은 세 부분으로 구성된다. 1부는 자연과학적인 인식 방법들을 제시하고, 인공지능 시스템을 만들기 위한 도구상자를 소개할 것이다. 2부에서는 독자들에게 정보학의 ABC를 소개하면서 기계 영역으로 들어가 볼까 한다. A(알고리즘Algorithm), B(빅데이터Big Data), C(컴퓨터지능Computer Intelligence), 그리고 그것들이 서로 어떻게 연관되는지를 살펴볼 것이다. 이어 3부에서는 어느 부분에서 윤리를 고려해야 할지, 그리고 이 과정을 어떻게 바람직하게 진행할 수 있을지를 다루려고 한다.

그렇게 이 책은 독자들이 어떤 지점에서 개입할 수 있도록, 집단으로서 더 나은 결정을 내릴 수 있도록 독자들에게 도구를 쥐여주고자 한다.

도구상자

인공지능 시스템은
어떻게 만들어지는가

'인공지능'을 다루기 위해서는 올바른 도구가 필요하다. 회사나 국가가 앞으로 의사결정 알고리즘을 투입하려 계획하고 있다면, 독자들도 이 책에 소개된 네 개의 도구로 무장하고, 경각심을 가져야 할 부분과 안심해도 좋을 부분을 분별해야 한다. 위험해 보인다고 다 위험한 건 아니기 때문이다.

1장
판단력이 떨어지는 로봇 재판관

학문적 연구 결과 앞에서 '아 어떻게 이럴 수가 있지?' 하는 속수무책인 심정이 되어 앉아 있었던 것이 처음은 아니었다. 하지만 이때가 가장 충격적이기는 했다. 동료 박사과정생인 토비아스 크라프트Tobias Krafft와 나는 미국에서 법정에 투입된 특별한 소프트웨어의 예측 결과를 살펴보았고, 한 국가가 중요한 과정에 동원한 예측도구가 얼마나 신빙성이 없는지를 알고는 거의 경악했다. 알고리즘을 동원하여 어떤 사람이 범죄를 저지를지 예측하겠다는 발상은 영화 〈마이너리티 리포트〉를 떠올리게 한다. 그 영화에서 톰 크루즈는 예지자precogs들과 협력하여 미래에 범죄를 저지르게 될 사람을 확인하고 추적하는 경찰을 연기한다. 그들이 범죄를 저지르기 전에 톰 크루즈가 그들을 체포할 수 있는 것이다. 이 영화는 유명한 SF 소설 작가 필립 K. 딕Philip K. Dick이 1956년에 발표한 단편소설을 각색한 것이다. 이제 이 소설적 상황은 우리에게 현실이 되었다. 다만 예측하는

기계의 정확성이 결여되어 있을 따름이다.

영화와 달리, 예측하는 소프트웨어는 자신이 무슨 일을 하는지 제대로 알지 못한다. 다만 그 소프트웨어는 자신이 판단해야 하는 모든 범법자들에 관한 기본적인 정보들을 얻는다. 나이와 성별을 비롯해 그들이 이미 몇 번 수감되었는가, 지금까지 어떤 종류의 범법행위를 했는가 하는 정보다. 컴퓨터는 이로부터 '리스크 점수'를 환산한다. 이를 자동차보험의 보험요율 등급처럼 상상하면 된다. 자동차보험에서는 사고를 낼 위험성이 높은 사람들과 낮은 사람들을 각각 다른 등급으로 분류한다. 그런데 누군가가 이런 등급으로 분류될 때 이상한 일이 일어난다. 자신은 아무것도 하지 않았는데도 전에 이런 등급에 분류되었던 사람들과 동일한 대우를 받는 것이다. 같은 그룹으로 분류된 이들이 사고를 많이 냈던 경우는 보

1부 도구상자

험료를 더 많이 내고, 그렇지 않은 경우는 더 적게 낸다. 처음 등급이 매겨질 때, 보험료를 얼마만큼 낼 것인가는 개인의 미래 행동에 달려 있지 않고, 자신이 어떤 사람들과 닮았으며 이 사람들이 과거에 어떤 행동을 했는지에 좌우되는 것이다.

그렇다면 미래에 범법행위를 할지 예측하는 과정은 어떻게 돌아갈까? 원칙은 일단 동일하다. 컴퓨터가 재범을 저지르는 사람들에게서 종종 나타나지만 재범을 저지르지 않고 사회에 잘 동화된 사람들에게서는 드물게 나타나는 특징들을 확보한다. 그러면 이런 특징들은 재범 가능성 판단 기준이 된다. 자동차보험에서 중요한 기준은 운전자의 나이와 무사고 경력이다. 이것은 뭐 공정하다고 할 수는 없지만, 그래도 복잡하지는 않다. 자동차보험 등급을 인성테스트 같은 걸로 산정할 수는 없는 노릇 아니겠는가.

단순하고 쉽게 측정할 수 있는 특성을 도구로 등급산정을 하는 것은 물론 효율성을 높이기 위해서다. 그러나 그 절차는 만 18세에 면허를 취득한 모든 운전자를 같은 선상에 놓고, 그들의 추후 등급은 더 이상 세대가 아니라 운전경력에만 좌우되게끔 하는 한 공정하다.

하지만 우리가 연구한 '컴퍼스COMPAS'라는 이름의 재범 예측 소프트웨어의 등급판정 절차는 그다지 공정하다고 할 수 없다. 이와 관련한 질문지에서는 기존의 범법행위에 대한 정보 외에 부모나 형제자매가 전과자인지, 부모가 일찍 이혼을 했는지 등도 묻는다. 이것은 개개인에게 영향을 미칠 수 있는 상황들이지만, 개개인이 책임지거나 바꿀 수 있는 사안이 전혀 아니다.[1] 소프트웨어회사가 중요하다고 여기는 특성들에 근거해서 범법자들이 평가되고 등급이 매겨지는 것이다. 그렇게 해서 누군가가 과거에 재범을 했던 사람들이 많은 그룹에 들어가면, 소프트웨어는 이 사람 역시 재범을 할 거라고 본다.

이 평가알고리즘은 약 70퍼센트의 정확성에 도달했다고 선전되고 있다.[2] 하지만 나와 토비아스는 한 국가가 법정에 투입하는 소프트웨어임을 감안하면 이 정도 정확성은 우려스러운 것이라고 봤다. 의료계에서 이 정도의 확률은 정말이지 불충분하다고 여겨질 것이다. 재범 확률이 가장 높은 것으로 예측된 그룹에서 실제로 얼마나 많은 사람들이 재범을 했는지 보여주는 결과를 보니 경미한 범법행위에서는 70퍼센트를 조금 웃도는 예측률을 보였지만, 폭력을 동반한 범법행위를 저지를 거라고 예측된 사람들 중에서는 25퍼센트만이 재범을 한 것으로 드러났다. 즉 네 명 중 한 사람의 경우에만 예측이 맞아떨어진 것이다. 다른 연구자들은 이런 분야의 문외한들도 이와 비슷한 예측을 할 수 있다는 것을 보여주었다.[3]

그리하여 나는 지난 3년간 어째서 이렇게 예측률이 낮은 알고리즘을 사용하려 하는 사람들이 있는지, 정부는 어째서 그런 알고리즘에게 중요한 결정을 위임하거나 알고리즘을 사들이는지를 알고자 했다. 그리고 우리가 어떻게 하면 더 나은 소프트웨어를 만들 수 있는지, 본질적으로 알고리즘에게 결정을 맡겨서는 안 되는 상황들이 있는지를 규명하고자 했다. 하지만 이것이 독자들과 무슨 관계가 있을까? 이 모두는 기술적인 것이라 독자들이 전혀 개입할 여지가 없는 것이 아닐까?

최근의 경험에 비추어보면 우리가 우리의 삶을 결정하는 알고리즘을 변화시킬 기회란 없는 듯싶다. 구글, 페이스북, 아마존… 모두가 아주 복잡하고 일상에서 멀어 보인다. 개인이나 지역사회가 이런 전 세계적인 알

고리즘에 영향을 끼칠 수 있다는 생각
은 터무니없어 보인다. 통제를 할 수
없을 듯하다는 무력감은 이런 회사들
이 규제를 잘 피해갈 수 있는 지역에 둥
지를 틀고 있다는 사실뿐 아니라 기술 자
체 때문이기도 하다. 인공지능 기술은 데이
터로부터 진실을 추론해내는 접근방식으로
서, 종종 데이터를 근거로 굉장히 객관적인
방식으로 결정을 내릴 것처럼 여겨지기 때문이

다. 이런 상황에서 일반인들에게 남은 선택지는 두 가지다. 우리는 우리
에 대해 결정하는 알고리즘을 원하는가, 원하지 않는가? 이런 디지털화
를 거부할 것인가, 아니면 많은 새로운 서비스를 위해 우리 개인의 데이
터를 넘겨줄 것인가?

　다행히 우리는 이 책에서 알고리즘 기반의 의사결정 시스템을 살펴보
며 우리의 선택지가 이 두 가지만은 아니라는 것, 그리고 우리 자신이 이
런 시스템에 개입할 수 있다는 걸 알게 될 것이다. 개입할 수 있을 뿐 아
니라 개입해야 한다. 우리의 고용주가, 교육기관이, 보험사가, 국가가 이
런 의사결정 시스템을 활용할 것이며, 그런 활용에 우리는 피고용인으로,
학생으로, 소비자로, 시민으로 연루될 것이기 때문이다. 우리는 반대할
수 있고, 개발과정에 개입할 수도 있다.

　하지만 어느 부분에 개입하고 영향을 미칠 수 있을까? 이를 알기 위해
인공지능 메커니즘이 어떻게 기능하는지, 특히 이른바 머신러닝이 어떻

그림 1 기계를 통한 의사결정 과정은 데이터와 기계를 전문적으로 처리한 결과다.

게 작동하는지를 이해하는 것이 중요하다. 그런데 그 과정은 독자들이 생각하는 것만큼 객관적이거나 자동조절되지 않는다. 오히려 주먹구구식에 가깝다. 이로부터 탄생하는 결정 시스템은 여러 부분이 얼기설기 조립되어 있을 따름이며, 많은 부분에서 조절가능하다. 그러므로 이런 기계들 중 여럿은 세심하게 감시하는 것이 너무나 중요하다.

이 책에서는 우리가 인공지능을 어떻게 설계하고자 하고, 어느 때 감시해야 하는지, 어느 부분에서 적극 활용할 수 있고, 어느 부분에서는 활용하면 안 되는지 하는 질문에 천착하고자 한다.

데이터과학은 피고용자, 소비자, 시민으로서 독자들의 영향력을 필요로 한다. 그리하여 독자들의 이해를 돕기 위해 도구상자를 꾸려보았다.

결정에 쓰이는 도구들

다음에 소개하는 도구를 갖추고 나면 독자들은 1) 스스로 개입해야 할지, 2) 어느 부분에서 그렇게 할 수 있는지, 3) 자신의 평가가 기계를 감시하에 활용하는 것에 어떤 영향을 미치는지를 알게 될 것이다. 모든 부분에서 개입할 필요는 없기 때문이다. 어느 때 개입해야 할지 알 수 있도록 첫 도구를 당신의 손에 쥐여주고자 한다. 바로 알고스코프Algoscope(알고리즘과 현미경을 뜻하는 마이크로스코프를 합친 조어)라는 도구다. 알고스코프는 관심을 가져야 하는 시스템을 선별해주는 역할을 한다.

 인공지능을 활용하는 모든 시스템에 관심을 가져야 할까? 최근 여러 학자가 이런 질문에 대해 생각했고 2013년 빅토르 마이어쇤베르거Viktor Mayer-Schönberger와 케네스 쿠키어Kenneth Cukier가 함께 쓴 《빅데이터—우리의 삶을 바꿀 혁명Big Data—Die Revolution, die unser Leben verändern wird》이라는 책에서 일반적인 알고리즘 검사법을 도입했다. 하지만 이런 검사법은 뒷부분에서 제시할 이유에서 그리 필요하지는 않다. 무엇보다 알고리즘 기반의 의사결정 시스템을 전부 다 시험대에 올릴 필요는 없기 때문이다. 내부의 역학을 감독하고 조절할 필요가 있는 시스템들은 다음과 같다.[4]

 • 인간에 대해 결정하는 시스템

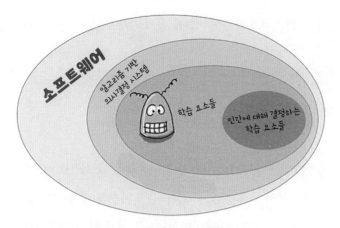

그림 2 알고스코프는 우리가 어떤 종류의 소프트웨어에 신경을 써야 할지를 말해준다. 우리가 조심해서 다루어야 할 시스템은 직접적으로 인간에 대해 결정하는 알고리즘 시스템, 또는 간접적으로 인간과 관계된 결정을 내리는 알고리즘 시스템이다.

- 인간에 관계된 자원에 대해 결정하는 시스템
- 인간의 사회참여 가능성을 변화시킬 결정을 내리는 시스템

전체 알고리즘 중에서 이런 시스템이 차지하는 비율은 적다. 이렇듯 윤리적으로 중요한 알고리즘 기반 의사결정 시스템에 초점을 맞추려는 노력을 나는 알고스코프라 부른다. 왜 이런 시스템들만 통제하고 조절하면 되는지를 2부와 3부에서 설명하려고 한다.

가령 결함이 있는 나사를 분간해 생산 벨트로부터 밀어내는 결정을 내리는 시스템은 이에 속하지 않는다. 경작지에 정확히 비료를 공급하는 시스템도 특별히 감시해야 할 시스템은 아니다. 반면 의심스러운 경우 사고로 이어질 수 있는 자율주행자동차는 이런 범주에 속한다. 단순히 이미지

를 인식하거나 언어를 번역하는 시스템은 이에 속하지 않지만, 만약 해당 시스템이 자율주행자동차에 장착되어 사고 발생 요인이 될 수 있는 경우라면 문제가 또 다르다. 의료 영역의 인공지능 시스템은 단연 조심스럽게 감시 감독해야 한다. 하지만 처방전 없이 살 수 있는 약품을 추천하는 시스템은 그에 해당하지 않는다.

따라서 인공지능 알람이 울리면, 일단 그 시스템이 무엇을 결정해야 하는지를 보아야 한다. 직접적으로나 간접적으로 인간에 관여하지 않는 경우는 그냥 편하게 생각하면 된다.

하지만 인간의 삶에 대해 결정하는 시스템인 경우 기계를 통한 결정의 질은 다음 요소들에 달려 있다.

- 투입되는 데이터의 질과 양
- 사안의 특성에 대한 기본적인 가정

• 사회가 '좋은' 결정이라고 여기는 것

세 번째 좋은 결정에 대한 물음은 정보학의 시각으로 말하자면 '좋은 결정을 내리는 모델'을 구축하는 것이다. 알고리즘이 철학에서 '도덕'이라 부르는 것을 추구할 수 있으려면 어떤 결정이 이런 도덕에 얼마나 부응할지를 기계가 '측정할 수' 있어야 한다. 그래야만 컴퓨터는 결정을 최적화할 수 있다. 그러나 그것은 그리 간단하지 않다. 소프트웨어를 활용해 가능하면 통학거리가 최단거리가 되도록 학교를 배정하려 한다고 하자. 이때 통학거리가 평균적으로 짧아야 할까? 아니면 통학할 수 있는 최대거리를 정해 어떤 아이도 그 이상을 통학하지 않도록 해야 할까? 이렇듯 추후에 어떻게 품질 평가를 할지 결정해야 알고리즘이 문제해결을 얼마나 잘했는지를 측정할 수 있다. 이렇게 알고리즘이 구현한 모델이 정말 좋은 모델인지 판단할 수 있도록 추상적, 이론적 특성을 관찰 및 측정 가능하도록 만드는 과정을 '운영화'라고 부른다.

이런 결정 외에 통학거리 계산을 위해 컴퓨터에 어떤 정보가 주어지는가도 중요하다. 차가 막히지 않는 시간대의 버스 이동 소요시간을 기본으로 할 것인가, 실소요시간을 기본으로 할 것인가? 이런 결정을 우리는 컴퓨터가 해결해야 할 '문제 모델'이라 부른다.

따라서 데이터처리 결과가 미리 정해놓은 도덕을 따르기 위해서는 측정가능하게 하는 운영화Operationalization, 문제 모델Model of the problem, 알고리즘Algorithm이 조화를 이루어야 한다. 이것이 바로 OMA 원칙이며, 독자들을 위한 두 번째 도구다. OMA 원칙이 정확히 무엇이며, 이것을 어떻게 다루어야 할지는 2장 시작 부분에 여러 예를 통해 소개할 것이다.

하지만 인간에 대한 결정을 기계에게 위임할 수 있을지, 어느 때 위임할 수 있을지를 판단하기 위해서는 OMA 원칙으로도 충분하지 않다. 이를 위해서는 전체 과정에서 이루어지는 일을 고려해야 한다.

다음 그림은 알고리즘 기반 의사결정 시스템을 개발하고 활용하는 데 얼마나 많은 과정을 거치는지를 보여준다. 이런 과정을 이 책에서 하나씩 하나씩 설명하도록 하겠다. 이렇게 긴 과정을 거치는 것이 문제가 되는 이유는 무엇보다 각각의 결정의 책임이 많은 이들에게로 분산되어 나중에 어느 한 사람에게 책임을 묻기가 힘들기 때문이다. 현재로서 독자들에게 중요한 것은 일단, 이 과정에서 기술적 지식을 요하는 부분은 소수이며, 매 단계에서 독자들이 말을 보탤 수 있고 보태야 하는 측면들이 존재한다는 것이다. 이런 그림이 묘사하는 바를 나는 책임성의 긴 사슬[5]이라 부른다. 이 책은 이런 사슬을 따라, 그리고 이런 사슬 주변에서 전개될 것이다. 이 책임성의 긴 사슬이 바로 독자들의 도구상자에 들어갈 세 번째 도구다. 이 도구가 어디를 봐야 할지를 알려주기 때문이다.

의사결정을 도출하는 기계를 얼마만큼 강하게 감시할지는 기본적으로 그것이 어느 정도의 손해를 초래할 수 있으며, 그 손해를 얼마나 잘 막을 수 있는지에 따라 달라진다. 이를 위해 당신에게 감독필요성 측정이라는 도구를 쥐어주고자 한다. 이 도구는 여러 통제조치와 연결된 것으로, 기계실을 보여준 뒤 몇몇 예를 통해 이 도구를 설명하도록 하겠다.

이 도구들로 상자가 꾸려졌다. 도구 사용법을 자세히 알게 되면, 이것들의 도움으로 어떤 부분에서 개입하는 게 좋을지를 결정할 수 있을 것이다.

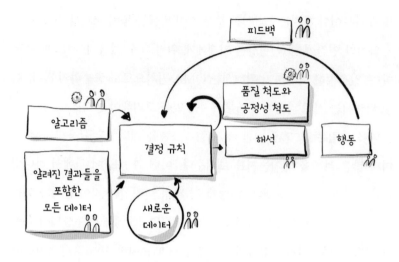

그림 3 책임성의 긴 사슬. 기술적 지식을 요하는 부분은 단 두 군데다. 하지만 모든 부분에서 당신은 개입할 수 있고 개입해야 한다. 각 과정에 대해, 그리고 이 과정에서 무엇이 잘못될 수 있는지를 앞으로 자세히 설명하도록 하겠다. 그림 속의 톱니바퀴 표시는 이 부분에서 이루어져야 할 결정에는 기술적인 지식도 필요하다는 뜻이다. 사람 표시는 이런 부분에서는 건강한 인간 이성으로 족하며 사회적 논의가 필요하다는 것이다.

본격적으로 인공지능 기계실을 안내하기 전에 우선 자연과학 실험실을 잠시 돌아보려고 한다. 인공지능의 목표는 인지능력을 모방하는 것이기 때문이다. 특히 관찰로부터 세계에 대해 추론하는 것, 즉 데이터로부터 인식을 얻는 것이 그에 속한다. 이것은 물론 자연과학의 주된 영역으로, 우리는 몇백 년 전부터 성공적으로 그 일을 해왔다.

컴퓨터가 일하는 방식은 한편으로는 인간과 비슷하지만, 다른 한편으로는 굉장히 다르다. 자, 이렇게 말하는 이유가 무엇인지 살펴보도록 하자.

2장

자연과학의 팩트 공장

실험실 안이 후끈하다. 나는 흰 가운 차림으로, 겹겹이 쌓아놓은 페트리접시 앞에서 허리를 굽힌 채 끙끙대며 수를 세고 있다. "1,001, 1,002, 1,003…" 나는 배양접시의 작은 반짝이는 점들을 센다. 이 점들은 효모세포 하나가 분열을 거듭해, 그 후손들이 육안으로 분별할 수 있는 세포더미를 만들어내고 있음을 보여준다. "1,004, 1,005, 1,006…" 암 연구에서 비중 있게 여겨지는 생물학적 발견을 팩트로 뒷받침하는 것이 이렇게 단조로울 줄 누가 생각이나 했겠는가? 생화학 공부를 시작했을 때 나는 그런 일이 더 짜릿할 거라고 상상했었다.

당시 우리는 효모세포가 암 발생을 이해하는 데 중요한 과정인 이른바 세포자살(아포프토시스Apoptosis)을 단순한 버전으로 실행하고 활용하는지를 규명하고자 했다. 더 이상 제대로 일하지 못하는 세포는 세포자살을 통해 스스로 사멸하여 처리하기 쉽게 쪼그라든 채 식세포에게 먹힌다. 세포예정사라고도 불리는 이 과정은 다세포생물에게는 아주 중요하다. 세포자살이 잘 이루어지지 않고 세포가 계속 자라면 암이 발생할 수 있기 때문이다. 세포자살을 통해 손상된 세포가 마구 증식하지 않고 사멸하는 것이 중요하다.

효모세포는 이런 연구를 수월하게 해주는 여러 특성을 가지고 있다.

그런데 효모는 사실 단세포생물로, 암이 생길 수 없다. 그렇다면 어째서 효모세포는 이런 세포자살 과정을 거치는 것일까? 단세포도 그렇게 하는 게 무슨 유익이 있는 걸까? 이것이 바로 내가 졸업논문에서 규명해야 하는 문제들이었다.

기본 생각은 이러했다. 세포가 예쁘게 '포장된' 상태로 스스로 쪼그라들어 자살하지 않고 통제되지 않고 터지듯이 죽으면 효소와 다른 물질들이 주변으로 방출되어 주변 세포들을 손상시킬 수 있다. 따라서 '곱게' 죽음을 맞이하는 세포자살의 첫 번째 유익은 효소가 이웃 세포들을 손상시키지 않는 것이다. 이제 나는 이런 유익 말고 두 번째 유익도 있을 수 있는지를 점검해야 했다. 즉 쪼그라들어 곱게 죽은 자살세포가 다른 효모세포의 먹이로 활용될 수도 있는지를 말이다. 효모세포들은 보통 자신의 후손 바로 옆에서 살기에, 자살세포들은 손주나 증손주들에게 양분으로 재활용될지도 몰랐고, 정말 그렇다면 세포자살의 전단계라 부를 수 있는 과정이 단세포생물에게서도 나타나는 이유를 설명할 수 있을 터였다.

이런 학문적 가설을 테스트하기 위해서는 서로 다른 조건에서 효모세포의 생존능력을 측정하는 실험을 해야 했다. 그리하여 나는 효모세포들을 죽기 시작할 때까지 증식시킨 뒤[1] 그들의 잔해가 떠다니는 액체를 증발 농축시켜, 이 농축액을 새로운 효모세포 배양액에 공급했다. 원래의 효모배양액은 단순히 소수의 효모만이 성장할 수 있는 환경이었다.

가설을 테스트하기 위해 효모배양액의 일부에는 증발된 농축액을 공급했고, 일부에는 공급하지 않았다. 공급하지 않은 배양액은 이른바 대조군이었다. 우리는 농축액을 공급받은 효모세포들이 공급받지 못한 세포들보다 더 많이 증식하는지를 알고자 했다. 그러기 위해서 특정 시점에 배양액을 조금 채취해 배양접시에 발라놓았고, 이것이 성장하여 세포군체를 이루면 그 개수를 세었다.

하지만 대조군과 농축액 공급집단을 비교하는 것은 완전히 공정하지는 않다. 누군가는 먹이를 받고, 누군가는 먹을 것이 없으면 당연히 먹이가 있는 쪽이 더 많이 증식하지 않겠는가. 그리하여 우리는 세 번째 대조군을 만들었다. 이들은 비슷한 과정으로 생산된 같은 양의 농축액을 공급받지만, 이 농축액은 사멸한 세포들이 아닌 젊은 세포들에서 나온 것이었다. 즉 세포자살 없이 성장하는 중인 군체에서 나온 농축액이었다.

나는 이 세 그룹 중 어느 것이 더 많은 후손을 생산하는지를 세어야 했다. 죽음을 맞은 세포들에서 나온 농축액을 공급받은 그룹일까, 아니면 젊은 세포들의 농축액을 공급받은 그룹일까, 아니면 농축액을 공급받지 못한 그룹일까? 나는 그렇게 앉아서, 세고, 세고 또 세었다. 그로부터 나는 세 개의 '분포'를 얻었다. 분포를 보면 어느 특성이 전체 그룹에 어떻게 분산되는지를 알 수 있다. 가령 재산분포를 보면 얼마나 많은 사람들이 백만장자이고, 얼마나 많은 사람들이 빈곤선 이하의 생활을 하고 있는지를 알 수 있다. 내 실험에서 나온 생존율 분포는 각각 어떤 실험군 혹은 대조군에서 최소 100개, 혹은 최소 300개의 군체를 확인했는지를 보여주었다. 먹이를 공급하지 않은 경우, 젊은 세포들의 농축액을 공급한 경우, 죽어가는 군체의 농축액을 공급한 경우, 이 세 가지 상황에서의 군체의 수를 알려주는 것이었다. 그리고 우리가 발견한 것은 놀라웠다. 물론 먹이를 공급받은 두 배양접시가 먹이를 공급받지 못한 배양접시보다 훨씬 더 증식률이 높았다. 그러나 죽어가는 할머니 세포들의 농축액을 공급받은 효모들이 성장 중인 젊은 세포들의 농축액을 공급받은 효모들보다 훨씬 상태가 좋았다. 먹이를 공급받지 못한 대조군에 비하면 최대 8배나 많은 세포들이 살아남았고 젊은 세포들의 농축액을 공급받은 대조군에 비해서도 3배나 많았다.

따라서 이제 우리는 데이터를 앞에 두게 된 것이며, 이런 생존율의 차이로부터 직접적으로 할머니 세포들의 농축액이 도움이 된다는 결론을 도출할 수 있을지를 결정해야 했다. 물론 먹이를 공급받지 않은 배양액에서는 세포가 전혀 살아남지 못했고, 젊은 세포들의 농축액을 공급받은 배양액에서는 아주 조금 살아남았고, 할머니 세포들의 농축액을 공급받은 배양액에서는 굉장히 많은 세포가 살아남았다면 아주 이상적일 것이다. 그러나 세상에는 곧장 확실히 인식할 수 있을 만큼 서로 차이가 나는 상황이 그리 많지 않다. 물론 나는 먹이를 공급받은 배양액들을 각각 여러 개의 배양접시에 옮겨서 군체들을 세웠다. 젊은 세포 농축액을 공급한 배양접시들에서는 대부분 1,000개 이하의 군체들을 볼 수 있었고, '할머니 먹이'를 공급한 대부분의 배양접시들에서는 확연히 그보다 더 많은 군체들을 확인할 수 있었다. 그러나 몇몇 접시들은 어떤 먹이를 공급했건 약

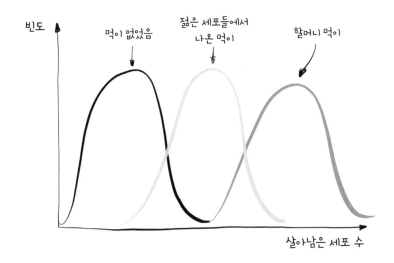

1,000개 정도로 비슷한 군체가 나왔다. 다른 말로 하자면 분포가 서로 겹쳤다. 위의 그림이 이런 상황을 도식적으로 보여준다. 하지만 평균의 차이가 이로부터 결론을 이끌어낼 정도로 충분한 것일까? 이것이 '통계적으로 유의미'할까?

이를 계산하는 통계학 방식은 좀 다르다. 우선은 할머니 배양접시에서 더 좋은 성적이 나온 것이 단지 우연은 아닌지를 묻는다. 같은 배양액에서도 살아남는 세포 수가 번번이 다르기 때문이다. 순수 통계적으로도 생존 세포 수는 다르게 나온다. 주사위를 100번 던진 뒤, 또다시 100번을 던진다고 하자. 이 두 실험에서 6이라는 숫자가 몇 번이나 나올까. 당연히 서로 다른 빈도로 나올 것이다. 하지만 다행히 통계학자들은 이런 경우 빈도가 보통 어느 정도 차이를 보이는지를 알고 있다. 주사위 던지기에서는 이런 차이가 그리 크지 않으며, 차이가 많이 벌어지는 경우는 별로 없다.

효모세포도 마찬가지다. 이제 우리가 서로 다른 두 효모배양액에서 샘플 하나씩을 채취할 때, 통계학자는 관찰되는 차이와 기대되는 차이(즉 같은 배양액에서 채취한 두 샘플이 보여줄 수 있는 차이)를 비교한다. 그리하여 관찰되는 차이가 기대되는 차이와 비슷하면, 이런 차이를 통계적으로 유의미하지 않은 것으로, 즉 의미가 없는 것으로 본다. 이런 경우는 같은 배양액에서 채취한 샘플 사이에서도 우연히 나타날 수 있는 정도만큼밖에 차이가 없는 것이다. 하지만 차이가 클수록, 한 배양액의 세포들이 다른 배양액에서보다 더 생존능력이 있다는 가설이 확인된다.

그러나 생화학 전공 수업에는 과학이론 수업이나 생화학적 데이터를 통계적으로 정확히 분석하는 수업이 포함되어 있지 않았고,[2] 우리 모두가 수학을 좋아하는 것도 아니었으므로 이런 자료 앞에서 당혹감을 느꼈다. 나는 수학을 좋아하긴 했지만, 할머니 세포 농축액을 공급한 배양액이 젊은 세포 농축액을 공급한 배양액보다 통계적으로 유의미하게 생존능력이 높다는 것을—선지식이 없는 상태에서—학문적으로 정확히 입증할 만한 수학적 능력은 없었다.

그리하여 나는 참조하기 위해 통계학 책들을 집어 들었고, 그 속에 파묻히다시피 했다. 그러나 어떤 방법이 더 옳은지 속 시원히 가르쳐주는 '레시피'는 그 어느 곳에서도 찾지 못했다. 가령 분포도 정규분포 외에 여러 가지가 있는데 나는 그 차이를 구별할 줄 몰랐다. 그리하여 나는 결국 가장 단순한 방법으로 밀고 나갔고, 그런 알량한 통계학적 지식으로 맹인들 사이에서 외눈박이 여왕으로 등극하는 형국이 되었다. 나는 쉽게 설명되지 않는 모든 것에 이 방법을 적용했다. 그렇게 하는 게 틀리지 않으면

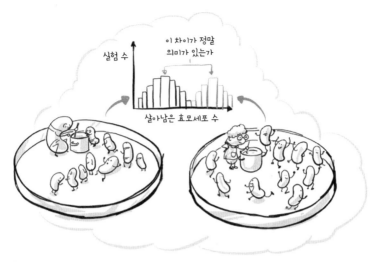

실험 수

이 차이가 정말 의미가 있는가

살아남은 효모세포 수

통계적 유의미성 테스트가 결과의 의미를 측정한다.

그림 4 통계적 유의미성 테스트는 관찰된 두 분포가—가령 여기에서는 두 배양액에서 살아남은 세포 수—서로 눈에 띄는 차이를 보이는지를 평가한다.

좋겠다는 희망을 품으면서 말이다.

그리하여 나의 졸업논문과 관련해서는 할머니 농축액을 먹은 세포들이 확연히 생존율이 높은 것으로 드러났다. 그러나 어떤 것에 대한 '높은 확률'은 아직 확실한 것이 아니어서, 그로부터 직접 인과관계를 도출할 수는 없다. 그것은 상관관계일 따름이다. 상관관계란 어떤 두 가지 특성이나 행동방식이 종종 함께 나타나는 것으로 관찰됨을 말해준다. 이런 관찰에 근거하여 여기에 인과적 연관이 있을 수도 있다는 가설을 정립할 수 있다.

그렇게 나는 9개월간의 실험으로 커다란 수수께끼에 작은 퍼즐조각을 놓았던 것이다.

그리고 여기서 우리가 알고리즘의 기계실로 가는 길에 자연과학 실험실을 먼저 들른 이유가 드러난다. 이 책이 다루는 알고리즘에서 역시, 알고리즘이 어떤 상관관계를 발견했다고 해서 그로부터 직접 인과성을 추론할 수는 없기 때문이다. 종종 함께 등장하는 두 가지 특성을 발견하면, 기계는 "첫 번째 것을 보면 두 번째 것도 등장하리라고 기대해도 좋아!"라고 처리한다. 우리의 경우에 대입하면 "할머니 먹이를 먹은 세포들이 늘 더 잘 살아남아!"라고 하는 것이다.

생물학에서는 다행히 비슷한 실험을 지속적으로 하고, 그것을 분석하다 보면 실험 결과를 신뢰할 수 있다. 나의 논문 지도교수였던 프랑크 마데오Frank Madeo는 많은 박사과정생들을 데리고 그런 연구를 하여, 지금은 단세포인 효모세포들이 "세포자살을 하는 데는 유익한 이유가 있다"[3]는 것이 확실한 학문적 사실로 정립되었다. 그러나 나는 당시의 생물학 시험을 끝으로, 통계학에 흥미를 느껴 정보학으로 전공을 바꾸고 말았다.

데이터 생산자에서 데이터 분석자로

그때부터 데이터를 평가하는 데 최상의 방법을 찾는 즐거움은 나를 놓아주지 않았다. 결과를 의미 있게 해석하기 위해 언제 어떤 방법을 활용할 수 있을지 하는 질문도 늘 머릿속을 맴돌았다. 독일어에는 이런 방법적 지식을 표현하는 명백한 개념이 없지만 영어에서는 이를 리터러시literacy[4]라고 한다. 이 말은 상당히 포괄적인 개념으로, 사실에 대한 지식, 문제해결을 위해 사실을 비판적으로 취사선택하는 것, 그리고 마지막으로 문제 해결능력 자체를 아우른다. 인공지능 영역에서도 바로 이런 능력이 필요하다. 여기서도 언제 어떤 방법으로 데이터로부터 최상의 추론을 할 수 있을지가 결코 명확하지 않기 때문이다.

당시 나는 실험실 일을 그만둘 수 있게 되어 홀가분했다. 실험실에서 데이터를 얻는 것은 상당히 힘든 일이었다. 그리고 내게 더 많은 기쁨을 주는 부분이자 늘 소홀히 취급되는 부분은 바로 데이터 분석이었다. 각각의 인과 고리를 만들기 위해 정말 많은 실험과 관찰이 필요하다는 사실이 정말 좌절스럽게 다가왔다. 인과 고리causal chain란 어떻게 특정 관찰에 이르게 되는지를 설명하는 사실들의 나열이다. 그런데 머신러닝은 관찰된 행동에 대한 데이터를 근거로 상관관계가 충분하면, 새로운 데이터에 대해서도 결정을 내릴 수 있다고 약속한다.

물론 이것은 좀 어폐가 있는 가정이다. 타일러 비겐Tyler Vigen은 자신의 웹사이트 '거짓된 상관관계zweifelhafte Korrelationen'[5]와 동명의 저서 《거짓된 상관관계Spurious Correlations》[6]에서 이 문제를 인상적으로 다루었다.[7] 그의 웹사이트에는 정부가 공개한 데이터들이 실려 있다. 그리하여 '앨라배마주 이혼 건수' 같은 데이터에서는 이혼 건수가 몇 년이 흐르면서 어떻게 변화하는지를 보고, 이를 또 다른 데이터와 비교할 수 있다. 비교 결과 이 두 값이 함께 늘어나거나 감소하면 둘 사이에 높은 상관관계가 있다고 볼 수 있다. 상관관계가 얼마나 높은지는 수학공식으로 측정할 수 있다. 타일러 비겐의 웹사이트에서 하나의 데이터를 선택하면, 이 데이터와 상관관계가 높은 다른 데이터들이 주욱 정렬된다. 그렇다면 앨라배마의 이혼율과 높은 상관관계를 지니는 데이터는 어떤 것일까? 바로 '대학에서 공학 졸업장을 취득한 여성 비율'이다![8] 다음 그래프는 이혼율과 공학을 전공한 여성 비율의 시간적 추이를 보여준다. 한눈에 봐도 곡선이 서로 비슷하게 진행된다는 걸 알 수 있다. 거의 동시적으로 감소하고 상승한다. 그러므로 '상관관계'가 굉장히 높다고 할 수 있다.

그렇다면 이는 여성이 남성들이 주로 종사하던 직업을 갖게 되는 것이 혼인관계를 파탄에 이르게 한다는 의미일까? 아니면 남편과 헤어진 여성들이 그 뒤에 비로소 공학을 공부하고 졸업한다는 뜻일까?

물론 그렇지 않다. 이것은 단순히 통계적으로 나타나는 우연한 상관관계일 따름이다. 효모세포에서 같은 배양액에서 채취한 두 시료가 서로 다

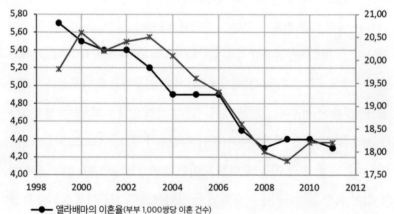

그림 5 앨라배마의 이혼율과 매해 공학전공 여성 졸업생 비율의 시간적 추이. 두 곡선이 강한 상관관계를 보여준다. 즉 아주 작은 차이로 거의 동시에 증감한다.[9]

1부 도구상자

른 생존율을 보여줄 수 있는 것처럼 말이다. 따라서 인과적 연관을 점검하지 않은 채 이런 상관관계만 가지고 공학전공 여성 졸업생 수에만 근거해서 이혼율을 예측하거나, 반대로 이혼율에 근거해서 공학전공 여성 졸업생 비율을 예측해서는 안 된다! 마찬가지로 이 웹사이트에서는 '변호사 수'가 앨라배마의 이혼율과 큰 상관관계를 가진 것으로 나온다. 오히려 공학전공 여성 졸업생 비율보다 상관관계가 더 크다. 다음 그래프를 보라.

이혼율과 변호사 수? 독자들이 이렇게 생각하는 소리가 들린다. "둘 사이에 인과관계가 있을 수 있지 않아? 더 많은 변호사들이 서비스를 제공하면, 더 많은 부부가 헤어질 수도 있잖아!" 그러나 이 변호사 수는 북마리아나 제도의 것임을 감안하라. 그곳은 앨라배마에서 24시간 이상 비행

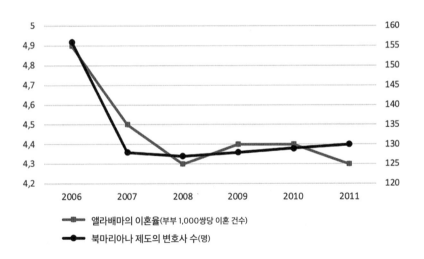

그림 6 앨라배마의 이혼율과 북마리아나 제도의 변호사 수의 시간적 추이. 두 곡선은 〈그림 5〉의 그래프보다 더 강한 상관관계를 보여준다. 두 곡선이 서로 더 밀착되어 있다.[10]

학문적 방법

그림 7 학문이 팩트를 말할 수 있기까지는 많은 실험이 필요하다. 반면 머신러닝 알고리즘은 가설이 사실인 양 곧장 가설에서 예측으로 비약한다.

기를 타고 가야 하는 곳이다. 그러므로 인과관계가 있다고 볼 만한 여지가 거의 없다. 즉 과학이론적으로는 다르게 볼 여지가 없다. 검증되지 않은 순수한 가설은 팩트로 여겨지지 않는다. 여러 번의 검증을 거쳐, 실험에서 반박할 수 없는 결과가 나온 가설들만이 비로소 이론이 되고, 이 이론의 예측이 통제된 반복실험에서 혹은 자연에서 여러 번 옳은 것으로 입증되어야만 팩트로 받아들여진다. 이것이 바로 학문적 방법이다(〈그림 7〉을 보라). 하지만 머신러닝 알고리즘 사용자들은 이런 학문적 방법을 무시하고, 처리 결과를 곧장 미래의 행동을 예측하는 데 활용한다. 팩트를 얻는 대신 그런 식으로 찾은 상관관계만 신뢰하는 것이 어느 때 충분하지 않은지를 이 책에서 차차 살펴보려고 한다.

어쨌든 그 시절 나는 터널 끝에서 빛을 보았다. 나는 데이터를 얻기보다는 데이터 분석 방법을 더 잘 이해하기를 원했고 스스로 그런 분석 방법을 개발하고자 했다. 당시 이미 생물정보학에 꽤나 심취한 상태였다. 나는 데이터 분석의 기초를 마련해주는 이론정보학에 흠뻑 빠져들었다. 당시 어떤 마음으로 '정보학 III—이론적 기초'의 첫 강의를 들었는지 아직도 기억이 생생하다. 첫 강의에서 랑게Lange 교수가 비결정성 오토마톤non-deterministic automaton에서 결정성 오토마톤으로 넘어가는 것에 대해 이야기했는데[어떤 계산 상황에서 다음으로 전이하는 계산 상황이 하나뿐이면 결정성 오토마톤, 둘 이상이면 비결정성 오토마톤이라고 한다—옮긴이], 다른 동급생들은 몰라도 나는 그 주제가 상당히 멋지다고 생각했다. 이론정보학은 대수학자이자 정보학자 앨런 튜링Alan Turing에 영감을 받아 철학적 질문을 제기한다. 즉 '계산할 수 있다'는 건 무엇일까 하는 것이다. 컴퓨터만이 해답을 계산할 수 있는 문제가 있을까? 아니면 인간만이 대답할 수 있는 질문이 있을까? 인간도 기계도 해결할 수 없는 문제들이 있을까?

실제로 최초의 정보학자들은 이런 질문에 답했고, 그 답변은 상당히 놀랍다. 지금 알려진 것에 따르면, 인간과 컴퓨터는 기본적으로 정확히 같은 질문에 대답을 할 수 있다. 그들은 정확히 같은 문제를 해결할 수 있고, 같은 질문에 좌절한다는 것이다.

이것이 바로 처치-튜링Church-Turing 가설이다.[11] 인간과 기계는 가령 1,000,000의 제곱근을 구할 수 있고, A에서 B로 가는 지름길을 계산하거나, 많은 책들을 저자의 이름별로 분류할 수 있다. 반면 널리 활용되는 소프트웨어 코드가 언젠가 무한루프endless loop[루프란 조건이 만족될 때까지 반복하여 실행할 수 있는 명령의 집합—옮긴이]에 빠질지는 인간도 기계도 알아내지 못한다. 유감스러운 일이다. 그런 걸 알아내는 일반적인 접근법이 있다면 컴퓨터가 다운되는 일을 막을 수 있을 텐데 말이다.

그 강의는 내 안에 이런 마음을 일깨웠다. '이런 철학적·수학적 수수께끼를 해결하는 일을 직업으로 삼을 수 있을까? 나는 이런 일을 하고 싶다!' 알고리즘을 설계하는 일이 특히나 매혹적으로 다가왔다. 데이터 속에서 패턴을 찾아내고 평가하는 것. 이것은 나의 여러 열정을 통합하는 퍼즐조각이었다. 즉 자연과학의 즐거움과 특정 관찰이 우리의 삶과 사회에 무슨 의미를 갖는가 하는 질문에 대한 답을 찾고 싶은 마음을 통합해 줄 수 있는 것으로 보였다.

하지만 처치-튜링 가설이 정말로 옳은 것일까? 일상에서 우리는 컴퓨터가 인간보다 계산능력이 탁월하다고 느끼고 있지 않은가. 인간은 늘 계산 실수를 저지르지 않는가. 몇 자리 안 되는 수만 더하는 데도 두 번 하면 두 번 다 다른 결과가 나오지 않는가. 인간은 또한 객관적이기보다는 주관적인 선택을 하지 않는가. 그리고 나무 때문에 숲을 못 보는 우를 종종 범하지 않는가. 다행히 컴퓨터에게 계산은 어려운 일이 아니다. 끝도 없이 나열된 수를 더하거나, 통계를 내거나, 대규모 데이터 속에서 패턴을 찾아내는 것은 컴퓨터에게는 식은 죽 먹기다. 결코 실수하지 않으며, 같은 걸 입력하면 언제나 같은 결과를 산출한다. 알고리즘이 계산방식을 정해주기 때문이다(이에 대해서는 다음 장에서 자세히 살펴보자). 알고리즘은 입력으로부터 원하는 결과를 출력하는 법을 상세히 제시한다. 인간처럼

호르몬이나 날씨, 혹은 갑자기 등
장한 선입견의 영향을 받지도 않
는다. 말 그대로 '영혼 없는 결정'
을 할 수 있다.

다른 한편 컴퓨터는 바로 이렇
듯 영혼이 없다 보니 인간의 심오
한 느낌이나 결정이 필요할 때 무
능할 것 같다. 컴퓨터에게 시를 지어보라거나 예술품을 만들라고 할 때,
컴퓨터가 인간의 마음에 쏙 들게끔 그 일을 해낼 수 있을 것 같지는 않다.
공정과 공평이 중요한 법적 판결이나 아동교육, 노인과 병자를 돌보는 일
에서 '영혼' 없는 컴퓨터가 잘할 수 있을까 하는 생각이 든다.

하지만 이제 이런 분야에서까지도 우리를 추월하는 아주 새로운 형태
의 알고리즘이 나온 듯하다. 이것은 이른바 머신러닝 알고리즘으로, 인공
지능의 토대가 되는 알고리즘이다. 이런 알고리즘의 도움으로 몇십 년 동
안 다른 접근으로는 불가능했던 텍스트도 번역할 수 있다. 더글러스 애
덤스Douglas Adams의 《은하수를 여행하는 히치하이커를 위한 안내서*The
Hitchhiker's Guide To The Galaxy*》의 바벨피시[해당 소설에 등장하는 어떤 언어라도
번역할 수 있는 물고기—옮긴이에 가까운 수준으로 성큼 올라온 것이다. 머
신러닝은 인간보다 더 신속하고 정확하게 사진 속의 중요한 대상들을 확
인할 수 있으며, 음성을 텍스트로 더 능숙하게 옮길 수 있다. 인공지능은
나아가 시도 쓰고, 사람들의 눈에 아름답게 보이는 그림도 그린다.

인공지능의 이런 성공스토리를 다루면서 뭣 하러 이번 장에서 자연과

학으로 소풍을 다녀온 것일까? 그것은 우리가 몇백 년 동안 자연과학에서 느리게, 그러나 성공적으로 수행해온 '팩트' 찾기 작업이—인공지능의 가장 중요한 요소 중 하나인—머신러닝으로 말미암아 완전히 뒤죽박죽되고 있기 때문이다. 머신러닝에서는 원인을 탐구하는(인과 고리) 대신 중요한 사건과 종종 더불어 존재하는 행동양식이나 특성들을 확인한다(상관관계). 가령 자동차사고에서 운전자의 나이를 묻거나, 전과자의 재범에 종종 동반되는 인격적 특성을 묻는다. 그리고 알고리즘을 개발해 투입하기 전에 수학적 모델링(수학적 문제 정의)을 거치는 고전적인 알고리즘 설계와는 달리, 머신러닝 알고리즘은 데이터로부터 세계의 모델을 만든다. 이에 대해서는 역시나 나중에 자세히 살펴보도록 하자.

다음에 소개할 여러 경우에서 이렇듯 자동적으로 찾아지는 상관관계들은 검증되지 않을 때가 많으며, 인과관계를 발견하려는 노력은 전혀 이루어지지 않는다. 그럼에도 해당 알고리즘들은 사람들을 위험등급으로 분류하는 데 활용된다. 그러다 보니 앞으로 드는 예에서 보게 되듯이 오류로 이어지기가 쉽다. 그러므로 우리가 머신러닝의 효율성을 의미 있게 활용하려면 컴퓨터가 발견한 상관관계에 대해 그간 해왔듯 자연과학적 의미에서 인과관계를 따져봐야 한다.

자, 이젠 본격적으로 기계실로 가보자. 책임성의 긴 사슬을 따라 정보학의 ABC부터 시작해보자. '알고리즘Algorithm'에서 시작해 '빅데이터Big data'를 거쳐, '컴퓨터지능Computer intelligence'으로 넘어가려고 한다.

정보학의
작은 ABC

알고리즘, 빅데이터,
컴퓨터지능은 서로 어떻게 연결되는가

빅데이터

아무 신문이나 펼치면, 최소한 하나의 기사에는 '알고리즘', '빅데이터', '인공지능' 같은 말이
등장할 것이다. '알고리즘 검사'나 '알고리즘 파워' 같은 단어도 종종 등장한다. 그러나 그런
단어는 정확히 무엇을 의미하는 것일까? 그런 개념들은 서로 어떻게 연결되며, '디지털화'
등의 다른 용어들과 무슨 관계일까? 이를 설명하기 위해 여기 정보학의 작은 ABC를 소개한다.
알고리즘의 A부터 시작해보자.

3장

알고리즘, 컴퓨터를 위한 행동지침

'알고리즘'이라는 개념은 요즘 자주 눈에 띄지만, 많은 사람들에게 아직도 생소하다. 얼마 전 상당한 사회 지도층 인사가 알고리즘을 '알로고리즘Alogorithm'이라고 말하는 걸 들었다. 그가 그 단어를 그렇게 잘못 기억한 데는 이 개념이 고대 그리스어에서 유래했을 거라는 선입견이 작용한 것이 아니었을까? 그러나 알고리즘은 비논리적이지unlogical 않고 논리적logical이다[알로고리즘의 A가 독일어에서는 '…이 아니다'라는 뜻의 접두사로 흔히 쓰인다—옮긴이]. 알고리즘이라는 말이 고대 그리스어에서 비롯된 것은 아니다.

컴퓨터 분야에서 세계에서 가장 유명한 학자인 도널드 E. 크누스Donald E. Knuth는 저서 《컴퓨터 프로그래밍의 예술*The Art of Computer Programming*》에서 초기에 알고리즘이라는 용어가 '고통스러운'이라는 뜻의 algiros와 '수'라는 뜻의 arithmos라는 그리스에서 유래했다고 보는 언어학자들이

알고리즘이라는 개념은
어디서 유래했을까?

A 수학자 알 콰리즈미(9세기)

B a(~이 아니다)와 logos(말, 의미)라는 고대 그리스어

C algiros(고통스러운)와 arithmos(수)라는 고대 그리스어

답: ① 이 수학자가 인도의 수학에 대한 중요한 책을 썼다.

있었다고 말한다. 이런 유래는 알고리즘의 실제 어원보다는 알고리즘을 두려워한 언어학자들의 선입견에 대해 더 많은 것을 알려준다고 하겠다. 알고리즘이라는 단어가 어디에서 비롯되었는지 분간하기가 힘든 건 그 것이 알 콰리즈미Al-Chwarizmi라는 아랍 수학자의 이름에서 유래했기 때 문이다. 이 수학자는 9세기에 수학 교과서를 썼는데, 이 책이 300년 뒤에 라틴어로 번역되면서 저자 이름을 라틴어 혹은 고대 그리스어 어원에 맞 추다 보니 '알고리트미algorithmi'가 되었고, 여기에서 알고리즘이라는 말 이 나왔다. 그러다 보니 로가리듬logarithm(로그, 대수)[1], 리듬rhythm과도 헷 갈리는데, 이런 낱말들은 '알고리즘'이라는 개념과는 어원적으로 아무 관 계가 없다.

그렇다면 알고리즘이란 대체 무엇일까? 알고리즘이 그저 수학 문제를 풀기 위해 정해진 행동지침이라는 말을 들으면 많은 사람들은 약간 실망한다. 여기서 수학 문제는 문제풀이자가 어떤 정보를 받게 되는지, 그리고 문제풀이 결과가 해답으로 여겨지기 위해 어떤 특성을 가져야 하는지를 규정한다. 따라서 문제가 인풋(입력된 정보)과 아웃풋(원하는 해답) 사이의 관계를 정하는 것이다. 그리하여 정보학에서는 '주어진 것'이 무엇이고 '찾는 것'이 무엇인지에 대해 늘 이야기한다. 구체적으로 말하자면 내비게이션 기기가 '최단경로 문제'를 해결할 때는 거리지도와 출발지와 목적지가 주어진[2] 상태에서 기기가 가장 빠른 길을 찾는 것이다.

알고리즘은 필요한 모든 정보가 알려진 상태에서 어떻게 원하는 해결책을 찾을지를 상세히 지시한다. 직장에 신입사원이 들어왔을 때 그에게 업무 안내를 해주는 것과 비슷하다고 생각하면 된다. 물론 진짜 알고리즘 대접을 받기 위해서는 행동지침이 명확해서 프로그램언어로 번역될 수 있어야 한다. 이런 과정을 구현implementation이라 한다.

수학 수수께끼는 수학 문제처럼 보일 때가 많다. 가령 이런 문제를 상정해보자. "더해서 45가 되는 네 숫자가 있다. 첫 번째 수에 2를 더한 값과 두 번째 수에서 2를 뺀 값, 세 번째 수를 2로 나눈 값, 네 번째 수에 2를 곱한 값이 동일하다. 자 이 네 수를 찾아보라."

따라서 '인풋'은 45다. 그리고 해답인 네 수에는 특정 요구가 제시되어 있다.[3]

이제 어떻게 해답을 찾을까? 조금 생각해서 일단 후보 숫자의 폭을 좁힌 뒤에 그 조건에 수를 대입해볼 수 있다. 가장 먼저 확인하게 되는 것은 첫 두 수 간의 차가 4라는 것이다. 두 수 중 작은 수에서 2를 더한 수와 큰 수에서 2를 뺀 수가 동일하니까 말이다. 그로부터 이 두 수 모두 짝수거나 홀수라는 것도 알 수 있다. 다른 두 수에 대해서는 그중 커다란 수가 작은 수의 4배수라는 걸 알 수 있다. 네 번째 수에 2를 곱한 값과 세 번째 수를 2로 나눈 값이 동일하기 때문이다. 어떤 수에 4를 곱한 값은 늘 짝수이다 (그러므로 세 번째 수는 짝수), 그런데 이 네 수를 더한 총합이 45라는 홀수이므로, 네 번째 수는 홀수여야 한다. 따라서 네 번째 수는 1, 3, 5, 7… 중 하나일 것이고, 이 숫자가 정해지면 나머지 수는 자연스럽게 나온다. 네 번째 수가 1이라면 세 번째 수는 4가 될 것이고, 첫 번째, 두 번째 수는 0, 4가 될 것이다. 그러면 이 네 수를 합한 값은 9밖에 안 된다. 이렇게 이리저

2부 정보학의 작은 ABC

리 시험해봄으로써 네 번째 수가 5임을 알 수 있다. 그러면 세 번째 수는 20, 첫 번째 수는 8, 두 번째 수는 12. 그리하여 합이 45가 된다.

그런데 이렇게 '시행착오'를 거치며 발견해나가는 방법은 알고리즘이 아니다. 이것은 휴리스틱heuristic이다. 휴리스틱은 고대 그리스어로 '발견하다', '찾아내다'라는 뜻의 휴리스케인heuriskein에서 온 말로, 경험에 근거하여 이리저리 시험해보며 해답을 발견해나가는 전략을 말한다. 이런 전략은 잘 통하지만, 모든 조건을 충족시키는 해답을 발견하리라는 보장은 없다.

'최단경로 문제'와 관련하여 개미들에게서 흥미로운 휴리스틱을 발견할 수 있다. 개미들은 우선 상당히 마구잡이로 주변을 돌아다니며 바닥에 페로몬이라는 냄새물질을 남긴다. 그 과정에서 맛있는 먹이를 발견하면 다시 집으로 돌아온다. 그런데 먹이가 맛있고 양이 많을수록, 돌아오는 길에 냄새물질을 더 많이 뿌려놓는다. 그러면 이제 다른 개미들이 그 먹이원을 찾아갈 수 있고, 이렇게 많은 개미들이 먹이원까지 오가다 보면 냄새 흔적은 더 짙어진다. 그런데 냄새는 사방으로 고르게 분산되므로, 개미들이 오가며 그리는 곡선의 가장자리보다는 곡선 안쪽에 더 냄새물질이 농축되어 있게 된다. 우리가 향수를 뿌렸을 때와 비슷하다. 당신이 가슴과 손목에 향수를 뿌리고 지하철을 탄다고 하자. 그러면 옆에 있는 사람이 아니라, 맞은편 사람이 향수 냄새를 더 강하게 맡을 수 있다. 이런 이유로 개미들은 곡선의 가장자리보다는 중심 쪽에 더 많이 몰리게 되고, 처음에는 마구잡이로 돌아갔지만 갈수록 먹이원까지 오가는 길은 점점 더 짧아진다. 그리하여 마지막에는 상당히 짧은 길이 탄생한다. 그러나

그림 8 알고리즘은 해답을 어떻게 찾을 것인지 계획을 가지고 있고, 그것이 해답임을 보장한다. 휴리스틱은 해답을 찾아내고자 하는 접근법이다.

그 길이 꼭 가장 짧은 길은 아니다.

휴리스틱이라는 개념은 '컴퓨터지능' 장에서 다시 만나게 될 것이다. 거기서 대부분의 방법들은 알고리즘이 아니기 때문이다.

그러나 앞에서 본 소소한 수학 수수께끼 같은 경우에는 일반적으로 적용되는 알고리즘을 개발할 필요는 없다. 계속 등장하는 일반적인 수학 문제들이라야 비로소 주목할 가치가 있다. 임의의 수의 제곱근을 구하는 문제나, 임의의 많은 수를 곱하는 과제, 어느 해 어느 고객이 구매한 상품에 대한 데이터뱅크와 관련한 물음 등이 그것이다.

자, 이제 우리는 '알고리즘'이라는 개념을 설명할 모든 것을 가지고 있다.

알고리즘은 모든 경험 있는 프로그래머들에겐 수학 문제를 해결할 충분히 상세하고 체계적인 행동지침이므로 정확히 구현(코드로 번역)되는 경우 모든 정확한 인풋에 대해 정확한 아웃풋을 계산해낸다.

아울러 알고리즘은 '제한된 시간' 안에 해답을 계산해야 한다는 말을 덧붙이고 싶다. 우주가 종말을 맞이하기까지 결과를 기다려야 한다면 소용이 없지 않겠는가. 서론은 그만 끝내고 이제 일단 알고리즘을 본격적으로 살펴보도록 하자. 자, '정렬 알고리즘'부터 시작해보자.

곳곳에 편재하는 정리 문제

어릴 적 아버지를 도와 아버지가 수집한 포스터 스탬프[우표보다 약간 더 큰 광고 라벨로 19세기 중반부터 수집 열풍이 불었다―옮긴이]를 함께 정리하던 일이 기억에 생생하다. 1880년에서 1940년 사이에는 포스터 스탬프가 오늘날의 트레이딩 카드처럼 자신이 구입한 물건을 추억하는 기념품으로 통용되었다. 포스터 스탬프들은 우표로서 가치를 가지지는 않았지만, 종종 편지를 꾸미는 데 사용되었고, 커다란 앨범에 수집해 소장하는 사람들도 많았다. 우리 아버지도 다른 사람이 소장했던 앨범을 구입했다.

그런데 유감스럽게도 전 주인이 포스터 스탬프를 앨범에 그냥 끼우지

그림 9 20세기 초의 포스터 스탬프

않고 아예 풀로 붙여놓은 것들이 많았기에, 우리는 일단 그것을 비눗물 통에 담가 포스터 스탬프를 조심스럽게 떼어낸 뒤, 압지에 끼워 말려 새로 정리해야 했다. 물론 정리 작업이 더 재미있었다. 가령 〈그림 9〉와 같은 포스터 스탬프의 경우 나는 아버지께 이렇게 물었다. "아빠, 이 포스터 스탬프를 어떻게 정리할까요? 상품명 '작센글란츠 Sachsenglanz'를 기준으로 할까요, 아니면 회사이름 'W. 슈테판W. Stephan'을 기준으로 할까요? 회사명에 따라 정리한다면, 'W'를 기준으로 해요, 아니면 '슈테판'을 기준으로 해요?"

정리 규칙은 계속 세분화되었다. 포스터 스탬프마다 생김새가 조금씩 달랐고, 어떤 단어를 기준으로 해야 아버지가 다음번에 그것을 쉽게 찾을 수 있을지 헷갈렸다! 그렇게 나는 앉아서, 몇백 장의 포스터 스탬프를 우선 첫 글자를 기준으로 분류했다. 그런 다음 이렇게 분류한 것들을 두 번째 철자, 그리고 세 번째 철자 등에 따라 다시 정렬했다. 그렇게 정리해 몇 장 남지 않으면 카드놀이를 할 때처럼 포스터 스탬프를 하나하나 집어서, 구체적인 자리에 정리해 넣었다.

당시는 몰랐지만, 나는 이런 '알고리즘'으로 '정렬 문제'를 해결했던 것이었다.

정렬 문제

인풋으로 놓는 것: 일련의 특성을 가진 분류대상 중에 어떤 것이 더 앞이고, 어떤 것이 더 뒤인지를 정확히 규정하는 규칙에 따라 정렬

해답으로 찾는 것: 정렬 기준을 충족시키게끔 대상들을 정확히 정렬.

포스터 스탬프의 예에서 아버지의 정렬 규칙은 결국 다음과 같았다. "포스터 스탬프에 회사명이 있으면 회사명을 우선으로 하고, 그렇지 않으면 상품명을 취하라. 회사명에 패밀리네임이 있으면 이를 기준으로 하고, 그렇지 않으면, 첫 번째 단어의 첫 철자로 시작해 알파벳순으로 정리하라."

그렇다면 정렬 문제를 일반적으로 어떻게 풀 수 있을까? 정렬 알고리즘에는 여러 가지가 있는데 그중에서 두 가지만 소개해보겠다. 바로 삽입정렬 알고리즘과 버블정렬 알고리즘이다. 삽입정렬 알고리즘은 카드놀이를 해본 사람은 누구나 알고 있다. 카드 한 장을 손에 들고 시작해, 새로 받아드는 카드를 손에서 적절한 위치에 끼워 넣어가며 정리하는 것이다. 그러면 끝이다.

버블정렬을 위한 행동지침은 약간 더 길다. 그러나 복잡하지 않다. 역시나 카드의 예를 들어보자.

- 카드를 긴 탁자에 일렬로 늘어놓은 뒤, 왼쪽에서 오른쪽으로 탁

자를 따라가며 진행한다.

- 이때 앞에서부터 서로 이웃한 두 수를 비교해 작은 수가 앞으로 가도록 그 위치를 바꾸어준다.
- 왼쪽에서 오른쪽으로 훑을 때 수가 오름차순으로 배열되어 바꿔줘야 하는 카드가 없으면 완성된 것이다.

이런 단순한 '행동지침'이 마지막에 카드가 잘 정렬되도록 해준다. 이 두 알고리즘으로 원칙적으로 책들도 크기나 저자명을 기준으로 분류할 수 있고, 유치원 아이들도 오르간파이프처럼 줄 세울 수 있다. 정렬 기준을 제시해주면 이 두 알고리즘은 모든 것을 정렬할 수 있다.

이로써 당신은 정렬 알고리즘 두 가지를 알게 되었다. 정렬 알고리즘은 열 개가 넘으며 모두 정확히 같은 해답에 도달한다. 그러나 걸리는 시간은 서로 다르다. 어떤 알고리즘은 서로 차이가 적은 수들을 정렬하는 데 적합하고, 어떤 알고리즘은 텍스트든 수든 가리지 않고 모든 유형의 정보를 정렬하는 데 효율적이다.[4] 티모 빙만Timo Bingmann이 만든 '6분 안에 알아보는 열다섯 가지 정렬 알고리즘'이라는 동영상[5]은 열다섯 가지 서로 다른 알고리즘으로 수를 정렬하는 것을 보여준다. 6분의 시간을 낼 수 있다면, 정렬 알고리즘에 어떤 것들이 있는지 한번 시청해보기 바란다. 모두 재미있었지만, 내게는 '기수정렬Radix-Sort 알고리즘'이 가장 재미있게 다가왔다. 빙만이 소개한 마지막 알고리즘인 '보고정렬Bogo Sort 알고리즘'은 사실 알고리즘이 아니다. 이것은 바로 랜덤으로 섞어서, 그 나열이 우연히 올바로 정렬되는지를 점검하는 것이다. 물론 확실한 행동지침이며,

통계적으로 볼 때 이렇게 반복하다 보면 알고리즘이 언젠가는 끝난다. 그러나 끝나지 않고 무한반복될 수도 있다. 따라서 우연히 맞아떨어질 때까지 '영원히' 돌아가는 것이다. 그러므로 '보고정렬'은 알고리즘이 아니다. 하지만 모든 정보학자들이 그것을 알고 있는 걸 보니 많은 사람들에게 은근 인기가 있는 모양이다.

알고리즘의 특별한 점은 사용범위가 굉장히 넓다는 점이다. 여기서 소개한 알고리즘과 그의 사촌들은 모든 것을 정렬할 수 있다. 웹사이트를 구글이 부여하는 중요도에 따라 정렬할 수도 있고, 제품들을 인기도순으로 정렬할 수도 있으며, 사진을 평균 색도chromaticity에 따라 정렬할 수도 있다. 색도 역시 컴퓨터에 간단히 숫자로 저장되기 때문이다. 정렬 알고리즘은 컴퓨터에 저장될 수 있는 모든 것을 정리할 수 있다. 알고리즘의 진정한 능력은 현실세계의 다양한 문제들을 똑같은 추상적 문제로서 모델링할 수 있다는 것이다.

모델링이라는 개념을 이 책에서 자주 만나게 될 것이다. 모델링은 조형할 수 있는 여지가 있고, 모델링이 제대로 이루어지지 않으면 문제가 발생하기 때문이다. 우리 아버지는 포스터 스탬프를 정리하며 내게 어떤 정렬 규칙을 적용할지 말해줄 때마다 모델링 결정을 한 것이다. "우선 이름을 기준으로 하고, 그다음…" 이런 식으로 말이다. 아버지는 다른 기준을 설정할 수도 있었을 것이다. 따라서 그는 그 규칙들로 추후 포스터 스탬프를 가장 잘 찾을 수 있게끔 하는 모델을 구축한 것이다. 이것은 정렬 알고리즘 자체는 변화시키지 못한다. 다만 결과는 모델에 따라 달라진다. 정렬 규칙이 인풋의 일부이기 때문이다.

또 하나의 예로, 아버지가 내게 카드놀이를 가르쳐주었을 때 당시 열 살이었던 나는 처음에 늘 같은 규칙으로 카드를 배열했다. 그것은 영리한 일이 아니었다. 최소한 아버지를 상대로 게임할 때는 말이다. 그래서 나는 아버지가 내가 어떤 패를 들고 있는지 짐작할 수 없게끔 카드 정렬 방법을 계속 변화시키는 것을 터득해야 했다. 이것저것 시도하다 보면 영리해진다! 내가 카드를 집어 드는 방식은 변화하지 않았다. 나는 카드 한 장으로 시작해서, 상대방과 번갈아가며 다음 카드를 취하되, 카드를 그때그때 정한 규칙에 따라 정렬했다.

따라서 알고리즘(이 경우는 카드놀이를 하는 나 자신)은 정렬 기준을 알고, 그것을 활용해 어디에 자료를 끼워 넣어야 할지를 점검한다. '카드가 속한 자리에 카드를 삽입하라'고 말하는 원래의 알고리즘은 구체적인 정렬 기준과는 상관없이 그대로 남는다.

따라서 정렬 기준은 사용자에게 무엇이 중요한가를 보여주는 수학적 모델링이다. 적절한 모델링은 인공지능에도 굉장히 중요한 역할을 하므로, 또 하나의 유명한 알고리즘인 최단경로 알고리즘을 통해 다시 한번 살펴보자. 우리를 A에서 B까지 데려다주는 내비게이션은 어떻게 기능할까?

최단경로

우리 아버지는 30년간 《슈테른Stern》지 해외 통신원으로 일했기에 장기 출장을 많이 다녔다. 출장을 가기 전에 아버지는 늘 세 가지를 준비했다.

우선 현지어를 최소한 그 지역의 똑똑한 만 세 살배기 정도로 구사하기 위해 《카우더벨쉬*Kauderwelsch*》 어학 시리즈 한 권[6]을 마련했고, 그 외 지도 와 여러 권의 여행 안내서를 준비했다. 물론 출장 중에 어떤 교통수단을 이용해 도시에서 도시로 이동할 것인가, 시간을 얼마나 할애할 것인가도 미리 꼼꼼히 계획했다!

반면 요즘 나는 엄마가 다음 주에 어디에서 강연이 있냐고, 그곳에 어떻게 갈 거냐고 물으면 대답을 잘 하지 못한다. 고속열차(ICE) 시간표를 검색해서 열차를 타고 간 뒤, 구글맵을 보고 강연 장소를 찾아가면 되기 때문이다.

우리 부모님은 이런 나를 무심하다고 여기고 이해를 잘 못한다. 부주 의하다고 생각한다. 그러나 나는 가장 유명한 수학 문제인 '최단경로 문제'의 해법을 신뢰한다. 내비게이션을 이용하는 모든 이는 내비게이션이 출발지에서 목적지까지 가는 최단경로를 계산해주기를 기대한다. 그런 데 내비게이션이 효율적으로 기능하려면 '최단경로'라는 개념을 측정가 능하게 만들어야 한다. 실제로 최단경로라는 것은 여러 가지를 의미할 수 있기 때문이다. 킬로미터로 측정한 구간의 길이가 가장 짧은 걸 기준으로 할 수도 있고, 킬로미터 수가 늘 중요한 것은 아니기에 예상 이동시간을 기준으로 삼을 수도 있다. 혹은 이동을 마치고 나서야 알게 되는 실제 소요시간을 기준으로 삼을 수도 있다.

수학적 특성을 띠지 않는 개념을 측정가능하게 만드는 것을 운영화[7]라 고 부른다. 이 개념을 앞으로 자주 만나게 될 것이다. '어떤 소식이 갖는 비중', '우정', '범죄 성향', '신용', '사랑' 같은 사회적 개념은 운영화를 통해서

그림 10 사랑을 원하는 카이는 이 개념을 측정가능하게 만들어줄 측정기를 필요로 한다. 어떤 측정기를 활용할지는 사회적 개념을 측정가능하게 만들어주는 운영화가 결정한다.

야 비로소 인공지능이 다룰 수 있게 된다.

이번 예에서는 킬로미터로 따진 구간 길이를 기준으로 해보자. 그러면 알고리즘은 어떻게 기능할까? 정렬 문제와 마찬가지로, 최단경로 문제를 해결하는 알고리즘은 하나가 아니라 굉장히 많다. 그중 가장 유명한 것은 1956년에 에츠허르 W. 데이크스트라Edsger W. Dijkstra가 개발한 알고리즘이다. 그는 인터뷰에서 이 알고리즘을 단 20분 만에 개발했다고 말했다.[8]

이 알고리즘에서는 거리망을 그물망처럼 상상하면 된다. 교차로는 거리로 연결된 그물망의 '매듭'이다. 연결된 거리는 길이와 결부되어 있다. 정확히 하자면, 교차로 말고 길가의 장소들도 '매듭'으로 표시한다. 물론 그물망을 상상하면 이런 매듭은 좀 곤란하다. 줄 여러 개가 합쳐지지 않는 곳에서, 줄 하나로 매듭을 묶을 수는 없기 때문이다. 하지만 이건 그냥 비유니까 넘어가자! 그러나 알고리즘의 기능에는 중요하다. 바로 이런 장소가 출발점이 될 수도 있기 때문이다!

알고리즘에 어떤 정보를 인풋으로 줄지 결정하는 것은 문제 모델링의 일환으로, 이 모든 결정은 나중에 알고리즘 결과를 해석하는 데 중요하다.

물론 진짜 거리망에서는 내비게이션이 어느 거리가 일방통행인지, 양방통행인지를 아는 것도 중요하다. 실제로 이런 정보도 모델링할 수 있다. 매듭 사이의 연결선에 해당하는 방향을 배정하면 된다. 그러면 대부분의 거리는 각각 한 방향씩을 나타내는 두 연결선으로 표시되고, 일방통행로는 한 방향만 표시된다. 그런데 함부르크에는 아침에는 시내로 들어가는 방향으로만 다니고 오후부터는 외곽 쪽 방향으로만 다닐 수 있는 길이 있다. 바로 지리히슈트라세다. 우리의 모델링은 이런 특별한 경우에도 주의해야 한다. 외지에서 온 사람이 아침에 물었을 때는 이쪽 방향으로, 오후에는 저쪽 방향으로 표시해줘야 하는 것이다.

이제 우리가 그런 거리망과 출발지를 가지고 있으면 데이크스트라 알고리즘이 이 출발지를 기준으로 거리지도에서 모든 다른 장소로 가는 최단거리를 계산할 수 있다.

데이크스트라 알고리즘은 출발지에서 시작해 출발지를 이미 찾은 장소 리스트에 올린다. 그리고 다음 단계로 이 출발지로부터 직접 갈 수 있는 모든 장소들을 찾는다. 여기서 '직접'이라고 하는 것은 출발지에서 직통으로 이어지는 모든 도로를 이용할 수 있다는 의미다. 그러면 이제 출

발지로부터 찾아낸 모든 장소까지 가는 최소한 하나의 길을 알고 있는 셈이 된다. 매 장소까지 이르는 길의 길이와 그 길을 어떻게 갈지를 말이다. 그러나 그 경로는 그 장소들에 이르는 가장 짧은 길은 아닐 수도 있다. 추상적으로 여겨지니, 구체적인 예를 보며 이해해보자.

출발장소인 오터베르크는 산 위에 있고 그곳으로부터 3.2킬로미터의 꼬불꼬불한 산길이 오터하우젠 마을로 이어진다. 오터베르크에서 출발하는 또 하나의 길은 가파른 골짜기를 통과하는 길로 오터탈까지 1킬로미터 거리다. 그리고 오터탈에서 다른 길로 800미터만 가면 오터하우젠에 이를 수 있다. 그러므로 오터베르크에서 오터하우젠까지 가는 더 빠른 경로는 오터탈을 경유하는 것이다. 그러나 오터탈을 경유하는 방법은 첫 번째 루프에서는 발견할 수 없었다. 이런 식으로 지금까지 찾아낸 장소에서 시작해 루프를 계속 돌리면 더 짧은 경로에 이를 수 있다.

그런데 최소한 한 곳은 아무리 루프를 많이 돌려도 더 짧은 경로는 발견할 수 없고, 첫 번째 루프를 돌린 뒤 발견한 경로가 최단경로다. 이곳은 출발장소에서 가장 짧은 도로로 연결된 곳이다. 앞의 그림에서 이렇듯 오터베르크에서 단연 최단거리인 장소는 바로 오터탈이다. 이로써 오터베르크와 오터탈 간의 거리가 일단 정해지면, 오터탈에서 시작하여 계속 발견여행을 할 수 있다. 그러면 어떤 길은 우리가 이미 찾아낸 장소로 이어진다. 즉 우리는 이미 꼬불꼬불한 산길을 거쳐 오터베르크에서 오터하우젠으로 가는 길을 알고 있었지만, 오터탈을 거쳐서 가면 경로가 더 짧아진다. 한편 오터탈에서 뻗은 도로들을 따라가면 지금까지 알고리즘이 찾지 않은 장소인 오터링겐으로도 이어진다. 그러면 이제 오터링겐도 이미 찾아낸 장소 리스트에 추가되고, 지금까지 알게 된 최단경로값이 나온다. 하지만 루프를 계속 돌리다 보면, 이런 값은 오터하우젠을 갈 때 오터탈을 거쳐야 더 짧다는 걸 발견했던 것처럼 더 짧은 경로로 대치될 수도 있다.

따라서 루프를 돌릴 때마다 우리는 이미 찾은(그러나 아직 처리하지는 않은) 장소 중 출발지에서 가장 짧은 거리에 있는 장소를 처리한다. 처리의 논지는 늘 같다. 이미 찾아낸 다른 장소에서 출발해 이 장소에 이르는 더 짧은 경로는 없다는 것이다.

그렇다면 출발지에서 최단경로에 있으면서 아직 처리하지 않은 장소를 어떻게 찾아낼까? 지금까지 발견한 모든 장소를 정렬 문제를 해결하는 알고리즘으로 거리에 따라 정렬하면 된다. 하하! 정렬이라면 우리는 이미 할 수 있지 않은가! 알고리즘이 다른 알고리즘을 활용하는 것은 흔한 일이다. 한 문제의 해결은 종종 더 작은 부분문제의 해결이 모여서 이루어진다. 문제를 부분 부분으로 나누어 숙고하는 것은 정보학적 사고의 커다란 강점이다. 어떤 문제를 보면, 그 안에 있는 부분문제들을 우선 찾는다. 각각의 문제들에 대한 효율적인 해답을 찾으면, 그로부터 전체적인 해결책을 구성할 수 있다. 이런 접근방식은 생화학자였던 내게 처음엔 굉장히 낯선 것이었다. 생화학자는 연구에서 세부적으로 들어갈지라도 늘 맥락을 세심히 살핀다. 가령 한 세포의 모든 유전 정보가 매 시점에 단백질 형태로 존재하는 것이 아님을 알기에 늘 전체 시스템을 고려한다. 문제를 부분문제로 쪼갠 뒤, 각각의 해결책을 퍼즐처럼 맞추는 것은 내 뇌에 변혁을 요했다. 단시간 안에 나의 사고체계를 근본적이고 구조적으로 바꾸어야 했다.[9] 내 뇌가 이런 새로운 패러다임에 익숙해져가는 걸 보는 일은 흥미로웠다. 그러나 나중에는 내가 생화학에서 배운 체계적인 사고가 정보학에는 부족하며, 알고리즘이 사회에 미치는 영향력이 점점 강해져가는 이 시대에 정보학에도 그런 사고가 필요하다는 걸 의식하게 되었다.

도시들을 출발지로부터의 (지금까지 알려진) 거리에 따라 정렬하는 것이 바로 데이크스트라 알고리즘의 핵심이다. 이 알고리즘은 매 단계에서 이미 방문한 장소 리스트 중 지금까지 알려진 최단거리의 장소를 취해 이 장소와 직접 연결된 장소들을 발견해나간다. 이런 알고리즘은 매년 초보 프로그래머들에 의해 몇십만 번 구현되고 있다. 최단경로 문제도 일반적인 성격을 띠어서, 다른 많은 문제들을 위한 모델로 활용된다. 그렇다면 최단경로 문제로 또 무엇을 할 수 있을까?

정보학과 모델링

거리망뿐 아니라 철도망에도 최단경로 알고리즘을 적용할 수 있음은 분명하다. 하지만 거리망에서의 모델링을 무턱대고 그대로 넘겨받을 수 있을까? 기차역은 거리망에서의 '교차로'에 해당할 것이다. 그러나 철도망에서는 철도 연결선의 '길이'를 킬로미터로 표시할 게 아니라, 예상 소요시간을 표시해주어야 할 것이다. 이제 어떤 기차역을 서로 연결해볼까?

기차가 직통으로 연이어 통과하는 두 기차역을 모델에서 하나의 선으로 연결하고, 그것을 예상되는 최단시간과 결부시켜보자. 가령 만하임역과 프랑크푸르트역을 예로 들면, 이 두 역은 ICE 770으로는 47분, TGV로는 37분 떨어져 있다. 그러면 일단 그 구간에 37분이라고만 기입하자. 이제 모든 역과 모든 기차를 대상으로 이런 식으로 작업하면, 이런 네트워크를 토대로 임의의 출발지에서 목적지까지 기차로 각각의 최단구간에 어느 정도의 시간이 걸리는지를 계산할 수 있다. 자 어떤가? 좋게 들리는가? 하지만 이 모델링은 아직 완전하지 않다.

철도에서의 최단노선 문제를 거리망과 똑같이 모델링하면, 결정적인 것을 무시하게 된다. 철도에서는 각 기차의 도착시간 및 출발시간, 경우에 따라서는 갈아탈 때 대기하는 시간도 고려해야 한다. 그래서 그냥 거리망 모델만 가지고 알고리즘을 올바로 구현한다 해도 실제로는 무용지물이 되고 만다. 그 결과는 각 중간 역에서 다음 역까지 절대적으로 최단시간이 소요되는 기차를 탈 수 있을 거라는 조건하에서 최단시간 경로를 알려준다. 그러나 승강장에서 대기하는 시간은 별로 고려하지 않는

그림 11 카이는 그 문제를 제대로 이해하지 못한다.

다. 그리하여 카이저슬라우테른에서 베를린까지 간다고 할 때 알고리즘은 이런 추천을 할지도 모른다. 카이저슬라우테른에서 만하임으로 오전 10시에 출발하는 ICE를 타세요. 그러고는 만하임에서 다음 날 아침 7시 50분에 베를린으로 가는 ICE를 타세요. 자 어떤가. 오전에 가서 다음 날 아침까지 기다렸다 타라고? 얼마나 말이 안 되는가! 엉터리 모델링에 근거하여 알고리즘이 계산한 해답은 실제 세상에서는 전혀 통하지 않는 것이다. 이를 일단 염두에 두라. 어느 문제의 모델링은 늘 그 자체로도 문제이기 때문이다.

그러나 갈아타는 것과 그에 필요한 대기시간을 '모델링에 함께 포함시켜' 원래의 알고리즘으로 해결하도록 할 수 있다. 새로운 모델에서는 이전에 고려하지 않았던 각 기차역에 도착하는 시간과 기차역에서 출발하는 시간을 추가로 고려한다. 즉 어느 역에 8시 32분에 도착해 8시 37분에 떠날 수 있다면, 네트워크에 두 매듭을 만들고, '환승에 필요한 시간 5분'을 집어넣는다. 그렇게 역들을 연결시키되, 선의 '길이'는 역에서 역까지 가는 시간에 상응하도록 한다. 언뜻 유치하게 들리지만, 그렇게 하면 이제 알고리즘이 계산하는 여행코스를 실제로 해석할 수 있다. 〈그림 12〉는 그렇게 탄생하는 네트워크의 단면을 보여준다. 이런 네트워크를 토대로 데이크스트라 알고리즘을 활용해 실행가능한 여행코스를 얻을 수 있다.

도이체반(독일철도 주식회사)은 다양한 최단경로 문제를 해결하기 위해 고전적인 데이크스트라 알고리즘을 변형한 알고리즘을 활용한다고 밝히고 있다. 그리하여 최단노선을 킬로미터 거리 기준으로 검색할 수도 있고, 예상 도착시간을 기준으로 검색할 수도 있으며, 최소요금, 최소환승, 가장 저렴한 수하물 비용, 혹은 가장 간편한 연결차편을 기준으로 검색할 수도 있다.[10]

이렇듯 최단경로 문제는 정보학에서 널리 활용된다. 그러나 일단 중요하게 알아두어야 할 것은 적절한 인풋이 주어지면 알고리즘은 결과를 즐

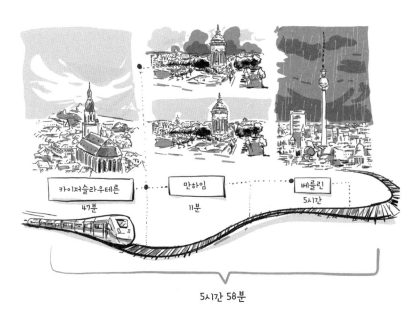

그림 12 모델링이 적절해야 비로소 '최단거리 알고리즘'의 결과가 의미 있게 해석될 수 있다. 이 모델은 카이저슬라우테른에서 만하임까지 기차로 47분이 소요되고, 다음 기차가 11분 뒤에 출발하여 베를린까지 다시 5시간이 소요됨을 보여준다.

그림 13 카이가 결과를 계산한다.

겹게 계산해낸다는 것이다. 따라서 출발지와 도착지가 포함된 '도로 지도'가 있으면 결과도 도출된다. 그러나 알고리즘은 '도로'가 어떤 의미를 갖는지, '경로의 길이'가 해석 가능한지 등은 알지 못한다. 그저 행동지침만 실행할 따름이다. 이어 결과를 해석하는 것은 인간의 몫이다. 그리고 해석할 수 있으려면 모델이 적절히 구축되어야 한다. 그렇다면 누가 그것을 점검해야 할까? 정보학자들이 해야 할까? 이를 위해 정보학과 그 하위 영역들을 잠시 살펴보도록 하자.

정보학자들이 잘할 수 있는 일

정보학은 기본적으로 세 분야로 나뉜다. 정보학의 이론적 토대를 마련하는 분야와 기술적 토대를 마련하는 분야, 응용을 다루는 분야가 그것이다. 이 세 분야는 서로 다른 전문성을 요구하며, 정보학자들은 각각 자신에게 적합한 분야를 선택한다. 기술정보학자들은 뭔가를 만들어낸다. 거대한 기계를 자신의 뜻대로 움직이거나, 가능하면 많은 계산능력을 작은 공간에 집어넣는 일에 매력을 느낀다. 스마트폰 속의 빠른 칩이라든가 자동운전 농기계 같은 것이 그들 덕분에 탄생한다. 기술정보학자들은 정보학 외에 무엇보다 물리학을 잘 알아야 하며, 실용적인 엔지니어가 되어야 한다.

응용정보학자들은 좋은 소프트웨어를 어떻게 만들어낼까 하는 문제에 골몰한다. 이를 위해 모델을 만들어내고 과정을 생각해냄으로써, 가능하면 오류가 없고 효율적인 소프트웨어를 생산한다. 많은 양의 데이터를 효율적으로 저장하고 검색할 수 있는 데이터뱅크를 고안하기도 하고, 지루한 계산을 여러 컴퓨터에 분할해 해결하는 분산파일 시스템을 개발하기도 한다. 이런 시스템을 제대로 구축하기 위해서는 프로그래밍을 잘해야 한다.

반면 이론정보학자들이 몰두하는 기본적인 질문은 '어떻게 무언가를 가장 효율적이고 가장 빠르게 계산할 수 있을까?'이다. 이런 질문은 어느 정도 철학적이다. 이론정보학자들이 연구하는 질문은 부분적으로는 세계관에 대한 것이며, 언뜻 보면 실용적 적용과 거리가 먼 것처럼 보인다. 이론가들은 종종 아직 존재하지 않는 시스템에 대해서도 숙고한다. 가령 양자컴퓨터 같은 것에 대해서 말이다. 이론정보학자들은 도식에 열광할 수 있어야 하며, 수학을 사랑하고, 알고리즘에 활용될 수 있는 패턴을 찾아야 한다. 이론가들은 알고리즘을 설계하고, 이 알고리즘이 해결해야 하는 문제를 풀 수 있는지를 수학적으로 증명한다. 또한 문제들을 되도록 빠르게 해결하려고 신경을 쓴다.

수학적 증명은 상당히 중요하다. 왜 그런지 알기 위해 잠시 과거의 일을 살펴보자. 앞에서 이미 언급했던 에츠허르 데이크스트라는 최초의 정보학자 중 한 명이었다. 그는 예전에 어느 인터뷰에서 자신의 결혼식 때 직업을 '프로그래머'라고 말할 수가 없었다고 이야기했다.[11] 당시에는 그런 직업명이 존재하지 않았기 때문이다. 당시 대부분의 프로그래머들은 물리학, 전기공학, 혹은 수학을 연구한다고 말했다. 데이크스트라는 1959년에 시합을 주최해 동료들에게 참가하라고 부추겼다.

특히나 까다로운 문제를 알고리즘으로 해결하는 시합이었다. 동료들은 여러 가지 풀이를 제출했는데 모두 다 틀린 것들이었다. 데이크스트라는 풀이를 제출한 사람들에게 왜 각각의 알고리즘이 오류가 있는지를 구체적인 시나리오를 통해 증명해주었다. 그러나 어느 순간 더 이상 그렇게 할 수 없다는 결론에 이르렀다. 동료들이 제출하는 알고리즘은 점점 복잡해졌고, 이것들이 오류로 이어지는 상황을 생각해내기까지 점점 더 많은 시간이 걸렸기 때문이다. 그리하여 그는 이제 반대 전략을 택했다. 이제부터는 해당 알고리즘이 정확하다는 수학적 증명을 동시에 제출해야만 알고리즘 제안을 받아들이기로 한 것이다.[12]

데이크스트라가 그로써 도전을 더 어렵게 만들었다고 볼 수 있을 것이다. 그러나 실제로 그 뒤 테오도뤼스 J. 데커르Theodorus J. Dekker라는 동료가 불과 몇 시간 만에 그 문제를 풀었다. 이 성공의 비밀은 평범했다. 수학적으로 옳은 것으로 증명되려면 풀이가 어떤 특성을 지녀야 하는지를 생각한 것이 도움이 된 것이다. 풀이에 대한 형식적인 요구를 알고 나자, 문제풀이는 더 쉬워졌다.

오늘날 모든 알고리즘 개발자들은 이렇듯 문제를 명확히 도식화하도록 교육받는다. 그러고는 문제를 해결하는 알고리즘을 찾는 과정에서 그 알고리즘이 모든 인풋에 대해 문제를 해결할 수 있음을 증명해 보인다. 무엇보다 알고리즘이 문제를 해결하는 데 어느 정도의 시간이 소요되는

2부 정보학의 작은 ABC

지에 관심을 쏟는다.

우리 이론정보학자들은 기본적으로 제일 첫 단계로 세상과 문제해결에 대한 모델을 구축한다. 예를 들어보자. 내가 가족들과 함께 시누이 집에 가는데, 자동차여행 중간중간에 아이들을 위해 놀이터가 딸린 휴게소에서 쉬었다 가기를 원한다고 하자. 정보학자인 나는 '최단경로 문제' 모델에서 이를 고려할 수 있을 것이다. 그러면 수학적 문제 설계에서 '놀이터가 표시된 도로지도를 입력'해야 한다. 문제의 해답도 결국은 모델일 따름이다. 나는 문제를 형식화하는 과정에서 "경로는 90분에 한 번씩 우리가 쉴 수 있게끔 놀이터가 있는 장소를 포함해야 한다"는 조건을 걸 수 있다. 따라서 여행경로를 어떻게 계획할 것인가에 대한 나의 모델은 내 시각에서 실제 세계의 일들이 어떻게 연관되며, 어떤 세부사항이 중요하고 어떤 것이 중요하지 않은지, 해답이 어떤 특성을 지녀야 하는지를 보여준다.

'결혼 문제' 같은 추상적 모델도 이런 과정에서 탄생한다. 결혼 알고리즘에서 "입력되는 것은 두 그룹의 사람들이다. 각 사람은 결혼상대가 될 수 있는 다른 그룹의 모든 이의 리스트를 갖고 있다. 여기서 찾는 것은 가능하면 많은 결혼을 성사시킬 수 있는 해결방안이다". 수학적 관점에서 결혼 문제는 많은 재미있는 변형 버전이 존재하는 흥미진진한 문제다. 물론 실제 세계의 복잡성을 따라잡을 수는 없다. 이는 대부분의 정보학자들도 시인하는 바다.[13]

결혼후보자들을 두 그룹으로 나누는 등의 결정으로 우리는 수학 문제와 해답에 대한 요구("가능하면 많은 결혼을 성사시키기")를 정의한다. 그런 다음 이런 수학 문제를 해결해줄 알고리즘이 있는가를 점검한다. 그러면 이 알고리즘은 특정 데이터를 위해—즉 실제 세계의 특정 상황을 위해—해답을 계산할 수 있다. 이 해답은 모델의 틀 안에서 해석되고 행동으로 이어진다. 그리하여 가령 여러 버전의 결혼 알고리즘이 웹사이트에서 활용되고, 알고리즘의 결과에 따라 플랫폼은 알고리즘이 계산한 후보자들을 서로 소개해준다.

그러나 알고리즘 결과와 행동 사이의 연결은 늘 분명하지는 않다. 해석과 배후의 모델이 맞아야 하는 이유는 앞에서 이미 살펴보았다. 철도 연결에서 두 역 사이의 가장 짧은 연결만 고려하다 보면 그 모델에서 찾은 최단경로는 비현실적인 여행루트가 될 것이다. 따라서 행동은 알고리즘의 결과를 고객에게 전달하는 것으로만 끝나지 않는다. 결혼 모델이 각각 다른 그룹에 속한 사람들하고만 결혼하는 걸 허용하면, 여기서 나오는 해답은 최적이 아닐 수도 있다. 외모나 성적 취향과 같은 선호도가 완전히 알려져야 더 많은 커플이 탄생할 수 있다. 따라서 모델링은 늘 틀frame을 만드는 일이며, 이 틀 안에서 결과가 해석된다.

이런 제한에도 불구하고 수학 문제를 정의하고 해답을 찾아나가는 데 필요한 전체 과정은 어느 정도 선형적이고 조망가능하다.

모든 수학 문제마다 알고리즘이 있을까? 그렇지 않다. 이성적으로 정의될 수 있음에도 알고리즘이 없는 수학 문제들도 있다. 그중 하나가 앞에서 이야기했듯이 바로 소프트웨어가 무한루프에 빠질 것인가 하는 문제다. 핸드폰 어플이 그렇게 될지를 미리 알아내는 알고리즘이 있다면 좋을 텐데 말이다. 하지만 유감스럽게도 그렇게 되지 않는다. 안 된다는 걸

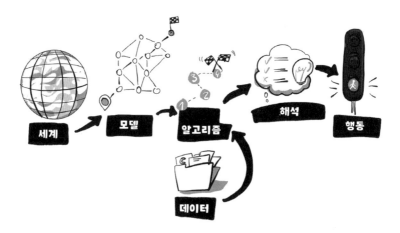

그림 14 고전적인 알고리즘은 세계의 작은 단면 모델, 즉 수학 문제에서 시작된다. 수학 문제를 해결하기 위해 알고리즘을 개발해 데이터를 입력한다. 알고리즘이 계산한 해답은 해석되어야 하고 종종 행동으로 이어진다.

증명할 수도 있다(물론 여기서는 독자들을 괴롭히지 않겠다).

이렇듯 우리 이론정보학자들은 문제를 숙고하는 사람들이며, 그 일에 숙련되어 있다. 우리는 알고리즘이 문제를 해결할 수 있음을 보여줄 수 있는 증명 기술을 알고 있다. 물론 그럼에도 뭔가가 잘못될 수 있다. 그에 대해 다음 단락에서 살펴보기로 하자.

고전적 알고리즘의 취약점

살던 집이 강제 경매에 넘어가는 건 정말 충격적인 사건일 것이다. 지금까지 인사하고 지내던 이웃들과 작별하고, 아이들을 새로운 학교로 전학

시키고, 좁고 허름한 집으로 이사를 가는 심정이란. 직장동료들은 왜 예전의 좋은 집에 살지 않는지 묻는다. 그러면 은행이 채무연장을 거부했다고 답할 수밖에. 가계신용등급이 추락해서 더 이상 대출이 허가되지 않은 것이다.

자, 그런데 몇 년 뒤에 해당 조치가 자동 대출심사 소프트웨어가 잘못 결정한 결과임을 알게 된다면 기분이 어떨까? 호세 아귈라Jose Aguilar는 그것이 어떤 기분인지 안다.[14] 2017년 미국 웰스파고 은행은 2010년 3월 중순에서 (7년 뒤인) 2017년 4월 말 사이에 870명의 고객에 대해 사실은 대출연장을 해주는 것이 은행에 더 유리했음에도, 대출연장을 거부한 바 있음을 시인했다.[15] 알고리즘이 계산한 이런 부당한 채무연장 거부로 말미암아 545명의 고객이 집을 잃었다. 호세 아귈라도 그중 한 명이었다. 그는 집을 보전하고자 여러 번 채무연장을 해보려고 시도했으나 되지 않았다. 이런 오류가 빚어진 것은 공증료가 잘못 계산되어 채무연장이 은행에 매력이 없는 것으로 나타났기 때문이었다. 그리하여 자동적으로 연장 거부라는 결과가 나왔다.

이런 오류는 정말 중대한 결과를 빚을 수 있다. 그러나 그것은—기준만 잘 지키면—어느 정도 빨리 발견할 수도 있다. 고전적 알고리즘은 프로그래머가 원한다면, 상대적으로 명확하게 구현할 수 있기 때문이다. 코드가 인간에게 친숙하고 프로그램 세부구조가 세심하게 선별되어 있어, 행동지침을 이해하기 쉽다. 그렇지 않은 경우도 많지만, 원칙적으로 고전 알고리즘의 코드는 인간이 읽을 수 있게끔 조형화된다. 웰스파고 은행의 실수는 알고리즘이 일군의 소유주의 신용을 잘못 평가했음을 깨닫지 못했던 것이다. 이런 오류는 주택 소유주 한 사람 한 사람의 운명에는 정말 중대한 것이다. 하지만 소프트웨어가 심사한 전체 건수에 비하면 870건의 오류는 적은 편이다. 그리고 이런 오류를 발견하자마자 대부분은 그 이유도 빠르게 찾아낼 수 있다. 우리 정보학자들은 그렇게 할 수 있도록 교육받았다.

알고리즘의 비윤리적 투입

고전적 알고리즘은 이처럼 의도치 않게 부작용을 초래할 수도 있지만, 알고리즘 설계자가 고의로 드러내놓고 비윤리적인 알고리즘을 만들 수도 있다. 패스워드 피싱이나 개인정보 갈취, 혹은 하드디스크의 데이터를 인질로 금전 요구 등을 일삼는 유해 소프트웨어들이 그런 경우다. 가령 당신이 매번 자동차를 운전해서 어디를 갈 때 최소한 한 번은 유명 패스트푸드 체인을 거쳐 가게끔 내비게이션을 구축하는 것은 내게 쉬운 일일 것이다. 이런 특별한 내비게이션에 대한 수요가 아직 없을 뿐!

일례로 2018년에 여러 항공사가 옆좌석에 나란히 앉아 가기를 원하는 승객들을 비교적 자주 갈라놓는 알고리즘을 투입하고, 그럼에도 일행이 함께 앉으려고 하면 추가요금을 징수한 것으로 알려졌다.[16] 영국 민간항공국의 조사에 따르면 특히 라이언에어가 이런 비리에 연루되어 있다.[17] 물론 라이언에어는 이를 부인했다. 일행을 따로 앉히면 승객들이 불편을 호소할 뿐 아니라, 비상시 탈출에 차질이 빚어질 수도 있다. 왕립항공협회 항공운항 그룹은 보고서에서 그런 결론을 내리면서, 어떤 경우에도 가족은 함께 앉힐 것을 권고했다.[18] 그런 일이 정말로 의도한 것이든 아니면 부주의 때문에 빚어진 것이든 간에, 최상의 소프트웨어를 사용하는 것이 윤리적으로 요망된다고 하겠다.

알고리즘을 비윤리적으로 활용한 가장 유명한 예는 배기가스 조작 스캔들일 것이다. 차량이 테스트상황인지, 실제 도로에 있는지를 감지하는 소프트웨어가 이런 조작에 활용되었다. 그리하여 시험상황에서만 여러 시스템이 켜지거나 꺼져서 배출가스 기준을 충족했고, 실제 운행상황에서는 배기가스가 시험상황에서보다 여러 배 배출되었다. 이런 조작은 복잡한 배기가스 기술을 개발하는 비용을 절약해주고, 엔진 성능을 높여 운전체험을 향상시켜주었다.[19] 그러나 이제 정확히 누가 알고리즘의 오류와 비도덕적 행동을 책임져야 할까? 특히 알고리즘 설계자들의 책임은 얼마나 클까?

알고리즘 설계자들의 책임

알고리즘이 계산한 결과에 대해 알고리즘 개발자들은 어느 정도 책임이 있을까? 앞에서 채무연장 거부와 관련한 프로그램 오류에 대해서는, 악의는 없었더라도 (알고리즘을 개발한) 회사에 책임이 있을 것이다. 반면 다른 회사를 위해 개발된 알고리즘을 잘못 사용하는 경우 알고리즘 개발자들은 별로 할 수 있는 것이 없다. 따라서 사용자들이 알고리즘을 어떻게 이용해야 하는지 잘 아는 상태에서 필요한 정보를 잘못 입력한다면, 그것은 사용자 잘못이다. 그러므로 기본적으로 알고리즘이 그 자체로 오류가 없었는지, 정확한 사용이 명시되어 있었는지를 평가해야 한다. 개발자 팀이 알고리즘의 정확한 활용에 대해 더 많이 알고 영향을 끼칠 수 있을수록, 알고리즘의 행동에 대한 그들의 책임은 더 커진다.

그러나 고전적 알고리즘조차 그 행동을 제대로 꿰뚫기가 어렵다는 걸 아는 것이 중요하다. 다시 말해 알고리즘의 정확한 행동은 경우에 따라 추상적으로 묘사할 수 없다. 도널드 E. 크누스와 마이클 F. 플라스Michael F. Plass가 이를 잘 보여준다. 이 두 사람은 1981년에 텍스트의 자동 행갈이를 더 보기 좋게 하기 위한 알고리즘을 설계했다.[20] 이를 위해 그들은 행갈이가 있는 텍스트의 '아름다움' 척도를 정하고, 상당히 많은 조절요소(파라미터parameter)를 갖는 알고리즘을 개발했다. 파라미터가 어떻게 결합되느냐에 따라 텍스트의 모습이 달라졌는데, 결합가능성이 너무나 많기에, 파라미터를 변화시킬 때 문장이 어떻게 변화할지를 이야기하는 건 불가능했다. 저자들은 이렇게 쓴다.

"조절가능성이 너무 많기에, 누군가가 가능성의 일부라도 연구하는 것은 불가능하다. 사용자는 원하는 만큼 단어의 간격을 변화시킬 수 있고, 하이픈을 넣는 대신 점을 뺄 수도 있을 것이다. 그러나 여러 해 동안 그렇게 계산실험을 한다 해도, 알고리즘 행동을 높은 수준에서 이해할 수는 없을 것이다."[21]

이런 말은 언뜻 처치-튜링의 가설에 위배되는 것처럼 보이다. 그 가설에 따르면 컴퓨터가 계산할 수 있는 건 인간도 계산할 수 있다고 하지 않았는가? 그렇다. 그럴 수 있다. 알고리즘은 아주 간단한 기본명령과 질의 query의 나열로 이루어진다. 이 모든 것은 인간도 똑같이 할 수 있다. 다만 인간이 하면 몇십억 배 느리다. 따라서 크누스와 플라스는 여기서 우리가 프로그램이 특정 인풋에 어떻게 반응할지, 어떤 결과를 낼지 모를 거라고 주장하는 것이 아니다. 다만 우리가 프로그램의 일반적인 행동을 간단한 형태로 추상적으로 묘사할 수 없을 거라는 것이다. 따라서 크누스와 플라스는 알고리즘의 행동을 3D 배경의 물리적 물체처럼 묘사할 수 없다는 말을 하는 것이다. 물리적 물체의 경우는 물체가 어디에 놓이게 될지 정확히 알 수 있다. 소수의 물리적 규칙만 있으면 3D 배경의 임의의 지점에서 임의의 물체에 대한 일반적인 행동을 예측할 수 있다. 그러나 행갈이는 일이 훨씬 복잡하다. 늘 뒤따르는 단어들에 일이 좌우되기 때문이다. 전체적으로 아름답다는 인상을 주기 위해 단락 맨 마지막 단어가 첫 줄의 행갈이를 바꿀 수 있다. 마지막 한 단어가 텍스트 어딘가의 단어 위치를 바꿀 수 있는 전반적인 상호작용은 복잡계의 특징으로, 이런 복잡계의 행동을 관찰할 수는 있지만, 소수의 추상적인 규칙으로는 예측할 수 없다. 다행히 행갈이의 미학은 그리 논란이 분분한 주제는 아니다. 물론 행갈이를 들입다 파는 괴짜들도 소수 있지만 말이다. 크누스와 플라스는 66페이지에 이르는 논문에서 오로지 행갈이 이야기만 하며, 레딧 같은 소셜 네트워크 안에는 11만 3,000명 이상(!)의 구독자를 확보한 조판type setting 관련 포럼이 있다. 그러나 이런 커뮤니티를 제외하고는 행갈이가 이상하게 되었다고 해도 범죄로 여기지는 않는다. 컴퓨터지능에서는 알고리즘의 행동을 추상적으로 묘사할 수 없는 현상을 더 자주 만나게 될 것이다.

2부 정보학의 작은 ABC

이런 현상은 알고리즘 오류를 찾는 것도 더 어렵게 만든다. 그럼에도 지금까지 살펴본 알고리즘에서는 해답이 원하는 특성을 충족하는지 검증하는 것이 가능하다. 검증은 때로는 간단하고, 때로는 어렵다. 해답을 계산했는데 그것이 해답이 되지 않는다면 알고리즘이 부적절하게 행동한 것이다. 늘 최단경로를 제시하지 않는 내비게이션이나 비행기 좌석 지정에서 필요 이상으로 동행인들을 떨어뜨려놓는 알고리즘이 그런 경우다.

반면 엔진이 입법자가 의도한 것과 다르게 조절되게 하는 알고리즘은 의도치 않게 부적절한 행동을 하는 것이 아니다. 여기서는 일부러 그릇된 알고리즘을 투입한 것이다.

중요한 것은 해답이 어떤 특성을 띠어야 하는지가 명확히 정의된 경우 오류를 발견하기가 원칙적으로 더 쉽다는 것이다. 최단경로를 약속하는 내비게이션처럼 결과의 특성이 투명하면, 소프트웨어 사용자들은 원칙적으로 이를 점검할 수 있다. 같은 수학 문제를 풀어 같은 해답을 내야 하는 구현이 여러 개 있으면 더 쉬울 것이다. 이런 경우에는 단순히 각각의 해답을 비교하면 오류에 대한 단서가 나오기 때문이다. "뭐라고? G맵은 오른쪽으로 가라고 하는데, T맵은 왼쪽으로 가라고 한다고?" 그러면 어떤 알고리즘이 옳았는지, 어떤 알고리즘이 더 짧은 경로를 보여주었는지를 검증할 수 있다.

이에 대한 내 의견은 이러하다.

누가 알고리즘 사용에 책임이 있는가?(I)

알고리즘 설계사들이 알고리즘을 정확히 어디에 사용할지(맥락)를 잘 알고 사용을 감독할 수 있는 경우, 결과에 대한 그들의 책임은 크다. 내 알고리즘이 정확히 내가 알고 있는 맥락에 사용되면, 그것은 내가 프로그래밍한 대로 행동한다. 그러면 그 결과는 내 책임이다.

한눈에 보기: OMA 원칙

이번 장에서는 고전적 알고리즘의 결과는 늘 특정 맥락 안에서만 이해될 수 있음을 보여주었다. 이를 위해 첫째 운영화(O), 둘째 맥락를 수학 문제로서 모델링하는 것(M), 셋째, 알고리즘(A), 이 세 가지가 서로 협연한다는 걸 알고 있어야 한다. 모델링이 적절하지 않으면 알고리즘이 도출한 결과를 의미 있게 해석하는 것이 불가능하다. 우리는 앞에서 그 예로 각각의 출발시간과 도착시간을 고려하지 않는 철도 연결 모델링을 살펴보았다. 이런 경우 알고리즘은 최단경로를 계산하지만, 결과를 실제에 적용하기는 힘들다. 중요한 것은 이런 모델링이 문제제기에 따라서는 아주 이성적인 모델이 될 수도 있다는 것이다. 가령 한 역에서 다른 역으로 가는데 걸리는 최소 시간만 알고자 한다면(실제 소요시간과는 그다지 맞아떨어지지 않는) 이런 단순한 철도 연결 모델을 활용할 수 있다.

　이번 장의 또 하나 중요한 점은 운영화를 통해 측정할 수 있게 수량화된 개념이 다르게 운영화될 수도 있는지, 그리고 운영화가 개념의 중요한 측면들을 파악하고 있는지를 점검해야 한다는 것이었다. 내비게이션의 경우 이것은 최단경로를 어떻게 정의할 것인가 하는 질문이었다. 가령 노

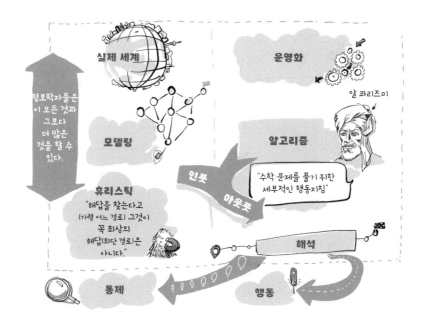

그림 15 알고리즘―컴퓨터를 위한 행동지침 정리

선의 길이를 기준으로 할지, 예상되는 최단 소요시간을 기준으로 할지 말이다.

마지막으로 나는 알고리즘도 오류가 있을 수 있음을 이야기했다. 그러나 알고리즘이 해답의 특성이 명확히 정해진 수학 문제를 다루는 경우에는 이 해답이 진짜 맞는지를 점검할 수 있다. 경로가 정말 최단경로인지, 정렬이 모든 정렬 규칙을 정말로 준수하고 있는지를 점검할 수 있다. 그러나 휴리스틱의 경우는 대부분 이런 점검이 불가능한데, 많은 머신러닝 방법은 휴리스틱이다. 하지만 다른 이유에서도 찾아낸 해답이 최적인지를 점검하기가 힘들 수 있으며, 알고리즘이 의도적으로 비도덕적으로 투입될 수도 있음도 이야기했다. 〈그림 15〉가 이번 장을 요약해준다.

자, 이제 머신러닝에서 어떤 일을 그르칠 수 있는지, 윤리가 어떻게 컴퓨터로 들어올 수 있는지를 이해하기 위해 일단 요즘 유행하는 '빅데이터' 라는 단어가 무슨 뜻인지를 살펴보자. 그런 다음 머신러닝으로 들어가보자.

4장
빅데이터와 데이터마이닝

'구글 트렌드'는 흥미로운 도구다. 이를 도구로 독일에서 무엇이 언제 검색되었는지를 한눈에 조망할 수 있으며[1] 특정 용어에 대한 검색이 얼마나 많이 이루어졌는지를 알 수 있다. 구글 트렌드는 어떤 검색어에 대한 절대적인 검색 건수가 아니라 상대적인 비율을 보여준다. 구글은 이를 위해 우선 원하는 기간에 대해 특정 검색어의 최대 검색 건수를 확인한 다음, 각 시점의 상대적인 검색 비율을 알려준다. 따라서 1월에 가장 많은 사람들이 '알고리즘'을 검색했다면—10만 유저가 검색했다면—이제 나머지 달들의 검색 건수를 이 수로 나누는 것이다.

다음 그림은 정보학의 작은 ABC에 해당하는 개념에 대한 상대적인 검색량이 지난 15년간 어떻게 변화해왔는지를 보여준다. '알고리즘'에 대한 검색량은 2004년 2월 가장 많았다가 상대적으로 차츰 줄어든 반면, '빅데이터'에 대한 검색은 2011년에야 비로소 제대로 시작되었다. 그러나 그

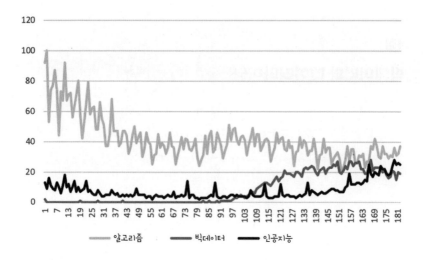

그림 16 2004년 1월부터 2019년 12월까지 "알고리즘", "빅데이터", "인공지능"에 대한
상대적인 구글 검색량

트렌드는 2017년 초 이후 다시금 꺾였다. 반면 '인공지능' 검색은 결코 꺾이지 않고 있다. 2005~2014년에는 '인공지능'에 대한 관심이 2004년 초의 '알고리즘'에 대한 관심에 한참 못 미쳤다. 그러나 2019년까지 '인공지능'에 대한 관심이 5배로 뛰었고, 클라이맥스에는 아직 도달하지 않은 듯하다. 인공지능이 대세라고 하겠다.

구글 트렌드는 빅데이터를 토대로 한다. 이런 데이터는 표본조사된 것이 아니라, 그냥 검색에서 통째로 쌓이는 것이다. 무엇이 사람들을 움직이는가는 그들이 검색한 것을 통해 나타난다. 그것이 필연적으로 서로 연관되지는 않는다 해도 말이다.

토대가 되는 데이터는 '빅데이터'라는 개념이 말해주듯 어마어마한 양이다. 정확한 수는 구글만이 말해줄 수 있겠지만, 하루 평균 구글 검색 건수는 35억 회(!)에 달하는 것으로 추정된다.[2] 인터넷에서 회자되는 수는 서로 많이 차이가 나지만, 하루 검색 건수가 최대 50억 회에 달한다고 보는 사람들도 많다.

구글 트렌드는 유저들이 그 개념이 포함된 혹은 그 개념과 밀접하게 연관된 단어를 검색한 경우도 포함해 알려준다. 이런 '연관 검색'은 구글 트렌드의 결과가 '잡음(노이즈)이 있음'을 보여준다. 정보학에서 '노이즈가 있다'고 하면 그것은 모든 데이터가 실제로 중요한 것이 아니고, 그중 일부는—라디오가 지직거릴 때처럼—잡음일 뿐이라는 이야기다. 그러므로 검색어에 '빅데이터' 혹은 '인공지능'이라는 단어가 들어 있다고 해서 검색자가 꼭 좁은 의미에서 이런 개념을 검색했음을 보여주는 것은 아니다. AI를 검색한 사람들 중에는 본연의 인공지능이 아니라, 영화 〈AI〉를 검색했을 뿐인 경우도 있지 않겠는가. 혹은 마누엘라 렌첸Manuela Lenzen의 《인공지능Künstliche Intelligenz》이라는 책을 검색했을 수도 있다. 물론 인공지능이라는 말이 들어가는 영화나 책 검색도 이 주제에 대한 관심을 보여준다. 하지만 그 개념 자체를 검색한 것과는 상황이 좀 다르다.

그리하여 빅데이터의 세 가지 주요 특징은 다음과 같다. 1) 정보량이 **방대하다.** 2) 종종 **단기간**에 생성되고 처리된다. 종종 3) **여러 형태의 데이터**가 섞여 있다.

이런 세 가지 특성을 영어로 3V로 정리할 수 있다. Volume(양), Velocity(속도), Variety(다양성)이 그것이다. 양, 속도, 다양성. 어떤 사람들은 여기에 두 개의 V를 추가한다. 빅데이터는 분석에 Value(가치)가 있는 것으로 추정되어야 활용되며, 이를 위해서는 데이터의 Validity(유효성, 타당성)이 검증되어야 한다는 것이다.

어쨌든 빅데이터는 센서가 인터넷과 연결된 모든 곳에서 쌓인다. 스마트폰 안의 GPS 시스템, 스마트홈의 온도조절장치뿐 아니라, 당신이 능동적으로건 수동적으로건 정보를 흘려보내는 모든 카메라, 키보드, 컴퓨터 마우스, 애플의 시리와 아마존의 알렉사가 모두 그런 센서이다.

그러나 생물학·물리학 실험들에서도 빅데이터가 쌓인다. 가령 게놈분석이나 우주물리학에서도 그렇다. 최근에 최초의 블랙홀 사진이 공개되었다. 이 사진은 5페타바이트의 정보에서 계산해낸 것이었다.[3] 페타바이트… 이것은 1,000조 바이트에 해당하는 어마어마한 정보의 단위다.

잠깐, 내 머리가 막 터져버렸다. 얼마나 방대한지 상상이 되지 않는다. 당신은 어떤가? 이 정보가 구글의 평가상 2014년 기준 하루 평균 업로드되는 유튜브 영상을 모두 합친 만큼이라고 말해도 상상하기가 더 쉽지는 않다. 그 규모가 어느 만큼인지 상상이 되지 않기 때문이다. 다르게 해보자. 최신 (가정용) 컴퓨터의 용량은 1테라바이트 정도다. 따라서 5페타바이트의 데이터를 저장하려면 가정용 컴퓨터 5,000대 정도가 필요하다. 블랙홀을 측정한 데이터들이 저장된 하드디스크 드라이버는 천문대로부터 데이터센터까지 비행기로 실어날랐다. 용량이 너무 커서 인터넷으로 전송하는 건 힘들었기 때문이다.[4] 작전을 방불케 했던 일이 흥미롭다.

블랙홀 사진 제작에 대한 기사를 읽어보면, 거기에 참여한 학자들이 자신들의 발견에 얼마나 흥분해 있는지가 단박에 느껴진다. 특히 알고리즘을 개발해 이 일에 결정적인 역할을 한 케이티 보우먼Katie Bouman이 200여 명으로 구성된 팀의 노력의 결과물을 소개하는 영상을 보면, 그녀의 미소와 빛나는 눈이 자신이 경험한 '유레카의 순간'을 생생하게 전달해준다. 학자들이라면 모두가 바라 마지않는 그런 순간들. 우리 정보학자들이 데이터 속에서 패턴을 발견할 때 느끼는 감동을 조금이라도 이해하고 싶다면, 케이티 보우먼의 영상을 한번 보면 좋을 것이다.[5]

내게 학문이란 탐정놀이와 인식에 대한 진지한 추구가 절묘하게 뒤섞인 작업이다. 방대한 데이터를 토대로 학문을 하는 사람들은 다 비슷할 것이다. 아직 아무도 보지 못한 데이터를 뒤지는 것은 굉장히 흥미로운 작업이다. 나를 아주 기뻐하게 하고 싶다면, 내게 멋진 데이터 더미를 던져주고, 가족들에게는 일주일간 디즈니랜드에 다녀올 수 있는 티켓을 쥐여준 뒤, 삼시세끼를 꼬박꼬박 내 사무실 문 밑으로 디밀어주면 된다.[6] 많은 양의 데이터에서 흥미로운 패턴을 찾아내는 열정과 기쁨은 정말 형언하기 힘들다. 사업가들이 좋은 계약을 체결했거나, 운동선수들이 시합에서 이겼거나, 살다가 갑자기 모든 것이 꿰맞춘 듯이 맞아떨어질 때 느끼는 기쁨과 비교할 수 있을 것이다. 바라던 유레카의 순간으로 가는 과정에서 홀린 듯이 모든 접근을 다 시도해보고, 실패도 감수하고, 다시금 일어나 새롭게 시도한다. 그러느라 밤잠을 제대로 못 잘 수도 있다. 충분한 잠, 건강한 식생활, 사회생활 같은 것은 한동안 뒷전이다.

하지만 2003년 내가 박사 학위논문을 쓰기 시작할 때는 그런 데이터에 접근하기가 힘들었다. 기업들과 이렇다 할 인맥이 없는 이론정보학자가 대용량 데이터에 접근하는 건 아예 불가능했다. 그리하여 당시 독일에는 아직 생소한 회사였던 넷플릭스가 경진대회를 열어 48만 명이 넘는 유저들이 총 1만 7,770여 개의 영화에 대해 평점을 매긴 1억 건 이상의 자료에 접근할 수 있도록 해주었을 때, 우리는 거의 감전된 듯한 기분이었다.

2부 정보학의 작은 ABC

넷플릭스 프라이즈: 아주 커다란 영화관

넷플릭스 경진대회의 과제는 분명했다. 우리는 제공받은 데이터를 활용해 유저들이 영화들에 대해 어떤 평가를 내릴지 예측하는 알고리즘을 설계해야 했다. 따라서 "밀러 부인이 〈귀여운 여인〉을 아주 좋아할 거야!" 혹은 "슈나이더 씨가 〈타이타닉〉을 괜찮게 생각할걸"이라고 결정해주는 유리구슬 같은 걸 만들어야 했던 것이다. 여기서 실생활에서의 관찰가능한 결과를 제시해주는 계산을 나는 예측prediction이라 부른다. 상황의 결과가 어떻게 될지를 지금까지 알려진 공식이나 고전적인 알고리즘으로 계산할 수 없는데도 결과를 제시하는 것이 바로 정보학자들이 말하는 예측이다. 내가 밀러 부인이 최근에 넷플릭스에서 영화를 얼마나 자주 보았는지를 확인하려 할 때 데이터뱅크로부터 얻을 수 있는 정보는 예측이 아니다. 이런 정보는 컴퓨터에 저장되어 있고, 적절한 지점에서 기억장치로부터 불러낼 수만 있을 뿐이다. 밀러 부인이 영화에 대해 평점을 매긴 1998년 5월 23일이 무슨 요일이었는가 하는 질문도 단순히 수학 문제의 풀이일 따름으로 우리가 말하는 의미의 예측이 아니다. 그것은 관찰가능한 행동이 아니라, 계산가능한 특성이기 때문이다.

아무개가 어떤 영화에 어떤 평가를 할지에 대한 예측은 그리 쉽지 않았다. 넷플릭스가 공개한 데이터에는 그리 많은 정보가 포함되어 있지 않았기 때문이다. 데이터는 기본적으로 이런 식이었다.

유저 10380은 2005년 6월 13일에 〈스타워즈 4〉(1977)에 별 5개를 주었다.

유저 10380은 2000년 10월 10일에 〈귀여운 여인〉(1990)에 별 2개를 주었다.

따라서 영화 취향을 아주 조금 엿볼 수 있을 뿐, 유저에 대해 아는 것이 전혀 없는 셈이었다. 게다가 별 1~5개라는 등급은 상당히 대략적이다. 기본적으로 별 1개=정말 꽝이다, 별 3개=뭐 괜찮다, 별 5개=이 영화 정말 좋아요, 정도만 말해줄 따름이다.

어쨌든 당시에 이것은 정말 빅데이터였다. 1억 건 분량의 데이터 기록이라니. 당시 이 중에서 내 노트북의 메모리로 들여보낼 수 있는 것은 극히 일부분이었다.[7] 넷플릭스는 첫 번째 데이터세트와 함께 두 번째 데이터세트도 공개했다. 두 번째 데이터세트에 입력되어 있는 기록들은 이러했다.

유저 10380은 2005년 7월 15일에 〈스타워즈 5〉(1980)에 평점을 매겼다.

평점을 얼마를 주었는지는 알 수 없었다. 이런 기록 280만 개에 대해 이제 그 유저가 그 영화에 별 몇 개를 주었을지를 예측해야 했다. 과거의 일을 '예측'한다고 하니 헷갈릴 수도 있겠다. 여기서 예측은 미래를 예측하는 것이 아니었다. 물론 넷플릭스는 두 번째 데이터세트에서 유저들이 영화에 몇 점을 주었는지를 이미 알고 있었다. 결국 평점 자체는 과거에 매겨진 것이니 말이다.

정보학에서 '예측'이라는 말은 어떤 시스템이나 인간의 측정가능한 행

2부 정보학의 작은 ABC

동 중 컴퓨터가 정보를 받지
못한 모든 것에 대해 통용된
다. 이런 행동이 과거의 것인
지, 미래의 것인지는 중요하
지 않다.

나는 네가 지난 여름에 한 일을 알고 있다!

예측을 잘 해내면 그로부
터 추천목록을 구성할 수 있
다. 어느 유저가 넷플릭스에
등록하자마자, 알고리즘이 아직 그가 보지 않은 모든 영화에 대해 이미
예측을 계산하고 추천영화를 제시해준다. 가장 예측값이 높은 영화가 가
장 위쪽에 위치하고, 아래쪽으로 순위에 따라 쭉 배열된다.

추천 알고리즘

추천 알고리즘은 인터넷에서 늘 만날 수 있다. 이런 알고리즘은 인공지능
이 무엇인지 감을 잡을 수 있게 해준다. 추천 알고리즘은 가령 페이스북
친구들의 소식을 차례대로 나열해주고, 트위터 타임라인에 트윗들, 온라
인쇼핑 추천 상품들, 넷플릭스 영화들, 나아가 특정 검색어에 대한 검색 결
과들, 구인구직 플랫폼의 구인공고들, 적절한 온라인 광고들을 띄워준다.

그 밖에도 최근의 많은 논의는 이런 종류의 알고리즘이 민주주의를 취
약하게 만들 수 있음을 보여준다. 가짜뉴스와 조작으로 말이다. 그리하

여 이런 알고리즘 몇 개를 소개해보려고 한다. 독자들은 다시금 OMA 원칙이 중요하다는 것을 확인하게 될 것이다. 알고리즘의 결과를 의미 있게 해석할 수 있기 위해서는 운영화(O), 모델링(M), 알고리즘(A)이 서로 조화를 이루어야 한다.

하지만 이런 조화가 늘 이루어지는 것은 아니고, 오류 또한 오랫동안 눈에 띄지 않는 경우가 많다. 하지만 우선 예측의 어려움을 실감하도록 우리 데이터과학자들이 가장 먼저 어떤 걸 시험해보는지를 소개하도록 하겠다.

나는 네가 지난 여름에 한 일을 알고 있다: 과거로부터의 음성들

넷플릭스 콘테스트의 경우는 우선 개인화된 접근을 테스트해봐야 했다. 모든 참가팀이 한 번씩 시험해보았을 가장 간단한 알고리즘은 다음 데이터와 관련된 것이었다.

유저 10380은 2005년 7월 15일에 〈스타워즈 5〉(1980)에 평점을 매겼다.

즉 유저 10380이 그날 〈스타워즈 5〉에 몇 점을 주었을지 답하기 위해 평소 영화에 평균적으로 별 몇 개를 주었는지 계산했다. 다시 말해 유저 10380이 지금까지 해온 대로 할 거라고 예측하는 것이다. 이와 비슷한 방법으로 다른 유저들이 〈스타워즈 5〉에 준 평균 별점을 취해서 예측할 수도 있다. 이것은 모든 유저가 평균과 비슷하게 행동할 것이라고 보는 행동 모델을 따르는 것이다.

뭐, 좋다. 하지만 이런 예측들이 훌륭한지 아닌지를 어떻게 측정할까? 이를 측정하려면 품질 척도가 필요하다. 그런 척도를 정하는 것은 머신러닝 알고리즘의 전제이기도 하다. 품질기준은 우리가 알고리즘의 결정을 언제부터 신뢰할 수 있을지를 결정한다.

좋은 결정: 품질 척도의 선택

예측의 품질은 이렇게 측정된다. 알고리즘이 별 3.6점을 예측했는데, 실제로 유저는 별 4개를 주었다면, 그 차이를 제곱한다. 별점 예측값이 유저보다 높은지 낮은지는 상관이 없다. 예측값이 3.6이든 4.4든 제곱한 결과는 똑같다. 실제 별점은 4점이므로 각각의 차이는 0.4이고, 0.4×0.4=0.16이다.

그러나 한 번만이 아니고, 다수의 예측을 해야 했으므로, 우리는 280만 개의 테스트 데이터 기록 전체에 대해 차이값을 제곱하여 그 평균을 구하고, 그로부터 다시금 제곱근을 계산했다.[8]

이런 품질 척도로 여러 알고리즘의 예측품질을 직접 비교하는 것은 쉬운 일이다. 물론 유저가 진짜로 별점을 얼마나 주었는지를 안다면 말이다!

하지만 경진대회 참가자들은 유저가 진짜로 몇 점을 주었는지를 알지 못했다. 그것은 넷플릭스 쪽에서만 알 뿐이었다. 대회기간 동안 참가자들은 테스트 데이터 기록에 대해 하루에 한 번 예측값을 업로드할 수 있었고, 그러면 넷플릭스 쪽의 시스템이 평가를 피드백해주었다. 늘 우리의 '위치'를 보여주는 베스트 알고리즘 리스트들이 있었다. 이런 목록은 우리가 다시 한번 영리한 접근을 해보게끔 하는 자극이 되었다. 물론 앞서 말한 순진한 기준으로 접근한 예측은 완전히 빗나가거나 충분하지 못했기 때문이다. 그런 접근은 '기본적으로 점수를 잘 주는 유저는 앞으로도 그렇게 할 것이다' '여러 사람에게 인기 있는 영화라면 다음번 유저도 그것을 좋아할 확률이 높다'는 것이었으며, 당연히 100퍼센트 맞는 규칙이 아니었다!

넷플릭스는 경진대회를 열며 '시네매치'라는 이름의 넷플릭스 자사 알고리즘의 평가보다 정확도를 10퍼센트 개선시킨 알고리즘을 설계하는 팀에게 100만 달러의 상금을 내걸었다. 시네매치의 예측 수준은 실제로 아직 그리 좋지 못했다. 이 알고리즘은 평균적으로 실제 평점과 별 1개 정도의 오차를 빚었다! 그러니 경진대회에서 평균 오차를 0.8572 정도 이하로 끌어내린 첫 번째 알고리즘이 고액의 상금을 타게 될 터였다.

고액의 상금을 내걸었다는 점이 언론의 높은 관심을 불러일으켰다. 그러나 우리가 이 경진대회에 참가한 동기는 좀 다른 것이었다. 관심사가 다른 사람들과 약간 달랐다. 우리는 좀 더 정확한 추천을 하기 위해 데이터 안에서 더 나은 암시를 찾아내고자 했다. 특별한 상관관계가 있는 데이터들을 채굴해 의사결정에 활용하는 것이 바로 데이터마이닝의 마법 아니겠는가.

데이터가 공개된 지 6일 만에 시네매치에 필적하는 알고리즘이 나왔고, 13일 뒤에는 이미 세 팀이 오차율을 시네매치보다 더 낮췄다. 6개월 뒤에는 이미 2만 개 이상의 알고리즘 개발팀이 경진대회에 등록해 시험 데이터세트를 위해 1만 3,000번 이상의 예측을 업로드했다.[9] 그해 말, 참가 팀은 4만여 팀이 되었고, 새로이 설계된 알고리즘은 시네매치보다 8.43퍼센트 개선된 것이었다. 그 뒤, 2009년 말에 드디어 넷플릭스 추천 알고리즘보다 품질이 10퍼센트 이상 개선된 알고리즘이 탄생했다. 3년 만이었다.

나 또한 알고리즘을 위해 여러 아이디어를 시험했다. 시합에서 우승하기 위해서는 어떤 사람이 어떤 영화를 좋아하지 않을지도 예측해낼 수 있어야 했다. 하지만 나는 다른 것에 흥미가 있었다. 데이터세트에 포함된 적은 정보를 토대로 어떤 영화들이 비슷한 특성을 가지고 있는지를 알아낼 수 있을까 하는 것이었다. 유저들의 평가 행동을 통해 비슷한 영화들의 그룹을 찾아낼 수 있을까?

커다란 기대들

본질적으로, 누가 무엇을 좋아하지 않느냐는 중요하지 않고, 누가 무엇을 좋아하느냐가 중요하다. 그리하여 나는 어떤 두 영화를 동시에 좋아하는 공통 팬의 수가 우연히 나타날 수 있는 것보다 특히 많은지를 평가하는 알고리즘을 개발했다. 지금까지 많은 사람들이 공통적으로 좋아했던 영화들을 긍정적인 추천으로 활용할 수 있을 거라는 생각에서였다. '당신이

A 영화를 좋아하면 또한 B 영화도 좋아할 거예요. 당신 전에 많은 사람들이 A뿐 아니라 B도 좋아했거든요'라는 모토에 따라서 말이다. 또한 두 영화를 동시에 좋아하는 사람들이 많다는 것은 그 영화들이 관객들에게 중요한 유사성을 갖고 있음을 암시하는 것일 수도 있었다. 그러나 이런 추천을 위해 두 영화의 공통 팬이 정말로 충분히 많은 수인지를 어떻게 알 수 있을까?

이를 위해 진짜 영화 두 쌍을 소개하도록 하겠다. 이들을 일단 영화 A, B, 그리고 영화 X, Y라고 불러보자. 1만 명의 관객 중에서 영화 A와 B를 동시에 좋아하는 관객은 23명뿐인 반면 영화 X와 Y를 동시에 좋아하는 관객은 1,179명이었다. 그렇다면 새로운 관객이 자신이 영화 A 혹은 영화 X를 좋아한다고 말한다면, 이런 자료를 토대로 추천을 이끌어낼 수 있을까? 이런 시나리오에서 당신은 23명의 관객이 영화 A와 B를 동시에 좋아하는 것이 의미가 있는지, 그리고 1,179명이 영화 X와 Y를 동시에 좋아하는 것이 의미가 있는지를 평가해야 한다. 물론 지금으로서 이 질문에 대답하기는 힘들다. 이 질문에 대답하려면 우선 영화들이 그 자체로 얼마나 인기가 있었는지를 알아야 할 것이다. 실제로 영화 A는 1만 명의 유저 중 단 40명만이 좋은 점수를 주었고,[10] 영화 B는 73명만이 좋게 평가했다. 따라서 둘 다 인기 있는 영화는 아니었다!

반면 영화 X와 Y는 블록버스터다. 1만 명의 넷플릭스 유저 중에서 4,080명(영화 X), 1,930명(영화 Y)이 별 4개 이상을 주었다. 그러므로 여기서 이미 공통 팬의 절대적인 수가 더 많다고 해서 반드시 그들 사이에 더 많은 연관이 있다는 뜻은 아님을 알 수 있다.

그림 17 두 영화를 공통으로 좋아하는 사람들의 수가 두 영화가 서로 비슷하다는 걸 보여줄 수 있을까? 그렇다면 그런 유사성을 암시하는 데 23명이면 충분할까? 영화 X, Y를 공통으로 좋아하는 유저가 1,179명이라는 것이 두 영화가 유사하다는 확실한 표지가 될 수 있을까?

앞에서 이미 언급했듯이, 추천 알고리즘은 디지털 데이터를 토대로 한 머신러닝의 시조라 할 수 있다. 이런 방법에 얼마나 많은 파라미터가 있는지를 이해하기 위해서는 좀더 자세히 살펴볼 필요가 있다. 여기서도 문제에 대한 적절한 모델링의 중요성이 다시 한번 드러나게 될 것이다. 이 예는 무엇보다 조형화의 여지가 굉장히 많은 경우 알고리즘의 결정들이 옳은지 아닌지를 추후에 규명하는 것이 얼마나 어려운지도 보여준다. 실제로 모든 평가한, 내지 선호하는 영화들과 관련하여 공통으로 선호하는 영화의 수를 수학적으로 수량화시키는 방법은 수십 가지에 이른다(!)[11] 따라서 여기에도 다시금 운영화가 들어간다. 즉 대상들의 유사성을 어떻게 측정할 것인가 하는 질문 말이다.

그런데 여기서 나는 다시금 과거의 자연과학적 접근방법을 활용해보면 어떨까 하는 생각이 들어서 이 일에서 통계적 유의미성 테스트를 해보고자 했다. 따라서 두 영화의 공통 팬 수를 효모세포의 생존율과 비슷하게 통계적으로 평가해보고자 했다. 이런 테스트에서는 전혀 밀접한 연관이 없어도 어떤 일이 우연히 일어나는 빈도가 얼마나 될지를 알아야 하며, 이를 알려면 대조군이 필요하다. 효모세포에서는 대조군을 만드는 것이 간단했다. 하지만 여기서는 무엇이 대조군이 될 수 있을까? 우리 팀은 여러 그룹의 사람들이 좋아하는 영화들이 있다는 데서 출발했다. 조니 뎁의 한 영화를 좋아하는 사람은 조니 뎁의 다른 영화도 좋아할 확률이 높다. 이것은 당연하다. 이런 경우 두 영화에 대한 평가는 조니 뎁과 연결되어 있고, 서로 의존되어 있다. 하지만 영화 사이에 이런 연관이 없을 때는 어떻게 될까? 사람들이 그냥 무작위로 두 영화를 동시에 좋아하는 일은 얼마나 자주 일어날까? 순전히 우연히 나타날 수 있는 공통 팬 수와 실제에서 관찰되는 공통 팬 수의 차이를 보면, 두 영화 사이에 내용적 연관이 있는지 추론가능할 것이다. 공통 팬의 수가 우연히 나타날 수 있는 것보다 더 많을수록 (통계적) 유의미성이 높은 것이고, 두 영화가 비슷하다고 볼 수 있다.

우연히 나타날 수 있는 공통 팬의 수가 얼마나 많은지를 계산하기 위해 선호에 상관없이 영화에 대한 평가를 무작위로 배열해보자. 가령 이를 1,000번 실행하며 매번 영화 A와 B의 공통 팬이 얼마나 많은지를 센다. 두 영화가 꽤 인기 있는 영화라면, (두 영화가 연관이 없어도) 무작위로 배열한 자료에서 두 영화를 좋아하는 사람들이 어느 정도 나올 것이다. 단지 인기 있는 영화이기 때문이다. 그런데 블록버스터도 아닌데 공통 팬의 수가 많이 관찰될 확률은 극히 낮으므로, 기대 이상으로 공통 팬 수가 많다면, 우연히 그렇게 된 것이 아니라, 그 발견이 통계적으로 유의미하다고 볼 수 있다. 즉 두 영화가 내용상 유사성이 있기에 사람들이 그 두 영화를 좋아한다는 짐작이 굳어지는 것이다.

그런데 평가를 '무작위로' 새로 배열하는 일 역시 다양한 모델링이 가능하다. 그러므로 우연이라고 다 같은 우연은 아닌 것이다.

30년 이상 애용되어온 가장 단순한 모델은 자료를 새롭게 무작위로 배열할 때 영화의 인기도만을 고려한다. 실제로 유저의 70퍼센트가 어느 영화를 좋아했다면, '무작위평가 모델'에서 그 영화를 70퍼센트의 사람들과 무작위로 매치시키는 것이다. 데이터세트에서 평가된 양만큼 평가가 이루어질 때까지 매 영화에 대해 그렇게 한다. 이런 모델은 두 영화가 평균적으로 얼마나 많은 공통 팬을 확보할지를 쉽게 계산할 수 있다는 점에서 유용하다. 계산은 이 두 가지 일(A라는 영화를 좋아하는 것과 B라는 영화를 좋아하는 것)이 따로따로 독립적으로 일어난다는 데 기초한다. 영화 A와 B가 한 명의 공통 팬을 가질 확률을 알려면, 어느 유저가 영화 A를 좋아할 확률과 영화 B를 좋아할 확률을 각각 내고, 그 확률을 곱하면 된다. 왜 그렇게 되는지 예를 들어 설명해보겠다. 이탈리아 여행을 갔을 때 나는 신발 한 켤레가 급하게 필요해서 신발가게에 들렀는데 유감스럽게도 신발이 사이즈별로 분류되어 있지 않았기에 내 사이즈를 찾기 위해서는 신발들을 약간 뒤져야 했다. 여기서 평균적으로 다섯 켤레 중 한 켤레만이 내 마음에 들었으므로 어느 신발이 내 마음에 들 확률은 20퍼센트였다. 그리고 뒤지는 과정에서 나는 신발이 마음에 드는지 안 드는지와 상관없이 열 켤레 중 한 켤레만 내 사이즈라는 것을 알았다.

신발 더미에서
펌프스 찾기

디자인이 마음에 드는 20퍼센트의 신발 중에서 250사이즈가 있을 확률은 다시 10퍼센트인 것이었다. 그리하여 이 각각의 확률을 곱하면 이 신발가게에서 250사이즈인 마음에 드는 신발을 구할 확률이 나온다. 그 결과는 모든 신발 중 2퍼센트다. 이 값이 임의의 신발이 두 가지 특성—즉 디자인이 마음에 들고, 사이즈가 맞고—을 충족시킬 확률이 얼마나 높은지를 말해준다. 이 신발가게의 신발 중에서 이 두 가지를 충족시키는 신발이 몇 켤레나 있을지는 총 신발 개수에 이 확률을 곱하면 알 수 있다.

그 가게에 200켤레의 여자 신발이 있다면, 그중에서 내 조건에 맞는 신발은 단 네 켤레일 것이었다. 다시 말해 나는 잠시 계산해본 뒤, 확률이 너무 낮음을 깨닫고 그 가게를 다시 나올 수밖에 없었다는 이야기다. 자, 학교에서뿐 아니라 실생활에도 수학이 도움이 된다는 걸 알았을 것이다.

무작위평가 모델도 이와 비슷하다. 계속 주먹구구식으로 시험해볼 필요 없이, 공통의 팬이 얼마나 될지 직접 계산해보면 된다. 이제—개인적인 선호가 전혀 없다는 가정하에—1만 명의 가상 유저들과 관련하여 이를 계산해보자. 실제 데이터세트에서 영화 A를 좋게 평가한 관객은 40명이고, B는 73명이다. 그렇다면 각각의 확률을 곱해야 한다는 앞의 공식에 따라 가상의 한 고객이 두 영화 A와 B를 모두 좋아할 확률은 $40 \times 73/10,000^2$, 즉 0.0000292밖에 되지 않는다. 그러므로 1만 명의 관객 중에서 우연히 이 영화를 동시에 좋아할 사람은 0.292명밖에 안 된다는 이야기다. 즉 거의 아무도 없다는 이야기다. 그런데 실제로 두 영화를 좋아하는 관객의 수는 무려 23명으로, 무작위로 기대할 수 있는 수보다 여러 배 많다. 그러므로 무작위 모델과 비교하면, 실제 데이터세트에서 관찰할 수 있는 23명이라는 수는 이 두 영화가 서로 유사하다는 것에 대한 통계적 유의미성을 보여준다.

자, 이제 드디어 비밀을 누설할 시간이다. 이 두 영화가 과연 어떤 영화일까? 이것은 바로 〈베지 테일스Veggie Tales〉 시리즈의 두 작품이다. 베지 테일… 독자들은 여전히 입속에서 웅얼거릴지도 모른다. 이제 알겠는가? 이것은 채소 캐릭터들이 등장해 도덕적이고 윤리적인 이야기를 들려주는 애니메이션이다. 그리고 이 평점은 내가 독자들을 위해 만들어낸 수치가 아니라, 정말 사실이다.[12] 멋지지 않은가? 흥미로운 것은 우리 팀이 이 두 애니메이션을 동시에 좋아하는 사람들의 수 외에 다른 정보는 아무것도 알지 못하는 상태에서 이 두 영화가 무엇인지를 찾아냈다는 사실이다. 우리 정보학자들은 혼란스러운 데이터 더미에서 가능하면 적은 노력으

오늘의 추천메뉴.
말하는
어린 야채들

로 패턴을 발견하는 작업을 진심으로 좋아한다. 멋지지 않은가!

그렇다면 영화 X와 Y는 어떨까? 영화 하나는 먼저 알려주겠다. Y는 바로 〈스타워즈 5〉다. 그렇다면 X는 어떤 것일까? 여기서도 나는 우선 무작위 모델에서 얼마나 많은 공통 팬을 기대할 수 있는지를 계산한다. 두 영화 모두 인기가 있어서, 영화 X는 1만 명 중 4,080명이 좋은 평가를 준 절대적으로 흥행한 영화다. Y는 1,930명이 좋은 평가를 해서 마찬가지로 흥행이 잘된 영화에 속한다. 따라서 1만 명 중 4,080명이 영화 X를 좋아하고, 1,930명이 영화 Y를 좋아하면, 이 둘을 동시에 좋아하는 사람은 확률적으로 787명이라는 계산이 나온다. 하지만 진짜 데이터세트에서는 1,179명으로 예상보다 392명이 더 많다! 이로부터 우리는 〈스타워즈 5〉를 좋아하는 사람은 또한 X라는 영화도 좋아할 거라고 추론한다! 그렇다면 영화 X는 무엇일까. 자, 막이 열립니다.

〈귀여운 여인〉!!

〈귀여운 여인〉? 줄리아 로버츠와 리처드 기어가 나오는? 따라서 우주선이 전혀 등장하지 않는 영화가? 프로그래머로서 이런 결과를 접했을 때 나는 이런 장면을 상상해봤다. "애들아, 너희 오늘 저녁에 스타워즈 클럽 친구들 만난다며? 내가 깜짝 선물로 영화 하나 가지고 갈게. 너희가 좋아할 거라고 내 알고리즘이 말하더라고. 하지만 미리 보지는 마 알았지?

그림 18 어떤 추천 알고리즘들은 〈귀여운 여인〉을 좋아한 사람은 〈스타워즈 5〉도 좋아할 거라고 본다. 가자, '요다 로버츠'!

정말 깜짝 놀랄 거야!" 정말 깜짝 놀랐을 것이다![13]

이와 비슷한 통계적 접근은 한동안 아주 인기를 누렸다. 내용상 이상한 점은 그냥 대충 '설명해서 넘겼다'. 앞의 예에서 그 이상한 '요다 로버츠' 취향에 대해서는 다음과 같이 설명하고 넘어갈 수 있을 것이다. 알고리즘이 할리우드 블록버스터로서 이 두 영화가 원래 내용은 그렇게 따지지 않는 사람들에게 인기를 끌었음을 규명하고 있다고 말이다. 중요한 것은 두 사람 중 한 사람이 그것을 보았고, 영화를 본 사람들은 해당 작품을 멋지다고 생각한다는 것이다. 자, 이 설명이 이해가 가는가?

이와 비슷한 알고리즘이 마트의 물건 구입에도 활용되었다. 이런 알고리즘이 규명한 결과 중 하나는 '맥주-기저귀' 역설이라 알려져 있다. 즉 알고리즘이 특정 시간대에 많은 기저귀와 맥주가 함께 잘 팔리는 뜻밖의 패턴을 발견했던 것이다. 이에 대해서도 빠르게 단순한 설명이 등장한다. "당신이 젊은 가장이라고 상상해봐요. 아내는 갓난아기를 돌보느라 완전히 녹초가 되었어요. 그래서 전화에다 대고 당신이 정말 도움이 안 되는 인간이라고 막 신경질을 부리는 거예요. 이제 당신은 화가 나서 차를 몰고 가까운 마트로 가요. 그러고는 기저귀를 카트에 담고 나서 마음을 좀 진정시킬 요량으로 여섯 캔짜리 맥주 번들 하나를 담는 거죠." 언뜻 보기에 모순되는 상품이 짝을 이루어 팔리는 이유는 그런 식으로 '설명되었고', 젊은 부부의 쇼핑 행동에 대한 새로운 통찰에 근거해 마트에서는 이제 기저귀 코너 옆에 맥주 번들을 쌓아놓게 되었다. 나는 2007년 이런 종류의 알고리즘의 결과들을 살펴보면서 좀 이상하다고 생각했다. 그래서 20년 된 알고리즘의 기본적인 아이디어를 다시 한번 좀더 다듬고, 기본이 되는 무작위평가 모델에서 몇몇 조절을 꾀했다. 넷플릭스 영화들과 관련한 첫 번째 모델에서는 모두가 같은 확률로 같은 영화를 좋게 평가한다고 가정되었다. 이런 가정은 모든 관객이 비슷한 수의 영화를 좋게 평가한다고 보게 되는 부작용을 낳았다. 그 모델에서 유저의 80퍼센트가 첫 번째 영화를 좋게 평가하고, 25퍼센트가 두 번째 영화를, 30퍼센트가 세 번째 영화를 좋게 평가하는 식으로 이어지면, 평균적으로 모든 유저가 거의 같은 수의 영화에 좋다는 평을 하는 것이 된다. 하지만 실제 세계에서는 그렇지 않다는 걸 넷플릭스의 데이터세트도 보여주었다. 데이터세트에 따르면 대부분의 유저는 두세 개의 영화에만 평점을 매긴 반면, 어떤 유저는 수많은 영화에 평점을 매기고, 어떤 유저는 심지어 만 개 이상에 평점을 매겼다! 진짜 데이터가 갖는 이런 특성을 모델링에 고려하느냐 마느냐는 어마어마한 차이를 빚는다. 이것은 기차역과 기차 연결의 예와 비슷하다. 결과들을 해석할 수 있으려면 각각의 출발시간과 도착시간을 함께 모델링해야 한다. 여기서는 각각의 영화가 얼마나 대중성이 있는가와 유저들의 '평가활동' 또한 모델링에 넣어야 한다.

따라서 우리의 모델링은 두 가지를 고려했다. 평가를 배열할 때 어느 유저가 평점을 매긴 수(즉 그의 평가활동)뿐 아니라, 각 영화의 인기도를 포함하도록 구성한 것이다. 이런 절차는 상당한 기술이 필요하며, 첫 번째 모델보다 확연히 더 힘든 계산을 수행해야 한다. 그러나 힘들게 노력한 만큼 더 개선되는 점이 있었으니, 이 새로운 모델의 첫 번째 성과는[14] 바로 〈스타워즈〉 팬에게 〈귀여운 여인〉을 추천하는 현상이 사라졌다는 것이었다. 이것은 낭만적 감정이 사라진지 오래된 커플에게는 아주 유익한 일일 것이다.

사실 이전의 단순한 모델과 그것을 개선한 우리 모델의 알고리즘 자체는 그리 다르지 않다. 진짜 데이터를 취해 서로 다른 두 영화에 대한 공통 팬의 수를 계산하고, 이를 알고리즘 모델이 예상하는 공통 팬의 수와 비교하여, 그 차이가 크면 이 두 영화 간에 유사성이 있어서 다른 유저들도 두 영화를 함께 좋아할 거라고 해석하는 방식이다. 이것은 하나의 영화에 대해(가령 〈스타워즈 5〉) 다른 모든 영화를 이런 차이에 따라 분류할 수 있다는 이야기다. 이 두 모델은 나름의 매력이 있다. 첫 모델은 간단하고 빠른 계산이 가능하고, 두 번째 모델은 실제에 더 충실하다. 그러나 어떤 모델이 더 나을까? 이를 위해 우리는 평가 방법을 필요로 한다. '기저귀와 맥주'처럼 개별적인 결과만 보고 왜 그런 결과가 나왔는지 추후에 대강 이야기를 지어내는 식이라면 이 두 모델 중 어떤 것이 더 나은지 결코 규명할 수 없다. 이를 위해서는 결과를 알려진 지식과 비교하는 방법을 취해야 한다.

품질 평가

이 새로운 알고리즘을 개발했을 때 우리 팀은 어떤 모델이 '더 나은' 분류를 하여, 각 영화에 대해 그와 '가장 비슷한' 영화를 상위에 띄워줄 수 있는지를 보고자 했다. 물론 모든 영화에 대해 직접적으로 가장 비슷한 영화를 댈 수는 없을 것이다. 우선 모든 영화를 본 사람은 없기에, 가장 비슷한 영화가 무엇인지 알 수 없기 때문이다. 두 번째로 모든 영화를 보았다 해도 서로 의견이 다를 수 있기 때문이다. 그러나 우스운 채소 캐릭터들이 등장하는 애니메이션 시리즈를 생각해보라. 알고리즘은 이 두 애니메이션이 우연을 훨씬 웃도는 공통의 팬을 확보하고 있음을 알아낼 수 있었다. 알고리즘이 이것을 전체적으로 잘할 수 있는지 평가하기 위해서 우리는 영화 쌍들을 공통 팬의 수가 유의미하게 우연에서 벗어나는 정도에 따라 정렬하고자 했다. 이런 아이디어가 잘 통한다면, 알고리즘은 최소한 여러 편으로 구성된 시리즈물—〈스타워즈〉, 〈007 제임스 본드〉, 〈총알 탄 사나이〉—의 경우에는 해당 시리즈에 속한 한 영화에 대해 같은 시리즈물을 위쪽에 정렬해야 할 것이다. 이들이 서로 가장 비슷할 테니까.

물론 알고리즘 스스로는 어떤 영화가 시리즈에 속하는지, 속한다면 어느 시리즈에 속하는지를 알지 못한다. 그런 정보는 없다. 알고리즘은 다만 어떤 관객이 어떤 영화를 좋아하는지만을 알 뿐이다. 그 밖에는 아무 것도 모른다. 시리즈도, 장르도 어떤 정보도 없다. 그럼에도 이제 알고리즘이 같은 시리즈에 속한 다른 영화들이나 드라마들을 최상위에 분류할 수 있다면, 그것은 우리에게 두 가지를 말해준다.

1. 영화들의 유사성에 대한 정보가 실제로 관객들의 평가 속에 들어 있다.
2. 알고리즘에게 이런 정보를 활용할 수 있는 능력이 있다.

흥미롭다!

따라서 우리는 넷플릭스 데이터세트에 포함된 일부 영화들과 관련하여, 좋은 알고리즘이라면 어떤 영화를 가장 상위에 분류해야 하는지를 알고 있었다. 그로써 우리는 알고리즘의 예측을 평가할 수 있는 수단을 가지고 있는 셈이었다. 넷플릭스가 자신들이 원하는 문제해결을 위해 경진대회 참가자들의 예측을 진짜 평가자료와 비교했던 것처럼 말이다. 알고리즘의 결과와 비교할 수 있는 실제 관찰이 있는 경우, 그 자료를 실측자료 ground truth라고 부른다. 하지만 실측자료가 있는 것만으로는 아직 충분하지 않다. 각각의 예측에 대한 오차를 어떻게 측정하고 어떻게 파악할지 운영화를 해야 하고, 품질 척도를 정해야 한다. 품질 척도는 어떤 종류의 편차가 어느 정도의 '값'을 지닐지, 예측을 어느 지점부터 '충분히 좋은 것'으로 생각할 수 있는지를 규정한다. 당시 우리는 다음과 같은 품질 척도를 선택했다. 어느 영화가 3편을 넘는 시리즈물 중 하나라면(4편 혹은 5편 혹은 그 이상), 그와 비슷한 영화 상위 3편(상위 4편 또는 5편 또는 그 이상)에 해당 시리즈물 몇 개가 들어 있는지를 보고자 했던 것이다.

그러고는 구체적인 예로 정보학자들에게 인기가 많은 드라마 시리즈인 〈스타트렉: 넥스트 제너레이션〉을 활용했다. 그러면 알고리즘은 〈스타트렉: 넥스트 제너레이션〉에 대해 시리즈의 나머지 6편을 가장 상위에 평가해야 할 것이었다.

즉 우리의 알고리즘이 인풋으로 넣은 〈스타트렉: 넥스트 제너레이션〉 한 편에 대해 1만 7,769편의 영화를 분류하고는 〈스타트렉: 넥스트 제너레이션〉 3, 7, 6만 상위 목록에 넣고, 2편과 4편은 상위로 분류하지 않았다면, 그 알고리즘은 6편 중 4편만, 따라서 3분의 2만 올바르게 분류한 것이다.

하지만 반드시 이런 품질 척도를 선택해야 하는 건 아니다. 우리의 품질 척도는 처음에 추천되는 영화 목록 6개 중에서 각 편들의 순위를 고려하지 않았다. 그러나 이를 고려하는 품질 척도도 생각할 수 있을 것이다! 아니면 최상위 순위들만이 아니라, 시리즈에 속한 모든 영화의 평균 순위를 측정할 수도 있을 것이다. 또는 시리즈에 속한 영화가 차지하는 최하위 순위를 파악할 수도 있을 것이다. 실제로 우리는 그런 아이디어 중 몇

그림 19 알고리즘 기반 추천 시스템의 평가. 이 시스템은 하나의 영화를 인풋으로 설정하여 다른 모든 영화를 분류한다. 본문에서 설명한 대로 추천 시스템은 여러 버전이 있을 수 있다. 품질 평가를 위해서는 각각의 영화에 따라붙는 상위 목록만 고려된다.

가지를 테스트해보기도 했다. 어떤 아이디어는 부적합한 것으로 드러났다. 편수가 서로 다른 시리즈물 간의 값을 비교하고 정리하는 것이 어렵기 때문이었다. 어떤 품질 척도는 이해할 수 있는 이유에서 활용이 불가능하다. 그러므로 개발팀은 가능한 선에서 어떤 품질 척도를 취할지 결정해야 한다.

　품질을 측정할 수 있게끔 품질개념을 '운영화'하는 것은 투명하게 이루어져야 한다. 그래야 다른 팀들도 그것을 적용해보고, 우리가 채택한 척도가 별로라고 생각하면 다른 품질 척도로 새롭게 계산하고 비교할 수 있기 때문이다.

가령 우리의 품질 척도는 알고리즘이 〈스타트렉〉 시리즈의 다른 시즌 〈스타트렉 보이저〉나 〈스타트렉 딥스페이스 나인〉에 속한 작품들을 순위 속에 끼워놓아도 전혀 신경을 쓰지 않는다. 이것이 내용적으로는 의미가 있을지라도 그냥 무시한다. 실측자료에서 우리는 같은 시리즈의 작품들(〈더 넥스트 제너레이션〉)만 헤아리도록 규정했기 때문이다. 따라서 평가는 선정된 실측자료뿐 아니라, 선정된 품질 척도에도 좌우된다. 그리고 둘 모두 개인적이고 주관적인 결정으로 정해진다.

이런 비교 데이터세트와 우리의 품질 척도를 받아들인다면, 두 모델(기존의 단순한 모델과 우리가 더 정교하게 다듬은 모델)의 결과를 측정할 수 있다. 실제로 우리는 유사한 영화를 찾아내는 데 우리의 모델이 더 적합하다는 것을 보여줄 수 있었다.[15]

그러므로 결과에 대한 품질 평가는 '진실'에 대해 가장 타당한 평가를 하는 모델을 정하는 데 활용된다. 이것은 당신이 여러 점성술사, 예언자, 점쟁이, 경제전문가에게 5년 뒤에 어느 주식이 가장 높은 수익을 안겨줄 수 있을지를 묻는 것과 비슷하다. 그렇게 각각의 추천을 따른 뒤, 5년이 지나 각각의 계좌를 확인하고는 점성술사, 예언자, 점쟁이, 경제전문가 중 가장 두둑한 수익(혹은 가장 적은 손해)을 안겨준 사람을 따르게 될 것이다.

이미 말했듯이 특히 나의 모델은 〈스타워즈〉를 좋아하는 사람들에게 〈귀여운 여인〉을 추천해야 할 이유를 보지 못한다. 동시에 '맥주와 기저귀 역설'도 우리 모델에서는 등장하지 않을 거라고 예상한다. 맥주와 기저귀가 함께 나타나는 현상은 잘못된 무작위평가 모델에 근거할 뿐이라고 본다. 그러나 이와 관련해서는 데이터를 구할 수가 없으므로, 유감스럽게도 테스트해볼 수는 없었다.

사후 설명

따라서 추천 시스템에서 중요한 것은 그것들이 휴리스틱이라는 것이다. 데이터과학자들은 일부 인풋에 대한 해답이 어떤 것이어야 하는지(실측자료), 그리고 결과로 나온 해답이 이런 실측자료에 가까운지 측정하는 방법을 규정한 뒤, 실측자료에 가장 근접하는 알고리즘을 선택한다. 추천 알고리즘 작업은 내게 무엇보다 한 가지를 보여주었다. 어떤 것이 옳은 대답인지 정해주는 실측자료가 없고, 알고리즘의 결과가 '어느 정도' 이성적으로 보이는 한, 우리 인간들은 그 결과를 설명하는 이야기를 지어낼 수 있다는 것이다.[16] 그렇게 '요다 로버츠' 현상("〈귀여운 여인〉과 〈스타워즈 5〉는 둘 다 할리우드 블록버스터니까 동시에 좋아하는 사람들이 많겠지")과 맥주와 기저귀 역설에 오래전에 그럴듯한 설명이 붙여졌다. 이것은 우리의 창조성의 표현일지도 모르지만, 좋지 않다. 데이터로부터 어느 정도 '올바른' 결과가 나와야 하는지에 대한 감이 없다는 이야기니까 말이다. 어느 정도 그럴듯하면 우리는 쉽게 설득당한다. 그러나 좋은 신입직원을 뽑으려 하거나 전과자들의 재범률을 예측해야 하는 인공지능에게 이런 상황은 좋은 출발점이 아니다. 단순히 눈대중으로 품질을 점검하기란 어렵기 때문이다.

그럴수록 중요한 것은 머신의 결과를 테스트할 수 있는 실측자료가 있고, 이런 실측자료가 올발라야 한다는 것이다. 실측자료는 정확해야 하고, 대표성을 지녀야 하고, 차별을 포함하고 있지 않아야 한다. 그런 다음 운영화를 통해 해답이 실측자료로 규정된 이상과 어느 정도의 거리에 있는지 품질 척도를 측정할 수 있어야 한다. 사실 점수를 매기는 사람들은 모두 그렇게 한다. 시험의 답이 이상적인 답과 얼마나 떨어져 있는지 혹은 답이 이상적인 해답의 요소를 얼마나 많이 가지고 있는지를 보고는 점수를 매긴다.

별로 복잡하지 않고 품질 척도가 명확하게 정해지는 상황도 많이 있다. 가령 휴리스틱으로 A에서 B까지의 경로를 계산하고, 이를 최단경로와 비교하는 경우에는, 최단경로와의 거리의 차이가 품질기준이 될 수밖에 없다. 하지만 '성공적인 입사지원자'를 예측하는 일에서는 실측자료를 갖추는 것부터 훨씬 어려워진다. 실측자료가 성공적인 지원자와 성공적이지 않은 지원자 이 두 그룹으로 구성되어야 할까? 아니면 '가장 성공적인' 지원자로부터 '가장 성공적이지 않은' 지원자까지 차등을 두며 내려가야 할까? 기계의 대답과 선정한 실측자료와의 거리를 어떻게 평가해야 할까? 이런 결정은 이렇게도 저렇게도 할 수 있는 여지가 있으며 기술적으로 정해지지는 않는다. 여기서 좋은 결정을 내리기 위해서는 데이터과학자, 노조, 고용주, 다른 관계자들이 함께 대답을 찾아야 할 것이다.

자, 이쯤 되면 모든 걸 올바로 하는 게 상당히 복잡할 것처럼 들린다. 하지만 빅데이터는 어떻게 그렇게 그 일을 잘 해낼까? 기본적으로 빅데이터는 특정 상황에서 인간보다 더 효율적이고 성공적일 수밖에 없다. 추천 알고리즘도 대부분 이런 시스템에 속한다.

우리는 모두 계산가능한 존재일까?

집단으로서 우리의 행동은 양질의 정확한 추천들을 가능하게 해준다. 강의를 할 때 이런 말을 하면 청중은 상당히 놀란다. 개인의 시각에서 보면 그럴 수밖에 없다. 대부분의 사람들은 스스로 굉장히 개성적으로 행동할 뿐 아니라 늘 일관적이거나 예측가능하게 행동하지 않는다고 생각하기 때문이다. 그렇다면 추천 시스템들은 이런 비일관적이고 개인적인 선택을 근거로 어떻게 개개인에 맞는 예측을 해내는 것일까?

더욱이 넷플릭스나 아마존, 유튜브 같은 많은 계정들은 초기에는 온 가족이 함께 이용하도록 되어 있었다. 그래서 넷플릭스가 경진대회를 위해 제공한 데이터들에도 종종 한 계정이 〈섹스 앤 더 시티〉뿐 아니라 아동 영화도 선호하는 것으로 나타나는 상황들이 있었다. 이런 상황은 엄마와 아이들이 같은 넷플릭스 계정을 이용하는 데서 비롯되었다. 이제 공급업자들은 세분화된 데이터를 얻기 위해 유료 멤버십 하나당 여러 개의 하위 계정을 이용할 수 있도록 하고 있다. 넷플릭스 멤버십이 여러 계정을 만들 수 있도록 하는 이유가 궁금했다면 여기 그 대답이 있다. 이렇게 구분해서 이용하게끔 하면 각각의 유저들에게 더 나은 추천을 할 수 있기 때문이다. 물론 고객에게 더 안성맞춤인 추천을 할 수 있으면 특히 넷플릭스 자신에게 도움이 된다.[17] 어쨌든 나는 남편이 좋아하는 만화영화나 아이가 보는 〈스펀지 밥〉 시리즈를 줄줄이 추천받지 않아 즐겁다. 마찬가지로 남편도 내가 즐겨 보는 요리나 다큐멘터리 추천의 방해를 받을 일이 없다.

여기서도 데이터들에는 다시금 '노이즈가 있다'. 계정당 영화 평가 데이터는 의미 있는 정보뿐 아니라 우연한 요소들도 가지고 있다. 지지직거리는 텔레비전 화면처럼 말이다. 이것은 다른 빅데이터에서도 마찬가지다. 가령 온라인 플랫폼 유저들의 구매행동에도 그들 자신의 취향과는 관계없는 정보들이 들어 있다. 구매자가 자신을 위해서만 상품을 주문하는 것이 아니기 때문이다. 가족이나 친구, 친척들을 위한 상품을 주문하며, 인터넷에서 타인을 위한 정보를 검색하기도 한다. 언젠가 이모할머니 생신 선물을 주문한 뒤, 이어서 뜨는 추천 때문에 미칠 뻔한 경험이 있는 사람은 내가 무슨 말을 하는지 알 것이다. ("아 됐어, 난 살구색 속옷을 더 이상 원하지 않는다고! 초콜릿도 이제 그만 띄우라고. 이번 해엔 더 이상 안 산다니까.")

하지만 이런 '오류가 있는' 데이터나 우리의 개성에도 불구하고, 데이터를 토대로 온라인서비스의 수익에 상당히 기여할 양질의 추천 품목을 이끌어낼 수 있다. 어떻게 그럴 수 있을까? 첫째로, 우리가 유감스럽게도 실생활에서 생각만큼 그리 개성적으로 행동하지 않기 때문이다. 개성은 우리 하나하나의 관심사에 있다기보다는, 그 개별적인 관심사들을 다 합쳤을 때에야 드러나는 것이다. 나는 책을 주문할 때 주로 정보학 책과 과학이론 책, 그리고 달달한 로맨스소설을 선택한다. 사랑에 빠지고, 모든 것이 빗나가다가 해피엔드로 끝을 맺는 소설들. 스릴러 요소가 가미된 것이면 더 좋다. '정보학 책+로맨스소설'의 결합은 다른 고객들에게서 그리 많이 찾아볼 수는 없을 것이다. 하지만 한편으로 내가 구입한 두 권의 정보학 책을 산 고객들은 많고, 내가 구입한 두 권의 로맨스소설을 산 고객들역시 많다. 그리하여 모든 구매행위를 취합한 데이터로부터 우연이라 하기엔 너무 자주 나타나는 패턴을 발견할 수 있다. 즉 특정 종류의 정보학 책을 구입하는 사람들 그룹 내에서 나의 구매행동은 어느 정도 예측가능하다. 그리고 특정 종류의 로맨스소설을 구입하는 그룹 안에서도 마찬가지로 나의 구매행동을 어느 정도 예측할 수 있다. 이런 모든 삶의 영역의 관심사가 결합되어서야 비로소 내가 개성적인 존재가 되는 것이다.

물론 잘못된 추천도 발생한다. 우베 쇠닝Uwe Schöning의 대표적인 이론 정보학 도서에 대해 '이 책을 구입한 분들은 다음 책도 구입했습니다' 코너에 최신 SF소설《레드라이징Red Rising》시리즈 네 권이 뜬다.[18] 이 정도는 아직 믿을 만하다. 실제로 내가 아는 거의 모든 정보학자들이 판타지소설과 SF소설을 읽기 때문이다. 그러나 정보학 책에 대해 추천 도서로 디터 부르도르프Dieter Burdorf의《시 분석 입문Einführung in die Gedichtanalyse》같은 책이 뜨는 게 어찌 된 영문인지는 아마존 추천 알고리즘만이 안다.[19]

두 번째로 중요한 것은 컴퓨터가 데이터 속에서 우연히 우리의 관심사와 맞아떨어지는 그룹이나 카테고리를 무슨 마술을 써서 식별해내는 것이 아니라는 것이다. 반대다. 특정한 주제에 관심이 있는 무리가 있기 때문에 관련 상품도 있는 것이다. 따라서 상당히 많은 사람들이 로맨스소설을 좋아하고, 또 다른 사람들이 정보학에 관심이 있다면, 이 두 그룹을 위한 상품들이 많이 공급된다. 이렇게 관심행동이 공급을 낳고, 사람들이 다시금 관심상품을 구입하면서 패턴이 강화된다. 그러면 알고리즘이 다양한 접근방식으로 다시금 이런 패턴을 감지하고 그것을 반영한다. 그러므로 알고리즘이 지금까지 아무도 알지 못했던 행동을 발견하는 것은 결코 아니다. 생산자들은 이미 그전에도 이런 시장이 있음을 알고 해당 상품을 공급했으며, 이에 우리 소비자들은 생산자들이 인식한 패턴을 계속 강화시켰을 따름이었다.

따라서 추천 시스템은 빅데이터를 활용하는 대표적인 알고리즘이다. 머신러닝 방법을 활용한 것으로, 머신러닝은 과거의 데이터로부터 추론을 해서 적절한 구조를 만들고 미래의 데이터를 위해 결정을 내린다. 머신러닝의 모든 방법은 인공지능에 속한다. 그러나 현재 추천 시스템이 정말로 똑똑할까?

온라인 시장이 막 태동했을 때 이 시장이 오프라인 시장을 위협할 거라고는 거의 아무도 상상하지 못했다. 특히나 전문점의 경우는 오프라인 숍이 고객들에게 탁월한 맞춤 서비스를 해줄 수 있었다. 하지만 이 책에서 소개한 기술을 사용하면서 상황은 변했다. 우리 대부분은 시간이 흐르며 온라인 숍이 얼마나 양질의 추천을 해줄 수 있는지에 혀를 내두르게 되었다. 어떻게 내가 언젠가 구입한 그 여러 가지 것들이 이렇게 중요한 정보를 포함하고 있었을까 당황하게 되었다. 어쨌든 내가 책을 아주 많이 읽던 시기에는 튀빙겐 자연과학대학에 있는 나의 단골서점 '오지안더'도, 나의 단골서점 직원도 내 독서에 발을 맞추지 못했다. 그때는 아마존의 천재적인 '이 책을 구입한 분들은 다음 책도 구입했습니다' 덕분에만 최신 서적을 찾아 읽을 수 있었다. 그러나 요즘 완전히 새로운 것을 찾으려 할 때면 아마존의 추천이 별로 도움이 되지 않는다고 느낀다. 흥미로운 신간 서적이 종종 쓸데없는 책들에 묻혀 의미 없는 그룹으로 분류되어버린다. 동시에 다행히 굉장한 전문지식을 가지고 알고리즘 추천을 뛰어넘는 흥미로운 발굴을 제시해주는 오프라인 서점들이 존재한다. 그리하여 나는 때로 기차 시간을 여유 있게 예약하고 프랑크푸르트 중앙역의 '슈미트& 한 서점' 심리/IT/경제 코너에서 시간을 보낸다. 아니면 베를린에서 미팅 중간에 틈을 내어 얼른 '두스만'으로 뛰어 들어가서는 두둑한 가방과 아이디어로 무장하고 나온다.

하지만 어쨌든 별로 신통치 않은 데이터 속에서 패턴을 인식하는 것이 바로 '인공지능'의 기본 속성이다. 인공지능 분야의 연구자들은 이런 접근으로 지금까지 인간이 하던 과제들을 컴퓨터로 해결하게 하는 방법을 찾고자 한다. 그리고 일단 그 일이 이루어지면, 기계가 그런 일을 할 수 있다는 것을 예전에는 상상도 못 했다는 사실이 낯설게 여겨진다. 토비 월시 Toby Walsh는 그의 책 《생각하는 기계Machines that think》에서 이렇게 쓴다.

"인공지능 분야에서 일하는 우리에게는 배후의 기술이 당연하게 생각된다는 건 성공이다 (…) 인공지능은 대세가 될 것이다. (…) 인공지능은 우리 삶의 보이지 않는 필수 요소가 될 것이다."[20]

비윤리적 데이터 수집

빅데이터의 한 가지 문제는 아주 흥미롭고 방대한 데이터가 소수 회사의 손에 들려 있다는 것, 종종 높은 벽 뒤에 숨겨져 있다는 것이다. 또 하나의 문제는 많은 데이터세트들을 손쉽게 수집할 수 있다는 것이다. 자동으로 월드 와이드 웹World Wide Web(WWW)을 서핑하는 작은 소프트웨어인 크롤러를 이용해 자동으로 인터넷 웹사이트들을 탐색해 다량의 데이터를 저장할 수 있다. 때로 온라인서비스들은 그런 데이터를 다량으로 이용할 수 있게끔 한다. 이른바 인터페이스가 데이터뱅크에 접속하는 것을 가능케 하는 것이다. 방대한 데이터를 수집하는 것이 수월하면 아무래도 이런 데이터에 접근하고 싶은 유혹이 생긴다. 원저작권자나 당사자에게 동의를 구하지도 않고서 말이다. 실제로 2017년에 한 연구자가 인터페이스의 도움으로 데이팅 앱 틴더에서 4만 장의 사진을 다운받아 한 웹사이트를 통해 공유했다.[21]

이제 당신은 그런 인터페이스는 무엇 때문에 존재하는 거냐고 물을 것이다. 그에 대해 최소한 두 가지 대답이 있다. 우선은 아주 실용적이라는 것이다. 원칙적으로—앞의 경우처럼—틴더에 가입한 모든 사람이 손으로 일일이 모든 데이터를 불러와서 저장할 수 있는데, 인터페이스는 이를 간소화시킨다. 두 번째로 그런 다음 다른 소프트웨어 공급자들이 틴더 유저들을 위해 또 다른 서비스를 개발할 수 있다는 것이다. 이를 통해 그 플랫폼 주변에 원래의 공급자(틴더)뿐 아니라 유저들에게도 두루두루 유익할 수 있는 생태계가 조성된다.

인터페이스가 손으로 일일이 실행할 수 있는 행동을 단순화시킬 뿐이라는 첫 번째 논지는 좀 어폐가 있다. 4만 장의 사진을 손으로 일일이 클릭해서 저장하는 수고를 해야 하는 상황과 그것을 도와주는 디지털 도구가 존재하는 상황은 본질적으로 차이가 있기 때문이다. 손으로 일일이 작업하는 경우에는 데이터를 공유해도 그리 나쁘지 않다는 느낌이 든다. 이유가 있지 않고는 그렇게 많은 데이터를 한 사람이 일일이 보지 않을 것이기 때문이다. 따라서 이유 없이 그렇게 많은 데이터를 체크할 사람은 없다. 그리하여 여성 유저들은 대체로 안전하고 '아무것도 숨기지 않아도 된다'고 느낀다. 그들은 무의식적으로 실제 인간이 누군가를 엿보려 할 때 들이는 노력을 계산하고, 스스로가 그런 노력을 들일 만큼 흥미를 끄는 사람인가를 생각하고는 결론을 내린다. '내가 사적인 정보를 공개한다 해도 누가 그걸 일부러 찾아보겠어?'

하지만 인터페이스를 통해 방대한 양의 정보를 디지털로 접속해 디지털로 탐색하는 것이 간단해지면, 비용-효용 분석이 급격하게 변한다. 그러면 이제 4만 장의 사진을 가지고 있으면 얼마나 많은 정보를 얻을 수 있는지 한번 시험해볼 수 있게 되고, 갑자기 모든 남녀가 흥미롭게 생각된다.

틴더 사진의 공유는 빅데이터를 둘러싼 유일한 스캔들이 아니다. 2016년에는 덴마크의 연구자들이 그와 비슷한 데이터세트를 다른 데이팅 웹사이트에서 다운로드해 공개했다. 이번에는 유저들의 개인정보가 담긴 7만 개의 데이터세트였다. 이런 데이터 수집은 전 세계적으로 엄청난 도덕적 분개를 불러왔는데, 데이터 수집자 스스로는 이런 흥분을 이해할 수 없어 했다. 이쪽 업계에서는 때로 이성적인 시각이 우세하다. 그는 다음과 같은 말로 스스로를 변호했다. "어차피 데이터세트의 모든 데이터가 이미 공개적으로 사용할 수 있게 되어 있었다. 그것을 한꺼번에 공개하면 더 쉽게 이용할 수 있다."[22]

데이터 수집은 때로 다르게도 행해진다. 2019년 1월, 페이스북에 #10yearchallenge라는 해시태그가 퍼졌다. 유저들은 10년 전 사진 옆에 현재의 프로필사진을 포스팅하도록 요청받았다. 이런 해시태그에 나쁜 의도가 있다고 누가 생각할 수 있겠는가. 그런데 작가 케이트 오닐Kate

O'Neill의 생각은 좀 달랐다. 그녀는 이런 트윗을 했다. "10년 전의 나라면 페이스북과 인스타그램의 이런 프로필사진 챌린지에 함께했을 것이다. 그러나 오늘날의 나는 이 모든 데이터가 어떻게 쓰일지 생각한다. 연령인식 혹은 연령변화를 보여주는 얼굴인식 기술 개발에 쓰이지 않을까."[23]

그녀는 《와이어드WIRED》지에 기고한 기사에 10년 간격의 프로필사진을 서로 비교하는 건 페이스북에겐 간단한 일이겠지만, 유저들이 이 10yearchallenge에 참여하면, 인공지능이 얻게 되는 훈련 데이터는 훨씬 더 믿을 만한 것이 될 거라고 썼다.[24] 오닐에 따르면 프로필사진으로 강아지 사진이나 자녀들 사진 혹은 뭔가 좀 이상한 것을 사용하는 사람도 많기 때문이다.[25] 이런 해시태그를 누가 어떤 목적으로 고안했는지는 오늘날 아무도 알지 못한다. 하지만 데이터 수집과 전달, 다양한 분석가능성이 공존하는 시대에 우리 정보학자들은 상당히 의심이 많아졌다.[26]

반면 논란의 여지가 없는 명백히 비윤리적인 데이터 수집도 있다. 가령 호르몬 치료를 받는 트랜스젠더들의 동영상이 다양한 얼굴인식 소프트웨어의 특허나 분별하기 까다로운 인풋으로 활용된 경우도 있었다. 이에 대한 학술연구 중 하나에서 데이터베이스에 대한 논의는 완전히 부재하다. 데이터를 수집하면서 동영상에 나오는 사람들의 동의를 구했는지도 언급되지 않는다. 영상에 나오는 사진들도 마찬가지로 저작권 표시나 저작권자의 동의 같은 것이 붙어 있지 않다.[27] 제임스 빈센트James Vincent가 2017년 미디어네트워크 《더 버지The Verge》에서 밝힌 바에 따르면 연구자들은 데이터를 확보한 다음에야 비로소 이것이 정당한가 하는 질문을 던졌다.[28] 빈센트는 한동안 그런 영상 링크를 모아 목록을 만들어서 다른 연구자들에게 넘겨주었던 한 연구자와 나눈 대화도 전한다. 몇 년 뒤 트위터에서 이런 데이터 수집에 대해 논란이 분분해지자, 그 학자는 상당히 놀랍다는 반응을 보였다. 그것은 단지 링크 목록일 따름이었으며, 또한 자신은 그것들을 결코 상업적으로 활용하지 않았고, 3년 전부터는 더이상 넘겨주지 않았다고 했다. 그 밖에 당사자들에게 '예의상' 괜찮겠냐고 물어보기는 했지만, 답이 오지 않아도 데이터세트에 포함시켰던 것 같다고 했다.

여기서도 패턴은 같았다. "왜 그리 흥분하는 거지? 데이터는 어차피 공개된 것인데 난 그냥 디지털로 수집했을 뿐이라고." 악의 없는 연구자의 시각에서는 이해할 수 있는 일이다. 나도 박사 학위논문을 준비할 때 비슷한 데이터 수집을 시도했던 기억이 난다. 유명한 데이팅 플랫폼에 있던 데이터를 쓰려고 했었다. 이 플랫폼도 약관에서 이를 명시적으로 금지하고 있지 않았다. 그래서 나는 공개된 웹사이트인 만큼 정보들을 수집해도 될 거라고 본다는 취지로 이 플랫폼에 이메일을 썼다. 이 일은 결국 이 플랫폼 대표와 나의 박사 논문 지도교수 사이의 상당히 불미스러운 전화 통화로 이어졌고, 나의 프로젝트는 수포로 돌아가고 말았다. 오늘날 나는 그 일이 그렇게 끝나서 정말 다행이라는 생각이 든다. 데이터에 매료되어 순수한 연구 충동에서 한 일이라도 정보 당사자에게는 프라이버시 침해가 될 수 있다는 걸 간과했기 때문이다.

나는 그런 경험 뒤에 편집증 비스름한 증상이 생겼다. 얼마 전에 나는 자동차를 운전하고 가면서 아홉 살짜리 딸에게 구글에서 어떤 가게의 오픈시간을 검색해달라고 했다. 그러자 딸내미가 "헤이 구글, ○○○이 언제

열…"이라고 말했고, 그 순간 나는 운전석에서 "구글하고 말하지 마!"라고 소리쳤다. 딸은 흠칫하고 몸을 움츠렸다. 딸에게 여러 번 사과해야겠다 싶어 나도 상당히 움찔했다. 물론 딸은 그냥 마이크 표시를 보고 그것을 이용했던 것이다. 그리고 나는 그렇게 제지한 것이 상당히 구닥다리 같고 비이성적인 행동이라는 걸 알고 있다. 음성 입력은 앞으로 대세가 될 것이다. 예전에는 컴퓨터에 사용자의 명령을 전달하는 인터페이스로 키보드와 마우스만을 사용했지만 말이다. 그럼에도 나는 내 목소리를 호락호락 넘겨주고 싶지는 않다. 소프트웨어를 도구로 만들어진 딥페이크deep fake[인공지능을 활용해 콘텐츠에 이미지와 음성, 영상 등을 합성하는 기술—옮긴이]를 한 번이라도 본 사람들은 왜 그런지 알 것이다. 2018년 4월 중순에 공개된 버락 오바마Barack Obama의 가짜 연설영상은 감쪽같아서, 유명인들을 골탕 먹이는 일이 오늘날 얼마나 간단해졌는지를 보여준다.[29]

또한 데이터를 불투명하게, 부분적으로는 비윤리적으로 수집해 인공지능을 훈련시키는 토대로 사용하는 일을 겪다 보니 이제 나는 콜센터에서 전화가 걸려 자동음성이 "이 전화는 훈련 목적으로 녹음될 수 있습니다. 원치 않으시면 말씀하십시오"라고 하면 원치 않는다고 말하게 되었다. 정말로 인간 직원들을 훈련시킨다면, 뭐 얼마든지 응할 용의가 있다. 하지만 '컴퓨터' 동료를 훈련시키는 일이라면, 나의 녹음으로 어떤 일이 이루어지는지 정확히 알기 전에는 훈련에 참여하고 싶지 않다.

데이터마이닝 결과에 대한 알고리즘 설계자들의 책임

그렇다면 누가 빅데이터 알고리즘의 결과들을 책임질까? 물론 나는 알고리즘 설계자로서 순수한 결과, 즉 계산된 숫자에 책임이 있을 것이다. 내가 나의 넷플릭스 분석 알고리즘 같은 알고리즘을 프로그래밍한다면, 그 알고리즘은 내가 의도한 일을 해야 할 것이다. 따라서 나는 프로그래밍의 정확성을 책임진다. 하지만 이제 누군가 다른 사람이 그 알고리즘을 다른 데이터에 활용한다면, 알고리즘 설계자로서 내가 그 해석의 결과까지 책임져야 할까?

그런 경우 대부분은 데이터과학자가 참여하게 될 것이다.[30] '데이터과학자'는 여러 가지 데이터 분석 방법들을 잘 알고, 대부분은 결과들을 구체적으로 시각화시킬 줄도 아는 사람들이다. 한 기사에서는 데이터과학자의 역할을 이렇게 설명하고 있다. "데이터과학자는 구조화되지 않은 데이터 쓰나미로부터 중요한 비즈니스 문제에 대한 답을 건져 올릴 줄 아는 사람들이다."[31]

예전의 '통계학자'와 비슷하지만, 조금 더 힙하고, 데이터 분석에서 통계학자와는 다른 목표를 지향하는 신생 직업이다. 통계학에서 데이터 분석의 목적은 설명하는 것이지만, 데이터과학에서는 데이터 안에서 새로운 패턴을 찾아내고자 한다. 그 밖에도 데이터과학자는 능동적으로 프로그래밍을 하고 자신의 분석을 시각적으로 구현해 의사소통할 수 있어야 한다.

나는 두 가지를 다 한다. 알고리즘을 개발할 뿐 아니라 그것을 실제 문제에 활용하는 걸 좋아한다. 나와 두 사람이 함께 개발한 추천 알고리즘을 우리는 넷플릭스 데이터세트 외에 두 개의 다른 문제에도 활용했다. 나의 동료인 토르스텐 슈퇴크Thorstern Stoeck는 카이저슬라우테른 공대에서 생물종 다양성을 기술하고, 이것이 특정 지역에서 어떻게 변화하는지를 연구하고 있다. 그는 특히나 흥미로운 데이터세트를 연구에 활용할 수 있는데, 그것은 바로 수년간에 걸쳐 학자들이 7대양의 여러 곳에서 그곳에 서식하는 미생물에 대해 더 많이 알기 위해 표본을 채취해두었기 때문이다.

우리가 궁금한 것은 이런 유기체가 우연히 대양에 확산되는지, 아니면 그곳에도 생태적 지위가 있는지였다. 옛 생태이론인 '전 지구적 확산 이론'은 미생물은 너무 작아서 대양의 해류에 의해 여러 대양에 확산된다고 말한다. 그러나 우리는 알고리즘을 통해 같은 채취 장소에서 공통으로 등장하고 다른 장소들에서는 등장하지 않는 미생물이 유의미하게 많다는 것을 확인해 이런 미생물들에게도 생태적 지위가 있음을 증명할 수 있었다.[32]

그러나 알고리즘을 활용하는 과정에서 나는 다시금 나의 생화학적 뿌리로 되돌아가기도 했다. 당시 나와 내가 지도한 박사과정생은 하이델베르크 소재 독일 암연구소에 근무하던 외츠구어 사힌Oezguer Sahin과 데이비드 장David Zhang과 함께 여러 공동저자의 데이터에 기초하여 특히나 치명적인 종류의 유방암의 진행을 중단시킬 수 있는 새로운 방법을 연구했다.[33] 우리는 세포에 마이크로RNA로서 존재하는 850개의 소분자들이 유방암을 유발하는 단백질에 미치는 영향을 테스트했고, 우리가 개발한 추천 알고리즘을 변형한 알고리즘으로 실험실에서 이미 한 번 유방암을 멈추게 할 수 있었던 세 분자를 포함해 열 개의 분자를 식별할 수 있었다.

　이 세 가지 예—넷플릭스 데이터세트, 대양 속의 미생물 확산, 특히나 치명적인 종류의 유방암에 대한 새로운 치료수단 연구—는 알고리즘 하나의 적용 범위가 얼마나 넓을 수 있는지를 보여준다. 앞에서 언급했듯이 고전적 알고리즘의 초능력은 알고리즘을 아주 다양한 맥락에 적용할 수 있다는 것이다. 그리하여 알고리즘 설계자로서 나는 어떤 맥락에 그것을 적용할지 통제할 수 없고, 그 결과들의 해석에 대한 책임도 질 수 없다. 가령 넷플릭스 알고리즘에서 첫 번째 무작위평가 모델은 특정 조건에서만 사용할 수 있다. 그렇지 않으면 '맥주와 기저귀 역설'이 빚어진다. 알고리즘 설계자는 데이터들이 특정 상황에서만 해석될 수 있다면, 그것을 알려야 한다. 이를 통제하는 작은 테스트 문장을 써놓을 수도 있을 것이다. "헤이, 유저 여러분. 당신의 데이터는 모델에 맞지 않습니다. 그럼에도 활용하고 싶습니까? 그러면 결과가 적절히 해석되지 않을 수도 있습니다. '예' 혹은 '아니요'를 클릭하십시오. '그래도 잘 모르겠다'면 다음 유료번호로 전화주십시오. +49 123456789." 이렇게 말이다. 나는 오늘날 알고리즘에 대한 이런 식의 의사소통을 알고리즘 개발자의 주된 책임으로 본다. 하지만 알고리즘 설계자로서 나는 누가 나의 알고리즘을 어떤 데이터를 위해 사용하고, 거기서 어떤 결론을 이끌어낼지까지 책임질 수는 없다. 적용가능한 범위는 굉장히 넓고, 잘못 적용할 가능성도 많다. 이런 연관에서 중요한 또 하나의 관찰은 알고리즘을 코드로서 순수 검증하는 일은 보람이 많지 않다는 것이다. 물론 때로 알고리즘 구현상의 실수도 벌어진다. 그러나 그것을 분석하고 수정하는 것은 정보학자들이 아주 잘할 수 있는 부분이다. 2013년 마이어쉐네베르거와 쿠키어는 순수 코드의 성능을 시험하는 알고리즘 기술검사를 도입해야 한다고 주장했지만, 그것은 알고리즘의 의미 있는 활용에 별달리 도움이 되지는 않을 것이다. 정말로 중대한 실수는 바로 결과를 해석하는 데서 벌어지기 때문이다. 그러므로 이번 장의 중요한 인식은 바로 OMA 원칙을 준수하지 않으면 문제가 발생할 수 있다는 것이다. 각각의 모델링 단계와 모든 운영화가 알고리즘과 섬세하게 조화를 이루어야지만, 그 결과도 해석이 가능하다. 그러나 사회적 과정의 데이터를 처리할 때 정보학자들은 모델링과 운영화를 위해 필수적인, 사회적 개념에 대한 지식이 부족하다. 정보학자들은 이런 교육을 받지 않기 때문이다. 일반적으로 정보학자들에게 이런 교육을 할 필요성이 있다고 보는 사람들은 별로 없다. 하지만 정보학자들의 활동이 얼마나 많은 반경에 영향을 미치는지, 그리고 알고스코프라 불리는 비판적 소프트웨어 시스템이 얼마나 적은지를 감안해, 우리 카이저슬라우터른 공대에서는 사회정보학이라는 이름의 신생 전공과정을 개설하는 것이 필요하다고 보았다. 정보학과 다른 학문을 아우르는 이 전공과정에서는 소프트웨어가 사회적으로 미치는 효과들을 인식하고, 모델링하고, 예측하는 교육을 한다. 이에 대해서는 이 책의 3부에서 좀더 이야기하려고 한다. 여기서는 일단 빅데이터를 활용하는 알고리즘의 결과에 대한 책임은 누구에게 있는가 하는, 종종 제기되는 질문에 대한 답변을 제시해보겠다.

누가 알고리즘 사용에 책임이 있는가?(II)

'데이터마이닝'의 영역에서 알고리즘 설계자들은 알고리즘이 어떤 콘텍스트에서 활용되는지를 알지 못하는 경우가 대부분이다. 거의 모든 기본적인 알고리즘은 추상적인 수학 문제를 해결하기 위해 개발된다. 여기서 설계자들이 책임지는 것은 무엇보다 기본 수학 문제를 어떻게 정의할 것인가, 그리고 결과를 해석하기 위해 데이터들이 어떤 전제조건을 충족해야 하는가를 명시하는 것이다. 추후 알고리즘을 특정 맥락에 의미 있게 활용할 수 있을지를 결정하는 것은 데이터과학자의 몫이다.

한눈에 보기: 빅데이터=커다란 책임

요약하자면 이렇다. '빅데이터'는 방대한 데이터 안에서 패턴을 찾는 데 활용된다. 물론 이런 데이터는 패턴을 찾을 목적으로 수집된 것은 아니며 오류가 없지도 않다. 하지만 아무튼 방대한 양의 데이터를 얻을 수 있다.

가령 넷플릭스 데이터세트에서 평가(영화 평점 주기) 자료는 완전하지 않다. 대부분의 고객들은 자신이 여태까지 본 영화 중 소수에만 평점을 매겼다. 게다가 한 계정을 종종 여러 명이 사용하기도 했다. 따라서 이런 데이터들은 신빙성 있고 완전한 것이 아니고, 노이즈가 있다! 그런데도 빅데이터를 의미 있게 사용할 수 있는 것은 개개인들에게는 그다지 중요하지 않은 정보들을 많이 확보하고, 그 안에서 상관성만 찾기 때문이다. 상관성은 두 가지가 동시에 등장할 때가 많더라고 하는 정보다. 가령 "X 영화를 좋아하는 고객은 Y 영화도 좋아하는 경우가 많더라"고 하는 것이다. 모든 고객은 아니어도, 많은 고객이 어느 상품에 관심이 있을 수 있음을 아는 것은 온라인 시장에서는 상당히 유용하다. 조금만 더 잘 알아도 인터넷에서는 많은 돈을 벌 수 있기 때문이다.

그런 패턴을 기초로 소프트웨어가 미래의 행동을 얼마나 잘 예측할 수 있는지를 평가하기 위해서는 실측자료가 필요하다. 실측자료는 우리가 예측을 무엇과 비교할지를 규정한다. 이를 위해서는 품질 척도도 정해야 한다. 품질 척도는 전체적으로 알고리즘을 어떻게 평가할지를 보여준다. 넷플릭스의 예는 이런 예측을 하기 위해 다양한 접근을 시도할 수 있음을 보여주었다. 이 경우 데이터과학자들은 여러 접근을 활용하고, 실측자료를 도구로 품질 평가를 함으로써 최상의 모델을 선택할 수 있다.

우리는 알고리즘이 잘못된 결과를 내도 그것을 잘못이라고 인식하지 못하고, 어느 정도 설득력 있는 설명을 고안할 수 있다는 것도 살펴보았다. 눈치챘겠지만, 이 주제는 뒤에서 다시 만나게 될 것이다. 그러나 그런 잘못된 결정이 개개인의 삶에 많은 영향을 미칠 수 있기 때문에 가능하면 많은 관계자들과 활용자들이 협력해 실측자료와 품질 척도를 명확히 정하는 것이 너무나 중요하다.

따라서 빅데이터에 대한 접근은 그 자체로는 별로 신통치 않은 많은 정보를 활용해 최소한 통계적인 패턴을 알아내는 것이다. 통계적 패턴은 커다란 무리의 사람들에게만 적용될 뿐 개개인의 행동에 꼭 적용되는 것은 아니다. 이런 접근을 좀더 급진적으로 활용하는 것이 머신러닝이다. 머신러닝은 과거의 데이터에서 패턴을 찾아 새로운 데이터에 대해 결정을 내린다. 따라서 찾아낸 상관관계로부터 직접적으로 규칙을 이끌어내 예측에 활용한다. 가설 수립에서 직접 가설 활용으로 넘어가는 이런 방법이 정당한지는 실측자료를 도구로 한 테스트 데이터세트를 활용하여 확인할 수 있다. 학습한 규칙들이 테스트 데이터세트의 상황과 맞아떨어지면 머신러닝을 통해 배운 것이 옳다는 의미다.

이런 접근을 독자들과 함께 평가할 수 있도록 이제 정보학의 ABC 중 마지막 부분인 C, 즉 컴퓨터지능으로 옮겨가보자.

5장
컴퓨터지능

앞서 행갈이를 보기 좋게 함으로써 텍스트의 자동 레이아웃을 개선하려한 도널드 크누스와 마이클 F. 플라스의 알고리즘 이야기를 잠깐 한 적이있다. 크누스와 플라스는 처음에 자신들의 구미에 맞게 텍스트를 보기 좋게 만드는 많은 파라미터를 가진 평가 기능을 설계했고, 이런 평가 기능을 도구로 텍스트의 아름다움을 극대화하는 알고리즘을 개발했다. 이것은 고전적 알고리즘을 활용한 접근이다. 즉 일단 세계에 대한 모델을 정립한 뒤("어떤 텍스트가 보기 좋을까?") 이 모델에 따라 가장 아름다운 해결책을 찾는 알고리즘을 개발하는 것 말이다.

반면 머신러닝은 우선 어떤 텍스트가 아름다운지를 스스로 규정하고자 하지 않을 것이다. 머신러닝은 널리 인정받는 전문가들이 작성한 텍스트를 많이 확보한 뒤, 이를 기본 데이터로 삼아 알고리즘을 도구로 수량화시킬 수 있는 특성들을 물색할 것이다(따라서 데이터로부터 자동으로 '아름다운 조판' 모델을 만들어내는 것이다) 그런 다음 마지막으로 이런 모델에 근거해서 두 번째 알고리즘이 행갈이를 자동 실행할 것이다.

이로써 우리는 이미 이번 장의 주제에 다다랐다. 바로 인공지능 알고리즘은 지금까지 인간 특유의 것으로 여겨졌던 활동, 즉 인지활동을 떠맡는다고 하는 것이다. 이를 지적 활동의 자동화라고도 이야기한다. 인공지능이라는 개념은 오늘날 보통 다음과 같이 정의된다.

컴퓨터로 하여금 보통은 인간이 해결하는 인지활동을 수행하게 하는 소프트웨어를 인공지능이라 일컫는다.

인공지능의 '정의'는 물론 여러 가지 문제를 보여준다. 첫 번째 문제는 과연 인지활동 혹은 인간 특유의 지적 행동이 정확히 무엇인가 하는 것이다. 두 번째 문제는 목표에 도달하면 정의도 변한다는 것이다. 즉 컴퓨터가 원하던 것을 할 수 있게 되면, 해당 활동은 컴퓨터가 할 수 있다는 이유로 덜 지적인 것이 된다. 그리하여 토비 월시는 '움직이는 과녁'이라는 말을 했다.

그 밖에 우리는 약한 인공지능과 강한 인공지능을 구분한다. 약한 인공지능은 체스를 둔다거나 이미지를 인식하는 등의 특수한 문제만을 해결할 따름이다. 반면 행동목표가 부정확하거나 정확한 사실관계가 없는 상황에서도 일반적으로 지적으로 반응하는 컴퓨터 시스템은 강한 인공지능이라 일컫는다. 학계에서는 사실 '인공지능'이라는 명칭은 어폐가 있으며, 그 정의도 상당히 모호하다는 데 이견이 없다. 플로리안 갈비츠Florian

Gallwitz 교수는《와이어드》지에 기고한 글에 이렇게 썼다. "만연한 정의에 따르면 손쉽게 구할 수 있는 계산기도 '인공지능'에 대한 요구를 충족시킨다. 그렇게 따지면 종이비행기나, 폭죽, 테니스공도 '약한 성간 우주비행'이라는 명칭하에 통합할 수 있겠다는 생각이 든다."[1]

어쨌든 엄밀히 말하면 인공지능과 그다지 관계없어 보이는 기술도 인공지능이라는 카테고리에 포함되어 논의된다. 전문가 시스템[전문가가 지닌 전문지식과 경험, 노하우 등을 컴퓨터에 축적하여 전문가와 동일한, 또는 그 이상의 문제해결 능력을 가질 수 있도록 만들어진 시스템—옮긴이], 진단 시스템, 지식 시스템 같은 것도 그런 기술이다. 이런 시스템 안에는 알려진 사실과 결정규칙들이 저장되어 있어, 특정 문제들에 답을 줄 수 있다. 진단 시스템은 가령 어떤 증상이 어떤 질병과 연결되는지를 알려줄 수 있다. 그런 문제에서는 소수의 결정규칙으로 좋은 결과를 낼 수 있다.

문제는 우리 인간은 대부분의 상황에서 아주 많은 규칙을 직관적으로 고려한다는 것이다. 그래서 이런 인식을 구조적으로 정리하는 건 불가능해 보인다. 예를 들면 인간은 이렇게 말한다.

"그는 카펫에 앉았다Er setzte sich auf den Teppich."

"그는 카펫에 발을 들여놓았다Er betrat den Teppich."

이 두 문장에서 'Teppich'는 '카펫'이라는 같은 의미를 지닌다.

하지만 그런 '규칙'은 다음 두 문장에서는 통하지 않는다.

"그는 벤치에 앉았다Er setzte sich auf die Bank."

"그는 은행에 발을 들여놓았다Er betrat die Bank."

동사들은 같다. 하지만 'Bank'는 철자는 같지만 서로 다른 의미를 지닌다.

그림 20 1993년 카이의 독일어-영어 번역. 카이는 이때 이미 (아주 약간의) 영어를 할 수 있었다. (독일어 문장을 거의 영어 단어로만 맥락 없이 바꿔놓는 수준이다!)

다음 문장을 읽어보자.

"그녀는 임신했기에 피임약 복용을 중단했다Die Frau hoerte auf, die Pille zu nehmen, weil *sie* schwanger war."[Pille는 보통은 알약을 칭하는 단어인데, 정황에 따라 피임약을 칭하기도 한다―옮긴이]

그런데 여기서 이탤릭체로 표시한 sie라는 대명사는 문법적으로 앞의 Die Frau(여자)와 die Pille(약) 두 가지를 다 받을 수 있다. 하지만 우리는 문맥상 sie가 여자를 뜻한다는 걸 안다. 그리고 여기서 말하는 Pille가 그냥 어떤 약이 아니라, 바로 피임약이라는 것도 안다.

기계가 이런 종류의 텍스트를 이해해야 한다면, 비논리적인 결과가 유추되지 않게끔 필요한 지식들이 전문가 시스템에 저장되어 있어야 한다. 이런 시스템은 20세기에 이미 개발되었는데 오늘날 아직도 계속 다듬어지고 있다. 그 과정에서 그 모든 함축적인 지식을 저장하는 것이 얼마나 힘든지가 드러났다. 특히나 기계번역에서 지식 기반 접근법으로는 속담이나 다의적인 뜻을 가진 단어들의 번역이 잘 되지 않는다.

그러나 번역의 질은 급진적으로 새로운 접근법으로 비로소 개선되었다. 인간이 만든 규칙들에서 벗어나, 기계가 방대한 양의 예를 통해 인간들이 특정 단어들을 어떻게 번역하는지를 '학습'할 수 있게끔 하자는 아이디어였다. 기계에 두 언어로 된 텍스트들을 입력하는 방식으로 말이다. 늘 24개의 공용어로 번역되는 유럽의회의 텍스트 같은 데서 그런 자료를 찾을 수 있다. 이런 기계는 언어학적 분석을 시도하는 대신 유추 형성analogy formation을 통해 번역한다.

따라서 인공지능이라는 개념은 인지활동을 모방하는 모든 것이라 할 수 있다. 1980년대의 전문가 시스템과 지식 데이터뱅크뿐 아니라, 머신러닝 알고리즘과 특히 요즘 많이 이야기되고 있는 딥러닝과 인공신경망(뉴런 네트워크)도 이에 속한다. 인공신경망이 어떻게 구축되는지는 나중에 짧

그림 21 인공지능을 둘러싼 개념의 세계는 상당히 혼란스럽다. 학문적으로 볼 때 인공지능은 일련의 기술들을 포괄하는 개념이지만, 미디어에서 '인공지능' 혹은 '알고리즘'이라 할 때는 대부분 '기계학습법'을 말한다.

게 설명하도록 하겠다. 인공신경망은 현재 커다란 진전이 이루어지고 있는 도구다. '인공지능', '학습 알고리즘' 또는 그냥 '알고리즘'이라 할 때 의미하는 것이 바로 이것이다.

그러나 똑같이 인공지능이라 불린다 해도 서로 많이 다르다. 이를 몇몇 예를 통해 보여주려고 한다. 모든 알고리즘이 데이터를 통해 배우는 것이 아니기 때문이다. 대부분의 알고리즘은 '고전적' 알고리즘이며, 어느 정도 통제가능하다. 그러나 여기서 일단 알아두어야 할 것은 다음과 같다.

오늘날 미디어에서 '인공지능' 또는 '(자체학습) 알고리즘'이라 말할 때, 대부분은 기

계학습법machine-learning method을 의미할 따름이다.

컴퓨터는 어떻게 학습하는가

우리는 이제 컴퓨터는 정확히 어떻게 배우는가 하는 질문에 다다른다. 컴

퓨터는 아이들과 비슷하게 배운다.

　가령 우리 집 꼬맹이는 뜨거운 음식을 좋아하지 않는다. 그리고 37.5도

만 되어도 그 아이에겐 뜨거운 것이다. 그래서 아이는 위험을 무릅쓰지

않기 위해 전에는 수프가 다 식은 다음에 먹었다. 그러다가 어느 순간 따

뜻한 수프가 더 맛있다는 것을 알아챘고, 수프가 김이 나지 않으면 '안전

하다'는 것을 배웠다. 위험하지 않아 보이는 '용암 수프'(위는 차갑고, 아래는

상당히 뜨거운)에 입을 델 때까지는 말이다. 그 뒤로는 엄마 아빠의 마술만

이 도움이 되었다. 수프에 김이 나지 않는다+세 번 저어준다+세 번 입김

을 불어 식힌다. 그러면 수프를 먹을 수 있다!

　따라서 아이는 관찰을 통해, 결정규칙을 정함으로써, 그리고 피드백

을 통해 배운다. 피드백이 규칙과 일치하면, 그것은 기존의 규칙을 더 확

고하게 한다. 그렇지 않으면 규칙은 변화된다. 기본적으로 컴퓨터에서도

마찬가지다. 정보학자들은 컴퓨터에게 데이터 형식의 정보와 결정규칙

들이 저장될 수 있는 구조, 그리고 최상의 경우 피드백도 준다.[2]

　여기서 아이와 컴퓨터는 가능하면 일반적인 규칙들을 배워야 한다. 만

약 우리 아이가 뜨거운 토마토수프가 어떤 모습인지만 배우고는 이런 '위험한 징후'를 다른 뜨거운 수프에 적용할 수 없다면, 그는 일생 동안 수프의 안전성 분류에만 열심을 내야 할 것이다. 이와 비슷하게 컴퓨터도 그의 '인식'을 새로운 데이터에 가능하면 잘 적용할 수 있어야 한다.

아이가 특정 상황을 어떻게 알아채는지는 확실하지 않다. 이것은 우리가 고양이를 데려왔을 때 드러났다. 아들내미는 고양이를 아주 좋아했다. 고양이 이름이 '네오'라서 우리는 네오라고 부르거나 그냥 '야옹이'라고 불렀는데, 아들은 어느 날부터 고양이를 '쯧쯧'이라고 부르면서 혀를 차는 소리를 냈다. 우리는 처음에 아이가 고양이를 왜 쯧쯧이라고 부르는지 알지 못했다. 하지만 생각을 더듬어보니 사정은 이러했다. 나는 아들을 부를 때 종종 "이리 와, 파비안. 집에 가자!"라고 했던 것이다. 그리고 고양이를 부를 때는 이렇게 했다. "이리 와, 쯧쯧, 이리 와!" 그리하여 파비안은 이 소리를 고양이의 이름으로 여겼던 것이다. 전형적인 분류상의 오류였다.

이런 예는 머신러닝을 아주 잘 개괄해준다. 머신러닝 알고리즘은 사례를 통해 학습한다. 데이터과학자들은 알고리즘에 다양한 상황을 제시해주고, 이런 상황을 어떻게 평가할지를 알려준다. 이것이 바로 실측자료, 즉 학습해야 하는 결과다. 우리가 아이에게 늘 "지금은 안전하게 길을 건너갈 수 있어" "지금은 안돼"라고 말하면서 아이가 배후의 규칙들을 배우기를 바라는 것과 비슷하다. 그러면 알고리즘은 정의된 행동지침의 도움으로 정보들을 헤집어 원하는 결과와 더불어서는 종종 등장하고 다른 결과에서는 드물게 나타나는 눈에 띄는 패턴을 찾는다. 아이들이 정확히 어떻게 배우는지 우리는 알지 못한다. 아마도 그들은 오토바이 소리가 나지 않는 길은 안전하고, 차가 많이 주차된 길에서는 시야가 트인 길에서보다 더 조심해야 한다는 걸 배울 것이다.

컴퓨터가 발견한 패턴들은 결정규칙 혹은 공식의 형태로 적절한 구조로 저장된다. 이런 구조를 통계 모델이라고도 부른다. 이것은 우리가 현실의 한 단면만을 추상적인 형식으로 표현하고, 이런 표현이 통계적 특성을 띤다는 말이다. 즉 인과관계나 100퍼센트 정확성을 요구하지는 않는다는 이야기다.

> 기계학습이란, 사례를 통한 자동학습을 말한다. 여기서는 결정규칙을 탐색해 통계 모델로 저장한다.

결정규칙이 저장되는 구조는 두 번째, 대부분 굉장히 단순한 알고리즘과 연결된다. 이런 두 번째 알고리즘은 새로운 데이터를 가지고 통계 모델과 그 안에 담긴 규칙들을 거치며 스스로 결정을 내린다.

언론에서 '알고리즘' 또는 '알고리즘의 힘'이라고 말할 때 대부분은 이 두 번째 단계를 말한다. 작고 단순한 알고리즘에 데이터를 입력하면 알고리즘이 결정을 내리는 것 말이다. 흥미로운 핵심—통계 모델—을 구축한 첫 번째 알고리즘의 영향은 간과된다. 그 밖에도 '알고리즘의 힘'이라는 말은 여기에 늘 인간이 참여하고 있다는 사실도 간과하게 만든다. 첫 번째 알고리즘도 무슨 신비한 마술이 아니기 때문이다. 일반적인 의미에서 '객관적'이지도 않다. 그리고 발견한 규칙을 실행해 결정을 내리는 두 번

이 모든 것을 관장하는 두 가지 알고리즘

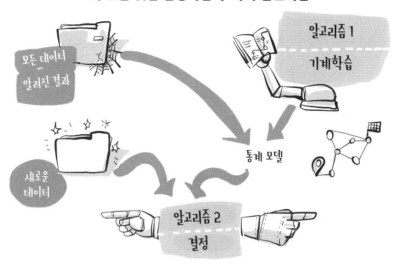

그림 22 이 그림은 알고리즘을 종종 '결정요소'라고 이야기하는 이유를 보여준다. 일단 통계 모델이 존재하면 아주 단순한 알고리즘이 새로운 데이터를 위한 결정을 계산할 수 있다. 흥미로운 것은 어떻게 이런 통계 모델이 탄생하는가다. 이 모델은 트레이닝 데이터, 기계학습법, 그리고 계속해서 소개할 몇몇 다른 요소의 결과물이다.

째 알고리즘은 단순한 곱셈과 덧셈, 그리고 '…하면 …한다'라는 결정만을 포함한다. 그것은 감독할 필요도, 기술검사를 할 필요도 없는 수준이다.

기계학습에 별다른 마술이 들어 있지 않음을 보여주기 위해 다음에서 결정규칙을 학습하는 세 가지 방식을 살펴보려고 한다. 알고리즘 혹은 휴리스틱이 각각의 데이터에서 어떻게 결정규칙을 배워서 통계 모델에 저장하는지를 대략 설명하도록 하겠다.

1) 인식의 나무: 의사결정 나무

2) 서포트벡터머신Support Vector Machine

3) 아주 개략적인 인공신경망

간단히 하기 위해 기계가 단 두 가지 결과 중에서 결정을 해야 할 때를 예를 들어보겠다. 이런 방법을 이진분류binary classification라고 부른다. 이것이 누군가가 혹은 무엇이 두 부류class 중 어디에 속하는가만을 결정하기 때문이다. 이를 위해 세 방법 각각은 결정 구조로서의 통계 모델을 구축한다. 이 방법에 트레이닝 데이터세트로서 입력되는 실측자료를 도구로 말이다.

인식의 나무

나의 남편은 지난 몇 달간 자동차 운전에서 약간 운이 없었다. 처음에 그는 제한속도가 시속 100킬로미터는 될 것처럼 보이는데 사실은 70킬로미터밖에 되지 않는 구역에서 89킬로미터로 주행하다 속도위반 단속 카메라에 포착되었고, 그 직후 시내의 건축현장에서 비슷하게 또 걸렸다. 이 것이 그에게 얼마나 안 좋게 작용할지 알기 위해 다음 의사결정 나무를 살펴보자.

남편이 어느 정도 과속을 했는지 알면, 우리는 간단한 알고리즘으로 의사결정 나무를 '실행할 수' 있다. 역사적인 이유에서 의사결정 나무는 뿌리가 위로 가 있는 거꾸로 된 형태다. 헷갈리지 말길 바란다. 따라서 의사

"속도위반을 해서 사진 찍혔을 때"

얼마나 안 좋은 결과가 일어날까?

초과속도가 시속 20km 이하인가?

예

아니요

최대 35유로의 과태료

시속 25km 이하인가?

예

아니요

과태료 80유로 +벌점 1점

시속 30km 이하인가?

예

아니요. 더 많이 과속했어요!

"이럴 수가! 제한속도보다 시속 25km 이상 과속한 일이 이미 두 번 있었는가?"

160~180유로의 과태료+벌점 1~2점+ 면허정지 1~3개월

예

아니요

과태료 100유로 +벌점 1점 +면허정지 1개월

과태료 100유로 +벌점 1점

그림 23 이런 의사결정 나무는 시내에서 속도위반을 했을 때 면허정지를 당할 수 있는지를 보여준다.

결정 나무의 위쪽, 즉 '뿌리'에서 시작해 각각 제기된 물음에 답을 해나간다. 흠, 이것은 남편에게 안 좋은 결과를 보여줄 수도 있다. 그가 초과속도 시속 25킬로미터 이상인 과속을 두 번 했다면, 이곳 플렌스부르크에서는 과태료와 벌점 2점 외에 또한 1개월의 면허정지를 받게 된다(덧붙여두자면 남편은 시속 20킬로미터 정도만 과속을 한 상태였고, 이제 절대로 시속 50킬로미터로만 주행하고 있다. 만일을 위해 시내뿐 아니라 외곽에서도 말이다. 그러니 카이저슬라우테른에서 누군가 당신 앞에서 거북이걸음을 하고 있다면, 감안해주기 바란다).

나는 과태료 규정을 참고하여 이런 의사결정 나무를 만들었다. 하지만

순전히 관찰만을 통해서도 각각의 처벌과 결정 기준을 유추해낼 수 있을까? 물론이다. 하지만 방대한 데이터베이스를 가지고 있을 때만 그렇게 할 수 있을 것이다. 가령 사진 찍힌 사람들에게 보내는 모든 과태료 고지서를 확보할 수 있다면 시내에서 시속 20킬로미터 이하 과속에 과태료가 얼마나 나오는지 볼 수 있을 것이다. 그리고 시속 25킬로미터 이상의 과속을 두 번 한 경우 최소한 한 달 면허정지를 받을 수 있음도 알 수 있을 것이다. 특정 기간 각각의 위반에 대해 많은 사례들이 있으면 그것들을 (과속의 정도와 그 결과) 관찰하여 이런 규칙들을 유추할 수 있을 것이다. 규칙들이 늘 모든 사람들에 대해 100퍼센트 같은 결과를 가져온다는 사실이 여기서 상당히 도움이 된다. 몇몇 사례만 있으면 벌써 패턴을 인식할 수 있으니 말이다.

타이타닉호에서

그러나 흥미롭게도 결정규칙들이 속도위반의 경우처럼 100퍼센트 적용되지 않는 경우에도 의사결정 나무를 자동으로 구축할 수 있다. 대부분의 대학생들이 머신러닝을 처음 배울 때 타이타닉호가 등장한다. 즉 타이타닉호 승객들의 개인적인 데이터를 입력하고, 이들이 항해에서 살아남았는지 아닌지를 예측하는 것이다. 누가 살아남고 누가 그러지 못했는지를 오래전에 아는 마당에 뭣 하러 의사결정 나무를 구성해야 하냐고 묻는다면, 그렇다, 이것은 다시금 과거 일을 '예측'하는 것이다. 하지만 이런 예측이 잘 맞아떨어진다면 그것은 정말로 데이터에 패턴이 있다는 이야기고 실제 생존자 명단을 통해 이를 검증할 수 있다.

의사결정 나무를 위해 최상의 결정규칙을 찾아내는 문제는 다음과 같이 표현할 수 있다.

타이타닉호의 몇몇 승객들의 정보가 담긴 트레이닝 데이터를 입력한다. 그중에는 그들이 항해에서 살아남았는가 하는 정보도 포함되어 있다.

(이에 근거하여 결정규칙을 찾은 뒤) 나머지 승객들에 대해 그들이 항해에서 살아남았는지를 예측한다. 그 뒤 가능하면 오류가 적은 의사결정 나무를 찾는다.

즉 모든 승객을 두 그룹으로 나눈다. 알고리즘은 첫 그룹 사람들의 특성(트레이닝 세트)을 도구로 두 번째 그룹 사람들(테스트 세트)의 생존을 올바르게 예측할 수 있는 패턴을 찾아야 한다. 이를 다시 한번 아이들에게 안전한 길 건너기를 가르치는 것과 비교할 수 있다. 어느 순간에 부모는 우선 상황을 아이 스스로 판단하게끔 한다. 그리고 아이가 안전한 결정을 할수록, 부모는 아이를 신뢰하고 곧 홀로 등교시킬 수 있다. 컴퓨터에서는 테스트 데이터세트가 이런 역할을 한다. 데이터과학자들은 컴퓨터가 아직 알지 못하는 상황들을 얼마나 잘 판단하는지를 본다. 올바르게 예측한 결과가 쌓일수록, 우리는 기계가 찾아낸 규칙을 더 신뢰할 수 있다.

타이타닉호에 대한 의사결정 나무는 '살아남았다' 혹은 '살아남지 못했다' 이 두 예측 중 하나를 맞혀야 한다. 이제 네 가지 일 중 하나가 일어날 수 있다.

1) 알고리즘이 X라는 사람이 살아남았다고 말하고 이 말이 맞으면, 이것은 진양성true positive 예측이다.

2) 알고리즘이 X라는 사람이 살아남았다고 말하는데 이 말이 맞지 않으면, 이것은 위양성false positive 예측이다.

3) 알고리즘이 X라는 사람이 살아남지 못했다고 말하고 정말로 그가 살아남지 못했으면, 이것은 진음성true negative 예측이다.

4) 알고리즘이 X라는 사람이 살아남지 못했다고 말하는데 그 사람이 실제로는 살아남았다면, 이것은 위음성false negative 예측이다.

어떤 예측을 '긍정적positive'이라고 평가하고, 어떤 걸 '부정적negative'이라고 평가할 때 약간 헷갈릴 것이다. 살아남는 건 물론 긍정적인 일이긴 하지만, 이런 명칭은 예측된 행동이 긍정적인가 아닌가와는 상관이 없다. 양성과 음성의 분류는 의학에서 연유한다. 검사에서 병원체가 검출되면 '양성', 그렇지 않으면 '음성'이라고 부르지 않는가. 에이즈 이전 시대를 기억하는 사람들은 처음으로 신문에서 어느 환자가 'HIV-양성positive'이라고 보도된 걸 보고 의아한 느낌이 들었던 게 생각이 날 것이다. 아니 이제부터 고생길이 창창한데 그 진단을 어떻게 '긍정적'이라고 칭할까 하고 말이다. 이진분류(두 가지 행동방식 혹은 특성 중에서 구분하는 것)에서는 두 가지 결정 중 하나가 '양성'으로 분류된다. 두 가지 중 어떤 것을 양성이라고 할지는 상관이 없는데, '더 중요한' 쪽을 양성으로 칭하는 경우가 많다. 재범률 예측에서는 재범자 쪽이 양성이 되고, 신용도 예측에서는 신용대출을 받을 수 있는 쪽이 양성이 될 것이다.

　　　　　　　　　　　　2부 정보학의 작은 ABC

알고리즘은 물론 가능하면 많은 진양성와 진음성 결정이 나올 수 있는 의사결정 나무 모형을 구축해야 한다. 이를 위해 알고리즘은 일부 승객들의 정보를 얻는다. 이어지는 예에서 트레이닝 세트는 승객 891명의 정보를 담고 있다. 여기서 트레이닝 세트를 더 크게 만들 수도, 더 작게 만들 수도 있을 것이다. 이것은 경험에 의거해 데이터과학자들이 결정한다. 그로써 전체 데이터세트를 트레이닝 세트와 테스트 세트로 나누는 것은 이미 언급한 여러 파라미터 중 첫 번째 요소다.

이런 데이터에 의거하여 의사결정 나무가 구축된다.

그렇다면 알고리즘은 어떻게 의사결정 나무를 구축할 수 있을까? 기본적인 아이디어는 알고리즘이 매 단계에서 타이타닉호 승객들 중 생존자와 익사자를 가장 잘 구분 짓는 특성을 찾는 것이다. 이미 언급했듯이 데이터 세트에는 많은 정보들이 들어 있지만, 모든 정보가 들어 있지는 않다. 가령 승객 891명의 이름은 알고 있지만, 나이는 714명밖에 모른다. 이들 모두가 예약한 객실 등급과 승선권 가격도 데이터세트에 포함되어 있다. 그 밖에 모두에 대해 동행한 가족 수도 알려져 있다. 또한 성별을 알고 있으며, 많은 사람의 경우 결혼상태를 알고 있다. 물론 알고리즘은—의사결정 나무를 구축하기 위해—어떤 사람이 살아남았고, 어떤 사람이 그렇지 못했는지도 알고 있다(이것은 알고리즘에게 필요한 피드백을 주는 실측자료다). 트레이닝 세트에 데이터가 들어 있는 891명 중 총 38.4퍼센트가 살아남았다.

자, 과연 어떤 특성이 가장 생존가능성을 높일까? 이것은 자연스럽게 당신의 나이를 알아내기 위한 트릭 질문이다. 당신이 1998년에 만 열두 살 이상이었다면, 아마도 영화 〈타이타닉〉을 보았을 것이고, 리어나도 디캐프리오와 더불어 마음을 졸였을 것이다. 그리고 누가 더 생존가능성이 높았는지를 알 것이다. 바로 여자들이었다.

실제로 알고리즘도 모든 정보 중에서 성별이 생존자와 비생존자를 가르는 가장 큰 요인임을 찾아낸다. 데이터세트를 성별로 나누면, 트레이닝 데이터세트에서 314명의 여자 승객(전체 승객의 35퍼센트) 중 거의 75퍼센트가 살아남았다. 반면 577명의 남자 승객 중에는 생존자가 109명(약 19퍼센트)에 불과했다.

여성들은 이미 상당히 동질적인 그룹이다. 물론 여성들을 연령이나 객실 등급에 따라 더 세분화할 수 있을 것이다. 마지막에 100퍼센트 생존한 내지 100퍼센트 사망한 하위그룹을 얻고자 한다면, 이름을 기준으로, 다음과 같은 방식으로 해야 할 것이다. "파티마 마셀마니라는 이름을 가진 여성은 모두 살아남았다."(정말로 이런 이름을 가진 여자 승객이 한 사람 있었다!) 하지만 이것은 정말로 유용한 결정규칙일까? 이런 이름을 가진 사람은 배에 딱 한 명일 것이다. 그러므로 이런 규칙은 너무 특수하다.

기본적으로 머신러닝에서는 기존의 데이터세트에 해석할 거리를 너무 많이 집어넣지 않는다. 너무 많이 집어넣는 경우를 '과적합overfitting'이라고 한다. 트레이닝 세트가 중요하지 않은 세부사항을 너무 많이 담고 있다는 뜻이다. 배우지 않는 게 더 나은 디테일한 것들까지 말이다. '뜨거운 수프 문제'에서 나의 아들도 토마토수프의 파슬리 같은 것에 공연히 신경을 팔지 말고, 뜨거운 수프가 가진 일반적인 특성들에 집중해야 했다.

하지만 데이터과학자들은 이제 한 그룹이 충분히 동질적인지 아니면 하위그룹으로 더 나누어야 하는지를 어떻게 확인할 수 있을까? 실제로 생성된 그룹의 동질성을 측정하기 위한 방법이 여남은 개는 넘는다. 그리고 더 쪼개야 할지를 결정하는 방법은 더 많다. 우선 남자들의 그룹을 한번 보자. 이 그룹은 여자들보다 더 동질적이다. 남성 그룹에서는 생존자 대 비생존자의 비가 19 대 81이기 때문이다. 여성들의 경우는 75 대 25다. 따라서 남성 승객들의 경우 '살아남지 못했다'고 예측하고, 여성 승객 모두를 '살아남았다'고 예측하면, 남성 그룹에서의 오류가 여성 그룹보다 더 적다. 하지만 알고리즘은 남자들 그룹을 더 쪼갠다. 사실 여기서 살펴보는 의사결정 나무는 내가 작성한 것이 아니라, 위키피디아 유저인 스티븐 밀보로Stephen Milborrow가 작성해서 위키피디아에 올린 것이다.[3] 나는 그가 사용한 트레이닝 세트를 정확히 살펴보았다. 밀보로는 자신이 활용한 알고리즘이 어떤 것인지 언급하는데, 이 알고리즘은 데이터과학자가 조절할 수 있는 많은 요소들을 가지고 있다. 따라서 이 알고리즘이 남성 그룹의 경우는 계속해서 하위그룹으로 세분화하고, 여성 그룹의 경우는 그렇게 하지 않은 이유를 우리는 알지 못한다. 그러므로 알고리즘의 결과를 완전히 공감하려면, 모든 파라미터를 투명하게 밝히는 것이 중요하다는 걸 보여준다.

여기서 확인할 수 있는 건 다만, 계속 구분을 하는 가운데 알고리즘이 그 결과를 최적화할 수 있었다는 것이다. 알고리즘은 남성 승객들의 생사를 결정한 두 번째 특성이 바로 연령이었음을 발견했다. 연령이 9.5세 이상인 남성 승객 그룹의 생존율은 더 떨어진다(남성 승객 전체의 생존율이 19퍼센트인 반면, 9.5세 이상 승객들의 생존율은 17퍼센트다). 그 밖에도 9.5세 이하

그림 24 타이타닉호의 승객이 침몰사고에서 살아남았는지를 예측하는 의사결정 나무. 그림은 위키피디아 유저 스티븐 밀보로가 만든 의사결정 나무를 토대로 한 것이다.[4]

의 남아 그룹에서 일등실, 이등실에서 여행한 모든 남아가 구조되었음을 볼 수 있다. 11명이었다. 그리고 삼등실에서 여행한 남아들 중에서는 21명 중 어쨌든 8명이 살아남았다.

그러나 누가 살아남았는지 더 잘 보여주는 특성은 바로 함께 여행한 형제의 수다. 형제가 둘 이하인 18명의 남아(9.5세 이하) 모두가 살아남은 반면, 형제가 세 명 이상인 남아는 단 한 명만 살아남았다. 이 자리에서 알고리즘은 중단된다. 각각의 중단 기준이(과적합을 피하기 위한) 충족되었기 때문이다. 밀보로가 공개한 의사결정 나무의 결과를 위의 〈그림 24〉에서 볼 수 있다.

이제 100퍼센트 유효한 규칙을 가지지 않는 의사결정 나무는 어떻게 활용될까? 더 이상 세분화되지 않는 나무의 부분을 잎이라 부른다. 자신들의 특성으로 의사결정 나무를 통과한 모든 사람은 정확히 하나의 잎에 도달한다. 잎에 도달한 사람들에 대한 '예측'은 이 그룹의 대부분의 사람들에게 닥치는 운명이다. 따라서 모든 여성에게 이 의사결정 나무는 그들이 생존할 거라고 예측할 것이다. 실제로는 74.2퍼센트에게만 맞아떨어질지라도 말이다.

이제 이 의사결정 나무의 예측력은 얼마나 높을까? 이를 알기 위해 테스트세트와 더불어 품질 척도도 필요하다! 그러나 우선 의사결정 나무가 트레이닝 데이터세트에 대한 예측에서 얼마나 많은 오류를 빚는지를 살펴볼 수 있다. 가장 단순한 품질 척도는 의사결정 나무의 잎들에서 각각 얼마나 많은 사람들에 대해 올바른 예측을 하고 있는지를 세는 것이다. 그러면 233명의 여성과 18명의 남아에 대해 그들이 생존할 거라고 올바로 예측했고, 13명의 남아와 455명의 남성에 대해 그들이 익사할 거라고 올바른 예측을 했음을 알 수 있다. 그리하여 트레이닝 데이터세트의 891명에 대해 의사결정 나무는 688명을 올바로 예측한다. 그로써 모든 결정의 81퍼센트가 옳다.

그러나 트레이닝 데이터세트는 그다지 의미가 없다. 의사결정 나무를 이 데이터세트에 맞출 수 있기 때문이다. 이것만 맞추면 된다면 각 사람에 대해 올바른 예측이 나올 때까지 의사결정 나무를 아주 세세하게 분류할 수 있을 것이다. 하지만 그러면 그것은 과적합이 될 것이다. 따라서 품질테스트는 발견한 규칙이 알고리즘이 가지고 있지 않은 데이터에 얼마나 잘 들어맞는지를 보는 것이다. 그리하여 이제 테스트 데이터세트에 있는 1,309명을 의사결정 나무에 집어넣고는 그들이 어떤 잎에 속하게 되는지를 본 다음 의사결정 나무의 예측을 그들의 진짜 운명과 비교할 수 있다.

그 결과는 이러하다. 테스트 데이터세트에 담긴 여성 466명의 데이터 중에서 399명은 생존자로 올바르게 분류된다. 남아 24명도 이에 속한다. 그리고 의사결정 나무가 비생존자 그룹으로 분류한 15명의 남아와 664명의 남성 역시 정말로 살아남지 못했다. 그리하여 의사결정 나무는 테스트 데이터세트의 승객 총 1,309명 중에서 1,042명(80퍼센트)을 올바르게 분류한다.

이것이 꽤 대단한 수치일까? 이를 확인하기 위해 베이스라인과 비교를 해보아야 한다. 베이스라인은 늘 더 규모가 큰 그룹의 상황을 기준으로 하기에, 최소 50퍼센트를 넘는다. 즉 우리의 경우 승객들의 더 큰 그룹은 익사자 그룹이다. 그리하여 타이타닉호에 승선했다는 것 외에 별다른 정보가 없을 때는 그 승객이 익사했다고 가정해야 한다. 이런 단순한 규칙은 61.6퍼센트의 적중률을 갖는다. 의사결정 나무의 80퍼센트라는 예측 적중률은 다른 정보들을 이용할 수 있었기 때문에 가능했다.

그러므로 의사결정 나무는 아직 관찰하지 못한 사람들에게도 통하는 규칙들을 발견한 것이다. 그러나 이런 규칙들은 상관성에 해당하지 인과성을 의미하는 것은 아니다. 즉 여성이라서 살아남은 것이 아니다. 만약 그렇다면 모든 여성이 살아남았어야 한다. 컴퓨터는 여성들이 남성들보다 살아남을 가능성이 더 크다는 것을 알아냈다. 따라서 생존은 성별과 상관성이 있다. 그러나 성별이 생존의 조건인 것은 아니다. 잠시 후 이 점을 다시금 살펴보려 한다.

　종합적으로 볼 때 이런 의사결정 나무는 어느 정도 우리 인간들이 이해할 만하다. 너무 깊게 들어가지 않는다면 말이다. 다만 남아에 대한 마지막 규칙만은 약간 수수께끼다. 형제가 몇 명인가가 왜 생존에 영향을 미치는 걸까? 정확히 왜 그런지 잘 설명이 되지 않는다. 자녀들이 적어야 부모가 더 빠르게 아이들을 데리고 갑판으로 나갈 수 있었기 때문일까? 그러나 그냥 우연일 수도 있다. 이미 말했듯이 상관관계가 있다고 해서 꼭 인과관계가 있는 건 아니기 때문이다.

데이터세트의 윤리적 차원

내가 타이타닉호의 데이터를 예로 든 것이 좀 심하다는 생각이 드는가? 이 데이터에는 진짜 비극이 숨어 있는데, 승객들을 데이터로 취급하다 보면 그들이 얼마나 비극적인 운명을 당했는지에 쉽게 무감각해진다는 것이다. 위키피디아에 침몰에 대해 정리해놓은 부분을 읽으면 가슴이 정말로 서늘해진다. 그러나 나는 독자들에게 데이터과학자들이 어떻게 사고하고 행동하는지를 보여주고자 하며, 이미 언급했듯이 타이타닉 데이터세트는 머신러닝 입문으로 종종 활용되는 자료다. 무엇보다 이런 데이터세트를 두고서도 작은 경진대회가 있기 때문이다.[5] 경진대회는 정보학자들을 부추겨, 수많은 참가자들로 하여금 가능하면 정확한 예측을 하기 위한 방법을 놓고 논쟁을 벌이게끔 만든다. 데이터세트를 둘러싼 토론 가운

데 개개인의 운명이 거의 잊히기 쉽다는 점은 좀 혼란스럽다. 하지만 너무 섣부른 판단은 하지 않기를 바란다. 약품의 통계적 분석도 전체 데이터를 도구로 신약이 기존 약보다 더 효과가 좋은지를 결정하며, 개개인의 운명은 고려하지 않는다. 하지만 약품에 대한 통계적인 분석이야 합당한 이유가 있는 것이고, 타이타닉호 데이터는 왜 굳이 분석해야 하나 싶은 의문이 드는가? 그것은 상대적으로 작고 한눈에 살펴볼 수 있는 이 데이터세트를 도구로 많은 것들을 배울 수 있기 때문이다. 물론 여기서는 교통법규 위반의 경우처럼 상황이 각각 어떻게 끝날지를 알려주는 명확한 결정규칙은 없다. 그러나 우리는 구명보트에 탄 사람들은 거의 모두 살아남았음을 알고 있다. 그리고 구명보트는 자리가 충분하지 않았으며, 누가 구명보트에 타야 하는지에 대해서는 암묵적인 우선권이 있었다. 즉 '여자들과 아이들 먼저'라는 것 말이다. 그리고 우리의 알고리즘도 이런 우선권을 찾아낸다. 데이터로부터 머신러닝이 배워야 하는 것은 바로 이런 것이다. 숨겨진 규칙들을 드러내야 한다. 그 규칙들이 100퍼센트 맞아떨어지지는 않고, 다른 특성들이 역할을 할 수 있다 해도 말이다.

　여기서 얻은 통찰은 역사적 성격을 띤다. 우리는 이로써 당시에 일어났던 일을 더 잘 이해할 수 있다. 반면 이 분석은 그 밖에는 별 쓰임새가 없다. 이 분석의 인식을 다른 곳에 적용할 수 없기 때문이다. 또한 우리는 윤리적 관점에서 이 데이터가 당사자들이 제공한 것이 아니었음을 확인할 수 있다. 따라서 분석이 크게 유익이 없을 뿐 아니라, 데이터 수집 자체가 문제성이 있을 수도 있다. 이런 점들은 앞으로 소개하는 예들에서도 계속 이야기하게 될 것이다. 이런 면들이—다른 면들과 더불어—인공지능의 주된 기둥인 머신러닝이 개인의 삶에 대한 결정을 내리는 경우 모든 시민들이 목소리를 내야 할 이유가 되기 때문이다.

피처 엔지니어링: 커다란 영향을 미치는, 다수의 작은 파라미터들

나는 타이타닉호에 대해 의사결정 나무를 하나만 소개했다. 그러나 같은 자료로 여러 개의 의사결정 나무를 구축할 수 있다. 실제로 처음 만든 통계 모델에서 멈추지 않고 계속 개선해나가고자 하는데, 그 기준이 되는 것은 언제나 선택한 품질 척도다. 따라서 경쟁을 붙이는 것이다. 통계 모델을 더 개선할 수 있을까? 이에 대한 접근이 이른바 피처 엔지니어링 feature engineering(특성공학)이다. '피처 엔지니어링'이란 입력 데이터의 정확한 구성을 결정하는 모든 단계를 말한다. 타이타닉 경진대회의 여러 참가자들은 데이터세트에 귀족임을 암시하는 이름을 추가하면서 의사결정 나무를 개선시켰다. 어떤 참가자들은 전체 가족 규모를 알기 위해 형제의 수에다가 부모의 수까지 합산했다. 이런 수는 원래 데이터세트에는 따로 따로 저장되어 있던 것이었다. 또 어떤 참가자들은 1인당 승선권 가격을 계산했다. 여기서도 모든 것이 수작업으로 진행되며, 자동화될 수 있는 건 별로 없다. 정보학자 페드로 도밍고스Pedro Domingos는 2012년 피처 엔지니어링에 대해 이렇게 말했다. "이것은 종종 프로젝트의 가장 흥미로운 부분이다. 여기서는 직관과 창조성, '흑마술'이 기술적인 것만큼이나 중요하다."[6] 그리고 우리는 대부분 머신러닝 방법을 사용할 뿐 아니라, 결과를 상대적으로 잘 조망할 수 있고 이해할 수 있는 단순한 방법으로부터 복잡한 방법으로 나아간다. 이렇게 복잡해지면 우리는 종종 머신러닝의 행동을 더 이상 잘 이해하지 못한다. 크누스와 플라스의 텍스트 자동 행갈이 알고리즘과 비슷하게 말이다. 우리는 각각의 데이터 입력에서 일어나는 일을 계산할 수 있다. 그러나 비슷해 보이는 다른 데이터를 입력할 때 일어나는 일에 대해서는 이해하지 못할 수도 있다.

한눈에 보기: 의사결정 나무

의사결정 나무는 데이터로부터 상당히 빠르게 학습할 수 있다. 그 배후의 알고리즘은 기본적으로 단순하다. 그러나 시시하지는 않다. 많은 결정들이 내려져야 하기 때문이다. 이런 결정 중 많은 것들은 행동지침으로 이어지는데, 기술적으로 보면 이것은 알고리즘이 아니고, 휴리스틱일 따름이다. 머신러닝의 대부분의 방법이 그러하다. 따라서 우리는 구축한 의사결정 나무가 최상의 것인지 알 수 없다. 그럼에도 이런 휴리스틱은 유용하다. 의사결정 나무가 어떻게 구축된 것인지는 별로 중요하지 않다. 테스트 데이터세트와 품질 척도로 그 품질을 기술할 수 있기 때문이다. 그러나 테스트 데이터세트가 양질의 것이어야 하고, 품질 척도가 의미 있게 정해져야 한다는 건 분명하다.

　의사결정 나무가 학습되자마자 아주 단순한 알고리즘이 새로운 데이터들에 대한 예측을 담당한다. 이런 알고리즘은 나무의 뿌리에서 시작해 각각의 질문에 대답하며, 어느 잎에 도달하면 이 그룹의 다수의 사람들이 어떻게 행동했는지를 예측한다. 또한 각 그룹의 사람들이 어떤 비율로 그렇게 행동했는지를(가령 타이타닉의 예에서는 생존자와 비생존자의 비율을) 예측한다.

내가 이 모든 것을 이렇게 상세하게 기술하는 이유는 이 예에서 바로 책임성의 긴 사슬의 매 단계를 볼 수 있기 때문이다. 이런 사슬은 알고리즘 기반 결정 시스템의 전개과정을 의미한다. 여기서 다음 관찰은 중요하다. 이것이 일반화될 수 있기 때문이다.

1) 기계학습은 수작업이다. 어디서도 데이터에서 직접 진실을 만들어내는 '마법'이 개입하지 않는다. 의사결정 나무를 구축하는 방법은 한 걸음 한 걸음 상세한 행동지침을 따른다.

2) 의사결정 나무를 구축하기 위해 몇몇 결정도 해야 한다. 트레이닝 세트는 어느 규모로 하고 테스트 세트는 어느 규모로 할 것인가? 데이터 학습을 언제 중단할 것인가? 그런 결정을 '하이퍼파라미터 튜닝hyperparameter tuning(설계변수 조절)[하이퍼파라미터 또는 설계변수란 사용자가 직접 지정하는 값이다—옮긴이]'이라고 한다. 이런 '튜닝'에서 이것저것 시험해보아야지만, 더 나은 의사결정 나무를 개발할 수 있다. 이를 아는 것은 중요하다. 여기서는 통계 모델이 나중에 더 잘 기능하도록, 많은 것을 수작업으로 시험해보게 되기 때문이다. 이 부분에 조형화의 여지가 있다.

3) 휴리스틱과 알고리즘이 함께 참여한다. 의사결정 나무를 구축하는 데 휴리스틱이 필요하고, 이어 새로운 데이터를 의사결정 나무에 집어넣고

돌려 결정에 이르는 데 알고리즘이 필요하다.

4) 이 두 방법은 아주 단순해서, 굳이 기술검사를 거치지 않아도 된다. 여러 버전이 아주 오래전부터 프로그래밍되었고, 수많은 사람들에 의해 오류 없이 사용되어왔다. 경우에 따라 통제하고 감시해야 하는 것은 오히려 모델링의 전 과정과 그에 필요한 결정들이다.

데이터 선택에 대한 중요한 관찰도 하게 된다. 우선 타이타닉 데이터 세트도 많은 다른 경우와 마찬가지로 데이터들이 완전하지 않고, 부분적으로는 오류가 있을 것이다. 두 번째로 데이터에 차별이 들어 있다. 여자와 아이는 구명보트에 우선적으로 태워졌다. 따라서 이렇게 탄생한 의사결정 나무를 다음번 이런 불행이 일어날 때 누구를 구조할지를 결정하기 위해 사용한다면, 이런 차별은 더 강화될 것이다! 의사결정 나무가 각각의 잎에서의 다수에 따라 결정을 하면, 여성과 남자아이만이 구명보트에 오르게 될 것이다. 따라서 차별이 포함된 데이터베이스는 차별을 지속하고 나아가 더 공고히 할 수 있다. 통계 모델을 어떻게 활용하느냐에 따라서 말이다.

전체 과정에서 데이터과학자들은 통계 모델을 구성할 뿐 아니라, 종종 '피처 엔지니어링' 같은 것을 통해 (초기 데이터 선택을 정제하거나) 또는 방법을 바꿈으로써 첫 모델을 계속 개량한다. 거기서 품질 척도가 모든 것의 척도가 된다. 소프트웨어 설계자들이 언제 만족하고 더 이상 개량하지 않을지가 이를 통해 정해진다.

기계학습 과정에서 많은 것이 수작업으로—즉 인간이 일일이 확인해

서—결정을 내려야 한다는 것, 그리고 많은 파라미터가 있음을 아는 것이 왜 중요할까?

이는 우리 모두가 기계의 판결에 내맡겨져 있지 않다는 의미이기 때문이다. 기계는 그냥 단순히, 객관적인 방식으로 사실을 확인할 수 있는 순수 수학을 활용하지 않는다. 이것은 어떤 결정들은 틀릴 수 있다는 뜻이다. 그러므로 당신은 기계를 잘 모른다 해도 일부 질문에 함께 결정할 수 있고, 결정해야 한다. 스스로 그런 결정을 내려야 한다. 이를 위해 스스로 기계가 되어보자. 서포트 벡터 머신Support Vector Machine이 되는 것이다.

당신이 어떻게 '기계'가 될까

이번에는 채용 면접 이야기로 가보자. 과거의 채용 경험으로부터 모든 종류의 채용 면접에 적용할 수 있는 성공적인 채용을 위한 특성들을 배울 수 있다면 좋지 않을까? 기계가 사람을 보지 않고도 이런 결정을 수행할 수 있다면, 차별받을 우려도 없이 근사하지 않을까? 그러면 아주 객관적인 결정이 이루어져 공연히 면접에 참여하느라 헛수고를 할 필요도 없지 않을까?[7]

보라, 여기 당신을 위한 몇몇 멋진 데이터가 있다. 이것은 과거에 가상의 회사 '굿워크'에 지원했던 입사지원자 27명의 데이터다. 이들 중 13명은 앞서 얻은 일자리에서 최소 2년간 근무했다. 이것은 경영자 입장에서는 성공적인 채용에 중요한 측면이다. 성공적인 채용을 위한 두 가지 특성은 이미 확인되었다. 바로 경력 연수와 실업 연수이다. 최근 몇 해의 지원자와 관련해 〈그림 25〉에서 이 두 가지 특성을 읽을 수 있다.

보다시피 과거에 실업상태로 지낸 기간이 긴 사람들은 입사나 그 뒤 굿워크에서의 근무에서 그다지 성공적이지 못했다(찌푸린 네모).

자, 이제 이 데이터를 토대로 서포트 벡터 머신을 훈련해보라. 뭐, 뭐라고? 서포트 벡터 머신이라니, 어떻게? 난 프로그래밍을 할 줄 모른단 말이야, 라고 할 텐가? 문제없다. 이제 연필과 자를 들고, 그림 속의 네모와 동그라미 데이터포인트 사이에 선을 그어보라. (성공적이지 못한) 찌푸린 네모와 (성공적인) 웃는 동그라미가 가능하면 잘 구분되게끔 해보라. 여기서 모든 도형은 입사지원자를 뜻한다. 왼쪽 위에서 오른쪽 아래로 대각선을

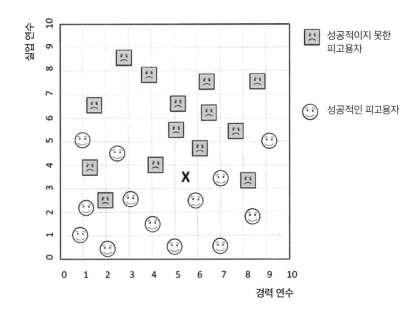

그림 25 찌푸린 네모와 웃는 동그라미가 가능하면 잘 나뉘게끔 연필로 직선을 그어보라.

그을 수도 있고, 오른쪽 위에서 왼쪽 아래로 그을 수도 있으며, 위에서 아래로, 혹은 다르게 그을 수도 있다. 직선으로 긋기만 하면 된다. 자 지금 그어보라! (대기 음악이 흐른다.)

선을 어떻게 그었는가? 어쨌든 나는 당신이 찌푸린 네모와 웃는 동그라미가 완벽히 나뉘게 선을 긋지 못했음을 알고 있다. 데이터세트 자체가 그것이 불가능하도록 되어 있기 때문이다. 어떻게 선을 그어도 성공적인 지원자 쪽에 성공적이지 못한 지원자들이 들어 있고, 반대로 성공적이지 못한 쪽에도 성공적인 지원자들이 들어 있다.

오류를 최소화해도 네 개는 된다. 오류가 어떤 종류의 것이든 상관없이 최소한 세 개 정도의 최적의 분할선을 그을 수 있다.

이 작은 테스트에 참여해서 단순한 선을 그음으로써 서포트 벡터 머신을 훈련시킨 셈이다.[8] 꽤 복잡하게 들리지만, 서포트 벡터 머신은 결코 복잡한 것이 아니다. 그 배후의 휴리스틱은 지원자를 두 그룹으로 가능하면 잘 나누어, 한 그룹의 대상(데이터포인트)을 되도록 많이 한쪽으로 몰고, 다른 그룹의 대상은 되도록 다른 쪽으로 몰게끔 하는 선을 찾는 것이다. 이런 부분을 자동화시켜 컴퓨터로 해결하도록 할 수 있다. 물론 입사지원자들에게서는 고려해야 할 특성이 두 가지만이 아니라 더 많으므로, 절차는 좀 더 복잡하다. 그런 다음 수학적으로 볼 때 두 그룹이 가능하면 서로 잘 구분되는 초평면hyperplane을 구한다. 이를 데이터를 자르는 칼처럼 상상할 수 있다. 이렇게 구분하는 선 혹은 면이 정확히 어떤 모습이든지 간에, 그것은 통계 모델이다. 그로써 모든 새로운 데이터포인트(따라서 입사지원자)를[9] 쉽게 분류할 수 있다. 그 지원자의 데이터포인트가 성공적인 지원자 쪽에 놓이게 되면, 알고리즘이 이 새로운 지원자도 성공적일 거라고 예측할 것이다. 데이터포인트가 다른 편에 놓이면, 굳이 면접에 부를 필요가 없을 것이다.

〈그림 26〉은 다음 그림은 2018/19년 겨울학기에 내 '사회정보학 입문' 수업을 들은 대학생들이 그은 선들이다. 그중 소수의 분할선만이 최적이었다.

선 B와 F만이 최소 오류를 만들어낸다. 어쨌든 내 강의를 듣는 열두 명의 학생은 다음과 같은 분할선을 그었다. 나는 그중에서 I와 G가 가장 재미있다는 생각이 든다. 이 선들은 성공적인 지원자만 면접에 부르게끔 한

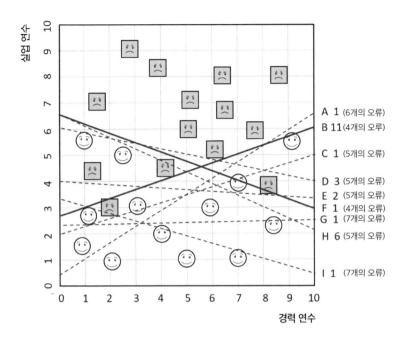

실업 연수

경력 연수

A 1 (6개의 오류)
B 11 (4개의 오류)

C 1 (5개의 오류)

D 3 (5개의 오류)
E 2 (5개의 오류)
F 1 (4개의 오류)
G 1 (7개의 오류)

H 6 (5개의 오류)

I 1 (7개의 오류)

그림 26 내 수업을 듣는 대학생들이 그은 분할선들. 각 선마다 식별 기호를 붙이고 해당 분할선을 선택한 사람들의 수도 표기해놓았다(A 1…). 괄호 안의 수는 각각 '잘못된' 편에 놓이게 된 데이터포인트의 개수다. 실선이 최적의 분할선이다. 분류상의 오류를 네 개씩밖에 만들어내지 않기 때문이다.

다. 대신에 이런 분할선을 그은 두 학생은 성공적으로 채용할 수 있을 사람 일곱 명을 잘못된 쪽으로 분류하는 걸 감수하고 있다.

이제 이렇게 물어보자. 새로운 지원서류를 받았는데 지원자의 경력 연수가 5.5년에 실업상태로 있었던 기간이 총 4년이다. 자, 그를 면접에 부를 것인가 말 것인가?

다음 그림에서 'X'로 표시한 지점이 그 지원자의 데이터포인트 위치다. 앞서 내 강의를 듣는 대학생들이 그은 분할선으로 상황을 비교해보고, 결

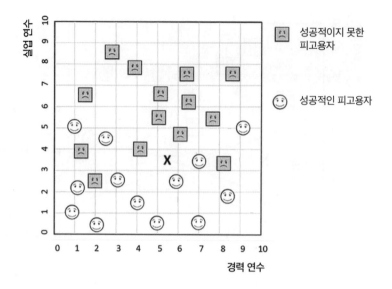

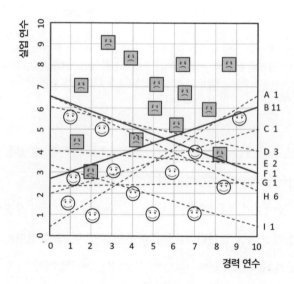

그림 27/28 점선은 경력 5.5년에 실업기간이 4년인 데이터포인트를 '성공적이지 못한' 쪽으로 분류하고, 실선은 '성공적인' 쪽으로 분류한다.

2부 정보학의 작은 ABC

정해보라. 이 지원자를 면접에 부를 것인가 말 것인가?

나의 학생들은 이런 결정을 내렸다.

여섯 명의 학생은 이 데이터포인트가 '성공적이지 못한' 찌푸린 네모 쪽에 위치하도록 분할선을 그었다. 〈그림 28〉에서 이것은 선 A(1명이 이런 분할선을 택했다), C(1명), E(2명), G(1명), I(1명)이다. 다른 21명은 이 데이터포인트를 웃는 원형들이 있는 '성공적인' 쪽에 놓았다. 즉 수강생의 22퍼센트가 이 지원자를 면접에 부르지 않는다는 뜻이다.

강의에 결석한 5퍼센트 정도는 이 테스트에 참여하지 않았다. 어쨌든 분할선이 이렇게 다양하게 그어진다는 것이 흥미롭다! 어떻게 이럴 수 있을까?

그것은 우선 과제가 모호하게 제시되었기 때문이다. 우리 데이터과학자들은 종종 무엇이 최적인지 정확히 명시되어 있지 않은 모호한 과제를 부여받는다. 따라서 무엇이 '좋은' 결정인지는 다시금 운영화해야 한다. 즉 측정가능하게끔 되어야 한다. 이를 위해 데이터과학자들은 일련의 품질 척도를 개발했다. 이런 부분은 기계가 떠맡을 수 없다. 머신러닝의 결과가 좋은 결정을 산출할 수 있도록, 무엇이 좋은 결정인지를 인간이 정의해야 한다.

품질 척도—그리고 그 밖에 우리가 '공정성 척도'라 부르는 것—는 컴퓨터가 무엇을 학습할지를 결정한다. 그리고 다행히 기술적 지식이 별로 없어도 여기서 목소리를 낼 수 있다! 중요한 것은 전문용어로 말해, 결정품질의 사회적 개념을 운영화하는 것이기 때문이다. 지루하게 들린다고? 정반대다!

알고리즘은 배려가 없다

구글의 데이터과학 총괄책임자인 차시 코지르코프Cassie Kozyrkov를 만났을 때 그녀는 잘못된 사람들(즉 데이터과학자들)이 인공지능이 정확히 무엇을 해야 할지를 결정하고, 원래의 의사결정자들은 대략 다음과 같이 우물거리고 있을 때가 많다며 한탄했다. "자, 시작해보세요. 머신러닝을 우리의 중요한 사업상 결정에 좀 동원해주세요… 좋은 일이 일어날 수 있게끔 말이에요!"[10] 하지만 솔직히 말해, 그래서는 안 된다.

코지르코프는 자신의 블로그 글 "인공지능 설계의 첫걸음이 안겨주는 놀라움"에서 강아지 훈련을 예로 든다. 사람들은(즉 의사결정자들은) 어떤 훈련법으로 어떻게 강아지를 훈련시키는지는 알 필요가 없다. 그러나 강아지를 경찰견으로 훈련시킬지, 아니면 감시견으로 훈련시킬지는 알아야 한다. 양치기 개로 키우려 한다면, 강아지에게 양이 무엇인지 보여줄 수 있을 만큼 양이 충분히 많은지를 잘 체크해야 할 것이다.

그렇다면 이제 컴퓨터에게 그가 무엇을 배울 것인지를 어떻게 말해줄 수 있을까? 물론 트레이닝 데이터에는 학습가능한 어떤 특성들이 언제 관찰되었는지에 대한 정보가 담겨 있다. 그러나 대부분의 경우 세상의 어떤 알고리즘도 측정가능한 어떤 특성이 다른 어떤 특성으로 이어질지를 설명하는 100퍼센트 유효한 결정규칙을 발견할 수 없다. 개인 차원에서 미래의 인간행동을 예측하는 경우는 특히 그렇다. 이런 행동은 보통 평가되는 사람 자체뿐 아니라, 그가 처한 상황에도 달려 있기 마련이다. 그러나 100퍼센트 적용되는 규칙을 발견하는 것이 가능하지 않다면, 어느 결

2부 정보학의 작은 ABC

정이 빚는 서로 다른 오류를 상호 비교해봐야 할 것이다.

어떤 지원자를 잘못해서 면접에 부르는 것과 잘못해서 면접에 부르지 않는 것이 동일하게 안 좋은 것일까? 이런 숙고를 실행하는 기계와의 커뮤니케이션은 품질 척도를 통해 이루어진다. 따라서 좋은 의사결정규칙을 가진 통계 모델을 찾았다고 생각할 때, 데이터과학자들은 테스트 데이터세트에서 품질 척도를 도구로 이런 의사결정의 품질을 측정한다. 검증 결과가 만족스러우면, 훈련을 끝낼 수 있다. 만족스럽지 않으면 다시 파라미터들을 적절히 손보거나, 머신러닝의 많은 다른 방법 중 하나를 선택한다.

그러므로 품질 척도는 정말로 훈련을 좌지우지하는 결정적인 부분이다. 강아지 훈련에 비유하자면 품질 척도는 언제 과자를 줄지를 결정한다. 경찰견이 가게에서 물건을 훔친 여자가 도망가지 못하게 그녀의 바지를 물고 있는가? 멋진 강아지! 감시견이 양을 무리에게로 끌고 오면서 양의 다리를 물었는가? 나쁜 강아지!

트위터 유저인 스밍리(@smingleigh)는 트위터에 시스템이 품질 척도를 도구로 스스로 어떻게 최적화하는지를 보여주는 좋은 이야기를 공유했다.[11] 그는 '펜턴'이라는 청소로봇을 머신러닝을 통해 개선하고자 했다. 펜턴이 속도가 너무 느렸기 때문이다. 그러나 물론 스밍리는 자신의 가구

를 보호하고자 했고, 그래서 속도를 양성으로 평가하고, 충돌센서를 통해
보고되는 충돌을 음성으로 평가하는 품질 척도를 개발했다. 그 결과는 참
혹했다. 펜턴은 이제 뒤로 돌진해 막무가내로 집 안을 질주하며, 재빨리
청소기를 피할 수 있는 고양이들 외에 모든 것과 충돌했다. 왜 그랬을까?
펜턴 뒤쪽에는 충돌센서가 없기 때문이었다! '훈련'이 측정가능한 충돌로
이어지지 않는 높은 속도에 보상을 했기 때문에, 펜턴은 센서가 충돌을
보고하지 않는 후진에 더더욱 힘썼다. 문제가 그렇게 해결된 것, 아니 해
결되지 않은 것이다.

　스밍리는 여기서 인공신경망을 활용했다. 이에 대해 짧게 설명하고 넘
어가고자 한다. 실제로 인공신경망을 통해 오랫동안 해결할 수 없었던 많

은 문제들이 해결될 수 있기 때문이다. 이미지인식이나 기계번역 같은 것도 그런 예다. 인공신경망을 잠시 살펴보면서, 여기서도 역시 인간의 개입 없이 데이터의 '진실'이 놓인 곳을 알아채는 자동화는 존재하지 않는다는 것을 보여주고자 한다. 이 방법 역시 데이터과학자들이 데이터를 어떻게 제시할지, 어떤 데이터를 선택하고, 무엇을 최적화할지에 좌우된다.

인공신경망으로의 작은 소풍

트위터에서 스밍리는 품질 척도에 대해 이야기하지 않고, 보상기능에 대해 이야기한다. 한 유저는 이렇게 묻는다. "그런데 청소로봇에게 어떻게 상을 줘요?" 그러자 스밍리는 일단 "녀석은 콘플레이크를 빨아들이는 걸 좋아하지요"라고 농담을 한 다음 상세하게 설명한다. '인공신경망'이라고 하면 굉장히 대단해 보이지만, 실은 그리 복잡하지 않은 수학구조를 가리킨다. 인공신경망은 층층이 배열된 수학 함수다. 함수의 첫 층에서 인풋 데이터들이 입력된다. 이 경우 인풋 데이터는 현재 청소로봇의 속도와 충돌센서의 작동 여부, 카메라 영상이다. 이 영상은 우선적으로 처리되어, 청소로봇이 장애물에서 얼마나 멀리 떨어져 있는지, 장애물은 어디에 있는지 결과가 나온다.

　인풋 데이터가 첫 번째 층의 함수에 의해 처리되면, 그 결과는 다시금 두 번째 층에 인풋 데이터로 입력되고, 그 결과는 세 번째 층 함수의 인풋 데이터로 입력되는 식이다. 마지막 층, 즉 아웃풋 층은 청소로봇의 행동

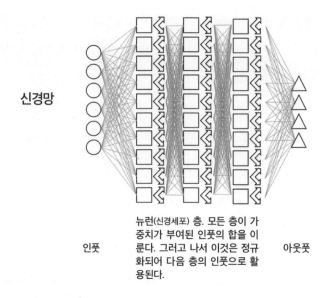

신경망

뉴런(신경세포) 층. 모든 층이 가
중치가 부여된 인풋의 합을 이
룬다. 그러고 나서 이것은 정규
화되어 다음 층의 인풋으로 활
용된다.

인풋   아웃풋

그림 29 인공신경망을 단순화한 도식.

으로 이어진다. 즉 이제 로봇은 멈추든가, 좌회전 혹은 우회전하든가, 전
진 혹은 후진하든가 하게 된다.

첫 번째 층의 수학 함수들은 원칙적으로 모든 인풋 데이터를 사용할 수
있다. 그러나 이 데이터들에 각각 다른 가중치를 둔다. 어떤 함수는 카메
라 영상을 주로 평가하고, 어떤 함수는 충돌센서 혹은 임의의 조합을 평
가한다. 이렇게 가중치를 할당한 계산의 결과는 이제 두 번째 함수로 처
리되고, 다시금 0과 1 사이의 결과가 나온다. 이를 '정규화normalize'라고
한다. 계산과 정규화로 이루어진 각각의 함수가 '뉴런' 즉 신경세포다. 우
리의 신경세포도 다양한 센서 인풋을 얻고, 그런 다음 '활성화되든지'(신호
전달), 비활성화되든지 하지 않는가. 그래서 1(활성화)과 0(비활성화) 사이의

값으로 정규화된다. 그 밖에 신경세포들은 감각세포와 연결되어 있을 뿐 아니라, 서로서로도 연결되어 있다. 이것은 인공신경망에서 이전 층의 아웃풋이 다음 층의 인풋이 되는 방식으로 나타난다. 또한 층 사이에서 인 풋에는 다시금 가중치가 할당되고 아웃풋 층은 청소로봇의 행동으로 이어진다. 그러면 그 값이 1에 근접하는 행동이 실행되고 보상 기능 면에서 평가된다. 상황과 선택된 행동이 로봇이 빠르게 진행하고 추돌이 감지되지 않는 것으로 이어지면, 이런 행동에 맞추어진(즉 이런 행동을 선택하도록 긍정적으로 기여하는 높은 값을 공급한) 세포들은 그런 행동에 기여했던 세포들과 더 강하게 연결된다. 따라서 그런 행동에 긍정적으로 기여한 각 인풋의 가중치는 변한다. '올바르게' 결정한 신경세포들을 위한 긍정적인 피드백이 이루어지는 것이다. 가중치가 정확히 어느 지점에서 얼마만큼 변하는가 하는 부분에 데이터과학자들의 기술이 개입된다. 데이터과학자들은 여러 가지 가능성을 동원해 신경망을 조절한다.

반면 행동이 더 낮은 속도, 혹은 측정가능한 충돌로 이어지면, 이런 행동에 이르는 가중치는 약화된다(부정적 피드백). 따라서 잘한 '신경세포연결'은 과자를 받고, 그렇지 못한 연결은 엉덩이를 한 대 맞는 것이다. 좀 상궤를 벗어난 이미지였다. 대신에 좀더 인상에 오래 남기를. 삐딱한 것이 아름답다.

아, 당신은 아주 정확하군요!

이제 면접에 부를 최상의 입사지원자를 선택하기 위해, 서포트 벡터 머신의 '올바른' 품질 척도에 대한 문제로 돌아가보자. 앞에서 나는 분할선이 테스트 데이터세트의 지원자들과 관련하여 얼마나 올바른 결정을 하는지 그냥 수를 세어보면 된다고 이야기했다. 따라서 근무를 성공적으로 해낸 지원자를 면접에 부른 경우와 성공적으로 근무하지 못한 지원자를 면접에 부르지 않은 경우를 헤아리면 된다. 잊지 말아야 할 것은 테스트 데이터세트는 회사가 이미 그들이 근무를 잘 해냈는지 아닌지를 아는 사람들로 구성되었다는 것이다. 알고리즘만이 그것을 알지 못한 채, 입력된 지원자들의 다른 특성에 근거하여 결정을 내린다.

모든 올바른 결정을 다 합산해서 나온 수는 시스템의 정확도accuracy를 알려준다. 누군가 당신에게 "나의 인공지능이 83퍼센트의 정확도를 가지고 결정을 한다"고 말한다면, 그 알고리즘으로 내린 모든 결정 중 83퍼센트가 옳았다는 뜻이다. 이런 정확도에서 중요한 것은 품질 척도다. 품질 척도가 예측이 진실에서 얼마나 먼지를 측정하기 때문이다.

정확도 문제가 꽤 단순하게 보일지 몰라도, 때로는 해석하기가 상당히 힘들다. 두 그룹 중 하나에 데이터포인트(입사지원자)가 몰려 있을 때는 높은 정확도를 보여주기가 쉽다. 예를 들어 어떤 회사들이 채용공고를 내면, 뽑는 인원은 적은데 지원자들이 구름같이 몰려들어 경쟁률이 1,000대 1 이상이 된다. 이런 경우 예측 시스템이 아무도 면접에 부르지 않기로 결정하면, 1,000명 중 999명에 대해 올바른 결정을 내린 것이 되어, 정확도가 99.9 퍼센트에 이른다! 그리하여 이런 상황과 다른 많은 상황에 대해 약 25가지 품질 척도가 있다. 25가지다! 그리고 이미 언급했듯이, 그중 어떤 것이 옳을지는 상황에 따라 달라진다. 그래서 인간행동을 예측해야 하는 소프트웨어 시스템에 대해서는 사전에 훈련된 시스템을 구입하는 것이 힘들다. 품질 척도가 각 회사의 상황에 맞기가 굉장히 힘들기 때문이다. 당신은 반쯤 경찰견인 강아지를 받아서 갑자기 양을 지키게 하려고 하는 형국이 될 수 있는데, 경우에 따라 그 강아지가 경찰견에 가깝다는 걸 전혀 눈치채지 못할 수도 있다. 시스템이 투입되어야 하는 정확한 상황은 당신만이 알고 있다. 그러므로 당신은 무조건 결정에 참여해야 한다. 그렇지 않으면 데이터과학자들이 알아서 가장 적합해 보이는 품질 척도로 결정을 내려야 하기 때문이다.

그러나 더 중요한 것은 품질 척도를 통해 도덕적 판단도 내려진다는 것이다. 어떻게 그렇게 되는지 살펴보자.

윤리가 컴퓨터 속으로 들어갈 때

동료와 내가 미국 법정에서 사용되는 인공지능 시스템의 재범률 예측 결과에 당혹스러워했던 일이 기억나는가? 이 경우 서포트 벡터 머신을 훈련시킨다면 어떻게 될까? 어떤 방향으로 최적화시킬까? 이에 대해 나는 앞에서와 정확히 같은 데이터포인트를 가지고 있다. 다만 두 가지 표정은 이제 다른 의미를 지닌다. 혈액 속의 두 가지 호르몬으로 누군가가 범죄

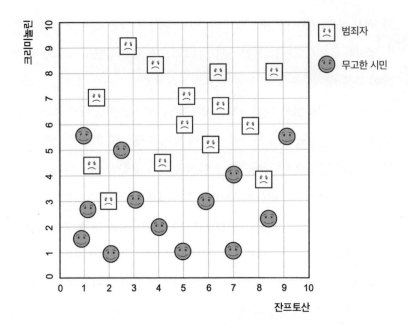

그림 30 가상의 호르몬 '크리미놀린'과 '잔프토산' 혈중 농도라는 두 가지 특성으로 범죄자와 무고한 시민을 배치한 가상의 데이터세트.

를 저지를지 아닐지를 예측할 수 있다고 해보자. 이 가상의 호르몬을 '크리미놀린[범죄와 관련되었음을kriminal 연상시키는 이름—옮긴이]'과 '잔프토산[독일어의 잔프트sanft는 유순하다는 뜻—옮긴이]'이라고 해보자. 여기서는 찌푸린 네모가 범죄자를 뜻하고, 웃는 동그라미가 죄없는 시민을 뜻한다. 여기 데이터 상황이 있다.

다시금 데이터포인트를 가르는 분할선을 그어보라. 이 분할선은 다음 단계로 또 다른 사람들을 분류하는 데 사용될 것이다. 이번 분할선을 입사지원자의 경우와 다르게 그었는가? 맥락에 따라 최적이라고 여기는 분할선이 달라질까?

실제로 여기서 품질에 대한 숙고는 쉽지 않다. 한편으로 사회는 가능하면 모든 범죄자를 가려내고자 한다. 그러나 무고한 사람은 보호받아야 할 것이다. 법철학자 윌리엄 블랙스톤William Blackstone은 1760년에 이미 "무고한 한 사람이 고통당하느니 열 사람의 죄인을 놓치는 것이 더 낫다"[12]고 말했다. 반면 미국의 전 부통령인 딕 체니Dick Cheney는 2014년 관타나모 기지와 다른 지역의 상황에 대한 미국 중앙정보부(CIA) 고문보고서 관련 인터뷰에서 "나는 몇몇 무고한 사람들이 구속되는 상황보다 반대로 범죄를 저지른 사람들이 풀려나는 일이 발생하는 것이 더 우려스럽다"는 의견을 피력했다. 이에 대해 기자 척 토드Chuck Todd가 무고한 구금자가 약 25퍼센트로 추정되는데도 상관이 없냐고 묻자, 체니는 "그로써 우리의 목표에 도달하는 한, 문제가 없다"[13]고 답했다.

따라서 최적화를 위한 도덕적 토대는 이 두 사람으로 하여금 굉장히 다른 결정을 내리게끔 할 것이다. 블랙스톤은 무고한 사람이 한 사람도 반대편에 배치되지 않도록 선을 그을 것이고, 체니는 범죄자를 한 사람도 빠짐없이 구금하는 쪽으로 분할선을 그을 것이다.[14]

이 예는 품질 척도의 선택에는 언제나 도덕적 숙고도 들어간다는 것을 보여준다. 즉 어떤 오류를 더 중대하게 보는가 하는 문제 말이다. 이에 대한 결정을 내리지 않는 것은 불가능하다. 앞서 언급한 정확도는 모든 오류를 똑같이 나쁘다고 본다. 그리하여 올바른 결정을 헤아릴 뿐, 어느 개인이 올바르게 범죄자 쪽에 들어가는지, 올바르게 무고한 시민 쪽에 들어가는지에 가중치를 두지는 않는다. 여기서 올바른 결정 두 개는 동일한

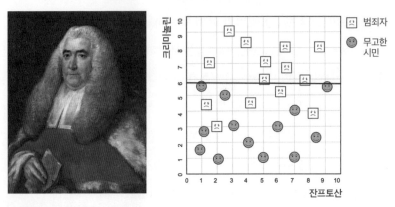

그림 31 법학자인 윌리엄 블랙스톤은 무고한 사람 모두를 '올바른' 쪽에 분류하기 위해 범죄자 다섯 명을 풀어주는 쪽으로 분할선을 그었을 것이다.

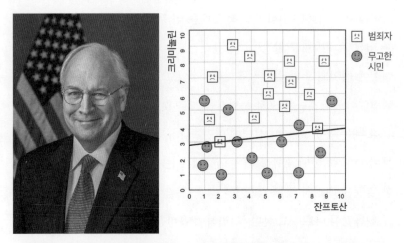

그림 32 반면 딕 체니는 무고한 자를 보호하기보다 범죄자를 색출하는 데 더 비중을 둔다. 그래서 그의 분할선은 다르게 될 것이다. 모든 범죄자를 구금하려면 무고한 사람도 여럿 감옥에 보내게 된다.

가치를 지닌다. 그러나 블랙스톤과 체니에게서 볼 수 있는 것처럼 가중치를 부여하면 상황은 달라진다. 하지만 정확히 누가 그것을 정해야 할까? 여기서 우리는 늘 윤리적 성격을 갖는, 전혀 '중립적'이거나 '객관적'이지 않은 또 하나의 척도를 갖게 된다. 문제는 이것이다. 블랙스톤처럼 가중치를 둘 것인가, 체니처럼 둘 것인가? 당신은 선택할 수 있다!

품질 척도의 사회적 배경

이제 독자들은 정확도와 함께 첫 번째 중요한 품질 척도를 알게 되었고 도덕적 숙고의 어려움도 느껴보았을 것이다. 다음으로 어째서 미국의 몇몇 주가 재범률 예측 시스템을 활용하는지를 개략적으로 살펴보도록 하겠다.

1998년에 석방된 범죄자들의 재범률 위험을 평가하는 소프트웨어가 개발되었고, 이 평가는 이들에 대한 지원대책 승인 결정의 자료로 쓰였다. 이를 위해 질문지를 개발하고, 기존의 범행 정보가 담긴 데이터뱅크를 활용했다. 그런 다음 비밀에 붙여진 알고리즘으로 트레이닝 데이터세트에서 결정규칙이 학습되었고, 이제 새로운 범죄자들의 위험평가에 활용되고 있다.

이것은 가상의 입사지원자의 예와 다르다. 그 경우는 지원자들을 직접 두 부류, 즉 성공적인 그룹과 성공적이지 못한 그룹으로 분류했지만, 여기서는 전과자를 일단 위험값에 따라 분류한다. 그리고는 두 번째 단계로 두 개의 문턱값을 정한다. 누군가의 위험값이 첫 번째 문턱값 아래에 놓이면 이 사람은 재범위험이 낮은 집단에 들어간다. 위험값이 두 문턱값 사이에 위치한 사람은 '중등위험군'에 분류되며, 위험값이 두 번째 문턱값보다 높은 사람은 '고위험군'이라는 낙인이 찍힌다. 절차 자체는 보험에서와 같다. 각 집단에 속하게 된 사람들은 같은 집단에 속한 다른 이들의 위험도, 즉 과거에 관찰된 이들의 재범률을 근거로 평가된다.

소프트웨어를 개발한 회사는 이 소프트웨어를 테스트해 70퍼센트의 결정이 맞아떨어진다고 보고했다.[15] 이제 당신은 이렇게 생각할 것이다. "아하, 정확도가 그렇단 말이지. 알겠어. 이해했어." 그러나 여기서의 정확도는 품질 척도가 아니고, '수신자 운영 특성 곡선 하위영역Area under the Receiver-Operator Characteristic Curve(ROC AUC)'이라는 위압적인 이름의 것이다. 누군가 당신 앞에서 이런 용어를 들먹인다면, 기죽을 필요가 없다. ROC AUC는 퍼센티지(백분율 수치)에 다름 아니기 때문이다. 이를 규정하기 위해 테스트 데이터세트의 사람들을 짝을 지어 고려한다. 둘 중 하나가 재범이고, 하나는 아니다. 우리 데이터과학자들은 이런 쌍을 구성할 수 있다. 테스트 데이터세트의 누가 재범을 했고, 누가 하지 않았는지를 알기 때문이다. 테스트 데이터세트에는 늘 결과가 이미 관찰된 데이터 포인트만 들어 있다. 그러나 우리는 알고리즘에 이를 말해주지 않는다. 이런 각 쌍에 대해 우리는 알고리즘 기반 결정 시스템이 얼마나 자주 재범을 한 사람에게 그 짝보다 더 높은 위험값을 매겼는지를 테스트한다. COMPAS 알고리즘에서는 이런 비율이 70퍼센트였다. 이것은 또한 알고리즘이 30퍼센트에 해당하는 쌍에서는 사회에 잘 적응한 사람들에게 재범을 한 사람들보다 더 나쁜 점수를 주었다는 이야기다. 흥미롭게도 이런 품질 척도는 두 가지 서로 다른 위험값에서 거의 같은 수준이다. 즉 우선 이 소프트웨어로 일반적인 재범 위험성을 예측할 수 있으며, 또한 폭력 범죄의 위험성도 평가할 수 있는데, 이 두 개의 서로 다른 수치는 ROC AUC에서 모두 70퍼센트 정도의 값으로 나온다.

개인적으로는 이런 값 자체는 그리 대단하지 않다고 생각한다. 사람을 그냥 우연히 평가해도, 50퍼센트의 확률로 맞힐 수 있지 않겠는가.[16] 따라서 70퍼센트는 그다지 높지 않다. 하지만 원래 이 소프트웨어를 투입하고자 했던 상황을 위해서는 이 정도라도 별 문제는 없을 것이다. 즉 하루에 석방되는 사람이 다섯 명이고 이들의 사회복귀를 도울 사회복지사는 한 사람뿐이라면, 짝을 짓는 방식으로 올바른 추론을 끌어내는 알고리즘으로 도움이 필요한 전과자를 어느 정도 잘 찾아낼 수 있을 것이다. 이런 사회복지적 상황에서는 사회복지사를 가장 도움이 필요한 전과자와 연결시키기만 하면 된다.

하지만 오늘날에는 재범 예측 시스템이 사전심리 절차에도 사용되는데, 이 부분에는 좀 주의가 요망된다. 이런 사회적 절차는 다르게 기능하기 때문이다. 여기서는 재범 가능성이 높게 나온 사람들은 형량을 더 많이 받게 되기 쉽다. 따라서 높은 위험값을 받은 일군의 사람들이 불리한 위치에 놓인다. 그렇다면 ROC AUC가 70퍼센트인 알고리즘은 70퍼센트의 재범자를 고위험군으로 분류할 거라고 봐도 될까? 아니다. 전혀 그렇지 않다.

알고리즘이 평가한 모든 사람들을 위험값에 따라 분류한다고 해보자.

정확히 알고 싶은 독자를 위해 그림으로 설명해보겠다.
그림을 보면 ROU AUC가 어떤 것을 측정하는지를 더 명확히 알 수 있을 것이다.

← 높은 　　　 중간 　　　 낮은 →

위험

알고리즘 결정 시스템이 범죄자들에게 재범 '위험값'을 부여하고 이에 따라 정렬했다.
높은 위험값을 받은 사람들이 왼쪽에 존재한다. 형태와 색깔이 그들이
재범을 했는지 안 했는지를 보여준다. 웃는 동그라미는 재범을 하지 않은 사람들이고,
찌푸린 네모는 재범을 한 사람들이다.

좋은 쌍 　　　 나쁜 쌍

알고리즘이 각 쌍 중에 재범하지 않은 사람보다 재범한 사람에게
높은 위험값을 부여하면 '좋은 쌍'이 되고, 그렇지 않으면 '나쁜 쌍'이 된다.

ROU AUC가 모든 가능한 쌍 중에서 '좋은 쌍'의 비율을 알려준다.
재범자가 6명, 재범하지 않은 사람이 7명이라서 총 42쌍이 가능하다.
맨 왼쪽 네모는 재범하지 않은 사람들을 뜻하는 7개의 웃는 동그라미 왼쪽에 있고,
따라서 7개의 좋은 쌍이 있다. 두 번째 찌푸린 네모는 6개의 웃는 동그라미 옆에 있으므로
6개의 좋은 쌍에 기여한다. 그리고 이제 그다음 찌푸린 네모들은 각각
다섯 개의 웃는 동그라미보다 더 높은 위험값을 가지므로, 각각 5개의 좋은 쌍에 기여한다.
그리고 두 개의 마지막 네모는 각각 4개, 3개의 좋은 쌍에 기여한다. 그리하여 총 42쌍 중 30쌍
이 좋은 쌍이다. 즉 약 기퍼센트가 좋은 것이다. 이것이 바로 ROU AUC다.

맨 왼쪽에 가장 위험값이 높은 사람들을 놓고, 중간에 중간값을 지닌 사람들, 그리고 오른쪽에 위험값이 낮은 사람들이 위치한다.

문제는 ROC AUC를 통한 모델이 사슬의 중간에 있는 쌍들도 정렬하도록 훈련되어 있다는 것이다. 우리는 사실 아주 왼쪽에 있는 무리에만 관심이 있다. 그러나 트레이닝은 그런 것에는 별로 관심이 없다. 왼쪽이든 중간이든 오른쪽이든, 올바르게 정렬된 모든 쌍에 대해 '과자'가 주어진다. 즉 특성 A에 대한 가중치 산정에서 고위험군에 두 사람의 재범자를 더 배치시키든지, 아니면 중등위험군에서 다섯 명의 재범자를 쌍에서 위험값이 높은 왼쪽에 위치시키든지 중에서 선택할 수 있으면, 알고리즘은 후자를 선택한다.

그러나 사전심리는 기본적으로 고위험군에만 관심이 있다. 그래서 그 중에서 정말로 몇 명이나 재범을 할 것인가를 기준으로 이런 그룹을 평가해야 한다. 이런 퍼센티지를 양성예측치Positive Predictive Value라고 한다. 재범 예측에서도 의학적 진단 테스트에서와 마찬가지로 그런 행동이 '긍정적'이라서 양성이라는 이름이 붙은 것이 아니라는 건 설명하지 않아도 알 것이다.

양성예측도로 평가한 결과 일반적인 범죄 예측에서 고위험군은 테스트 데이터세트의 70퍼센트 이상에서 재범을 했다. 따라서 여기서는 ROU AUC와 양성예측도가 일치한다. 반면 폭력범죄 예측에서는 고위험군의 약 25퍼센트만이 재범을 했다. 따라서 테스트 데이터세트에서 알고리즘이 폭력범죄 고위험군으로 분류한 네 명 중 세 명이 재범을 하지 않았다는 소리다! 이런 수치는 알고리즘 개발회사 연구 자체에서 가져온 것이다.[17] 따라서 해당 회사도 어떤 사람이 고위험군에 들어갔다고 해서 그것이 반드시 '거의 모두가 재범을 할 것이다'라는 의미의 '높은 위험'을 의미하는 것이 아님을 의식하고 있음을 알 수 있다.

그러나 어째서 시스템의 품질을 평가하기 위해 ROC AUC를 채택했던 것일까? 외부에서는 뭐라고 설명하기 힘들다. 그러나 첫째, ROC AUC는 학계에서는 실제로 종종 아주 유용한 품질 척도로 여겨진다. 둘째, 이런 척도는 여러 사회적 과정에 적합하다. 즉 무작위의 적은 무리 중에서 빠르게 가장 위험한 사람을 확인하고자 할 때 등에 말이다. ROC AUC는 바로 이를 위해 개발되었다. 그러나 이런 알고리즘 기반 결정 시스템을 고위험군만이 중요한 상황에 투입할 때는, 실제로 고위험군으로 분류된 사람 중 몇 명이나 재범 그룹에 속하는지를 보여주는 품질 척도를 사용하는 것이 좋을 것이다. 중고차 상인이 당신에게 정기검사를 받지 않은 자동차를 거의 새거나 다름없는 여름 타이어를 끼워서 비싸게 팔려고 한다고 하자. 여름 타이어는 운행 안전성을 보장해주지 않지만, 품질 척도가 상황에 맞지 않으면 평가값은 턱없이 높게 나올 수 있다. 잘못된 품질 척도로 훈련된 알고리즘은 감시견으로 일해야 하는 경찰견과 같다. 따라서 늘 OMA 원칙이 중요하다. 세계의 모델은 운영화, 그리고 알고리즘과 조화를 이루어야 한다.

품질 척도로 ROC AUC를 사용하는 세 번째 이유는 말하기가 좀 민망하지만, ROC AUC에서는 품질의 모든 측면이 아주 좋지 않아도, 많은 경우 높은 퍼센티지에 도달하기가 쉽기 때문이다.

이것은 어쨌든 국가가 알고리즘 기반 의사 결정 시스템을 구입할 때 이런 측면에 주의하고 지적할 전문가가 있어야 한다는 걸 보여준다.

조심, 테러리스트!

왜냐하면 다른 부분에서도 잘못된 결정의 규모를 직관적으로 파악할 수 없는 품질 척도가 알고리즘에 기반한 의사결정 시스템에 적용되기 때문이다. 가령 테러리스트 의심 인물을 색출하는 시스템인 스카이넷SKY-NET[18]도 그렇다. 이 시스템의 존재는 에드워드 스노든Edward Snowden의 폭로를 통해 알려졌다. 인터넷에 돌아다니는 문서는 프레젠테이션 슬라이드의 형태로, 5,500만 유저의 핸드폰 데이터로부터 테러활동 위험을 평가하기 위해 머신러닝의 여러 방법이 사용되는 것을 보여준다.[19] 정확히 말해 색출 대상은 테러조직들 사이를 오가는 전달책이다. 색출 작업을 위해 핸드폰 데이터는 이상적이다. 핸드폰 데이터는 어떤 사람이 언제 활동하는지, 어디에서 움직이는지, 어떤 사람들과 접촉하는지, 어떻게 서로 의사소통하는지를 보여준다. 유심칩을 여러 번 교환하고, 여행을 많이 하고, 서로 별로 교류가 없는 그룹들과 커뮤니케이션을 하고, 밤에 활동하는 것, 이 모든 것이 전달책 활동을 의심할 수 있는 요소가 된다.

이런 전달책들의 특성을 학습하기 위해서는 여러 전달책들과 전달책이 아닌 보통 사람들의 트레이닝 데이터세트가 필요하다. 하지만 처음에는 법적으로 유죄판결을 받은 단 일곱 명의 테러 전달책만 데이터세트에 들어 있었다. 일곱 명에게 배워서 5,500만 명에 대해 판단을 하겠다는 것이다! 물론 이것은 불가능하다. 머신러닝 알고리즘이 데이터에 굶주리게 되기 때문이다.

특히나 인공신경망은 훈련 데이터세트와 테스트 데이터세트 모두에서 수천 개의 데이터포인트를 필요로 한다. 그리하여 일단은 의사결정 나무 작업이 먼저 이루어졌다. 하지만 의사결정 나무를 구축하는 데도 그 정도의 데이터로는 부족하다. 폭로된 문서에서도 이런 점을 언급하고 있다. 결국은 법적 판결을 받은 테러리스트들만이 아니라 이른바 셀렉터selector 들도 학습에 활용되었다. 프레젠테이션 슬라이드에서는 누가 셀렉터에 속하는가를 더 정확히 설명하지 않고 있다. 의심스러운 자, 혹은 이미 판결받은 자와 접촉한 사람들로 추정된다.

이런 새로운 데이터를 기반으로 학습한 통계 모델은 이제 5,500만 명

각각에 대해 위험값을 부여한다. 이진분류가 필요했으므로—맞는가 아닌가 하는 문턱값도 정해야 했다. 문턱값은 '테러리스트'(판결받은 자+셀렉터)의 50퍼센트는 이 문턱값의 왼쪽에, 50퍼센트는 오른쪽에 오게끔 자의적으로 정해졌다. 따라서 최상의 경우 이런 알고리즘으로 '테러리스트'의 50퍼센트가 고위험군에 들어야 할 것이다. 이런 '테러리스트들' 외에 아주 극소수만 고위험군으로 분류한다면 훌륭할 것이다(여기서 따옴표는 법적 판결을 받은 진짜 테러리스트들이 아니라, 일련의 다른 사람들도 포함한다는 걸 보여주기 위한 것이다.)

예측의 품질은 이른바 위양성률false positive rate(허위양성률)로 표시되었다. 이것은 알고리즘이 무고한 사람들 중 몇 퍼센트를 의심자로 분류했는가를 말해준다. 그리고 이 비율은 0.008퍼센트다.

그래서? 좋게 들리는가? 위양성률이 그렇게 적구나! 훌륭하다!

하지만 잠깐. 그렇다면 전체 데이터세트에서 얼마나 많은 무고한 사람들이 의심자로 분류된다는 말일까? 거의 모두가 테러리스트로 판결받지 않은 5,500만 명 중에 0.008퍼센트면 몇 명이나 되는가? 4,400명이다!(55,000,000*0.008/100=4,400) 데이터를 믿는 사람들은 이제 이렇게 말할지도 모른다. "그들 모두가 테러리스트들인가 보죠 뭐!" 당신이 고개를 끄덕이며 동의하기 전에 가장 큰 위험값을 받은 유력한 의심인물 한 명을 소개하기로 하겠다. 바로 아흐마드 무아파크 자이단Ah Mad Muaffaq Zaidan이다. 슬라이드에는 이 사람이 알카에다 조직원이자 무슬림형제단 일원이라고 되어 있다. 하지만—우리가 오늘날 아는 바에 따르면—그것은 사실과 다르다. 아흐마드 자이단은 알자지라 텔레비전 방송 기자로 일한다. 알고리즘 결과와 관련한 기사에서 아흐마드 자이단은 알자지라 방송 파키스탄 이슬라마바드 지국장으로서의 업무가 자신을 가장 유력한 감시대상자로 만들었음을 설명한다. 실제로 그는 의심지역에서 많이 활동했고 오사마 빈 라덴Osama bin Laden이나 다른 테러리스트들을 인터뷰하기도 했다. 그는 저널리스트로서 자신의 역할을 중재자로 본다. "특히 양측의 의사소통이 완전히 단절되어 있을 때"는 기자가 중재 역할을 해야 한다고 본다. 그는 알고리즘이 자신을 '위험인물'로 분류해 생명의 위협으로 몰아넣고 있다며, 전 세계에서 이런 중재자 역할을 하는 기자들의 안전이 우려되는 시점이라고 썼다.

우리가 특히 중요하게 생각해야 할 것은 어느 사람을 의심인물로 만드는 문턱값을 얼마로 정하느냐는 다시금 윤리적 결정이라는 것이다. 이것은 알고리즘이 혼자 알아서 내릴 수 있는 결정이 아니다. 데이터과학자들이 알아서 해서도 안 된다. 이런 결정은 우리 사회가 서로 관련된 두 가지 오판, 즉 테러리스트를 간과하는 것 대 무고한 시민을 테러 용의자로 보는 것을 어떻게 평가할지에 달려 있다. 당신이 여기서 개인적으로 테러위험을 고려하여 이 4,400명 이상의 사람들을 고위험군에 넣는 것을 적절하다고 여기고 무고한 사람들이 감시대상이 되는 걸 감수할지, 아니면 가중치를 다르게 둘지 나는 알 수 없다. 그러나 어쨌든 간에 그런 결정은 민주적으로 이루어져야 하며, 기본이 되는 데이터와 알고리즘과 그 결과를 검열하는 위원회 같은 것이 마련되어 결정을 담당하는 편이 현명하다고 생각한다.

방금 언급한 예들은 품질 척도가 각각의 윤리적 기본 태도를 내용으로 한다는 것을 보여준다. 그 밖에 기술적인 노하우를 갖추는 것뿐 아니라 사회가 무엇이 좋은 결정인지를 정의하는 것이 중요하다는 것을 알 수 있다. 이런 결정을 아무도 우리 대신 해주지 않는다. 알고리즘은 그런 감수성이 없으며, 균형감각도 없기 때문이다. 알고리즘은 그냥 자신의 품질 척도만을 알 뿐이다. 그리고 우리가 앞에서 보았듯이 품질 척도도 다시금 추후 알고리즘의 결과가 활용될 사회적 과정의 영향을 받는다.

실측자료의 윤리

또 다른 것은 괜찮은가 의문이 들지도 모르겠다. 바로 기본이 되는 데이터와 실측자료가 그것이다. 그에 대해 여기서 다시 한번 살펴보자.

나는 지금까지 '재범을 했다'는 말을 여남은 번은 사용한 것 같다. 그런데 재범 여부를 어떻게 정할 수 있을까? 석방 후 특정기간(대부분 2년) 동안 다시 범법행위를 한 경우 재범으로 친다.

이런 실측자료를 정의하는 것에는 두 가지 커다란 문제가 있다. 첫 번째 문제는 누군가 재범으로 분류되기 위해서는, 어떤 행위를 하는 것만으로는 불충분하다는 것이다. 즉 검거되어 그 행위에 대해 기소되고 형을 선고받아야 한다. 그러나 특히 미국에서는 경찰이 더 주목하고 검열하는 그룹들이 있고,[20] 특히 적발되기 쉬운 범법행위들이 있다. 유죄판결을 받는 비율도 다양한 인구집단 사이에 차이가 있다. 이것이 바로 2011년 미국 시민자유연맹(ACLU)이 형사소송의 여러 단계에서 알고리즘의 뒷받침을 받는 것이 좋겠다고 본 이유다.[21]

그런 시스템이 최적화되지 않은 품질에서 출발하여 시간이 흐르면서 개선되어가는 것은 나쁘지 않은 일일 것이다. 이것은 가령 상품 추천 시스템에서도 가능하다. 유저들은 클릭을 통해, 그리고 최상의 경우 구매를 통해, 추천받은 상품에 관심이 있는지 없는지에 대해 빠르게 피드백을 준다. 이런 무수한 피드백을 통해 그 배후의 시스템을 개선할 수 있다. 국가나 기업이 인간행동을 예측할 수 있다고 과신하는 것은 알고리즘을 이렇게 사용하는 예가 있기 때문이다. 경우에 따라 이런 사용은 정말로 유용할 수 있다.

하지만 일반적인 경우든(범죄행위의 예측 같은) 특수한 경우든 인간행동을 예측하는 데 있어 커다란 문제는 재범 사례를 관찰했다고 해서 쉽게 피드백으로 사용할 수 없다는 데 있다. 특히 인간행동과 관련한 피드백은 본질상 상당히 일방적인 경우가 많다. 기계가 누군가를 '저위험군' 카테고리로 분류하고 판사들은 이 사람을 석방하거나 아예 구금하지 않는다면, 우리는 이 사람이 재범을 하면 그것을 측정할 수 있고 파라미터를 수정할 수 있을 것이다. 그러나 어떤 사람이 고위험 카테고리로 잘못 분류되고 이로 인해 수감기간이 길어지는 경우는 올바른 피드백이 어려워진다. 이 사람은 형을 다 살고 나면 예전과는 다른 사람이 된다. 여러 해 동안 직업 경험도 쌓지 못했고, 형을 살았다는 사실 자체가 일자리를 얻기 힘들게 만든다. 그러면 이런 상황은 다시금 또 다른 범법행위를 저지를 확률을 높인다. 그리하여 예측을 확인하게 되는데, 이 경우는 오히려 자기실현적 예언에 가깝다. 그리고 이렇듯 억울하게 고위험군으로 분류되어 더 긴 형량을 채우고 석방된 사람이 다시금 재범하지 않는다 해도, 그것이 꼭 알고리즘이 틀렸다는 표시는 되지 않는다. 징역형을 받은 것 자체가 이 사람의 인생을 변화시켰을 수도 있으니 말이다. 어쨌든 고위험군으로 분류된 사람에 대해서는 예측과 그의 행동을 비교해 알고리즘을 쉽게 수정할 수 없다는 건 확실하다. 예측과 그로 말미암은 조처를 통해 그의 행동이 바뀔 수도 있기 때문이다. 따라서 자기실현적 예언이 이루어지는 결과가 되거나, 예측이 반대의 결과로 이어지는 것은 상당히 문제성이 있다.

그런데 이렇듯 일방적인 피드백만 있는 게 나쁜 것일까? 다시금 작은 청소로봇 '펜턴'에게로 가보자. 펜턴은 최적화 기능과 관련하여 차츰 개선되었다. 그러나 유감스럽게도—그가 뒤쪽으로 가자마자—단지 한 종류의 '피드백'만 있게 되었다. 바로 "스쿠터, 더 빨리, 더 강하게!"[22]라는 것이었다. 거침없이 뒤로 달렸지만, 센서가 없었기에 서랍장 다리가 가로막고 있다는 건 알지 못했다. 칭찬만 듣거나 꾸지람만 듣고 자란 아이를 경험해본 사람은, 그렇게 해서는 균형 있는 인격으로 자라기가 쉽지 않다는 걸 알 것이다.

따라서 일방적인 피드백은 알고리즘 기반 의사결정 시스템을 훈련하는 데 나쁜 전제이다. 처음에 트레이닝 데이터가 적을 경우에는 특히나 그렇다. 그러나 인간과 관련된 영역에서는—리스크나 성공 예측에 관한 한—일방적인 피드백만 존재하는 상황이 예외가 아니라 보통이다. 보통 알고리즘 의사결정 시스템의 사용자들은 높은 리스크를 가진 사람들을 피하고, 높은 성공잠재력을 가진 사람들을 찾기 때문이다. 그리하여 이른바 낮은 잠재력을 가졌다고 예측된 지원자들은 그들이 일을 잘 감당할 수 있었다는 걸 증명할 길이 없다. 기계가 높은 리스크를 예측한 사람들은 그들이 대출금을 잘 상환할 수 있었음을 보여줄 길이 없다. '낮은' 교육 잠재력을 가진 것으로 예측된 아이들은 일찌감치 대학 진학을 포기하게 마련이라, 그들이 대학 공부를 잘 해낼 수 있다는 걸 증명할 길이 없다.

따라서 이제 머신러닝은 무엇을 할 수 있을까? 재범이나 테러위험 예측, 신용도 평가, 입사지원자 선발과 같은 지금까지의 예는 머신러닝을 투입하는 전형적인 예는 아니다. 그러나 머신러닝이 정말 잘하는 분야가 있다. 시스템이 인간보다 더 능력을 발휘하는 분야다. 그 두 시스템을 소개해보겠다.

6장
머신러닝 vs 인간(2:0)

독자들 모두는 매일같이 기계학습에 기반하여 대단한 결과를 보여주는 것들을 여러 가지 사용하고 있을 것이다. 우선은 상품, 광고, 검색 결과, 또는 소셜네트워크의 소식들을 개인에 맞게 구성해주는 등 각종 추천 시스템이 그러하다. 추천들은 종종 적절하고, 때로는 정말 탁월해서 인간 판매원이나, 광고업자, 사서를 대신한다. 추천들이 최소한 '충분히 좋기' 때문이다. 이제 나는 기계가 인간보다 두말할 나위 없이 앞서는 두 가지 예—이미지인식과 피부암 식별—를 더 들어보려고 한다. 그런 다음 일반적으로 어떤 조건에서 기계를 활용하는 것이 유익이 있는지를 살펴볼 것이다.

이미지인식, 앞에 보이는 게 대체 뭐지?

이미지인식이 무엇인지를 체감하기 위해 동물원에 갔을 때를 떠올려보라. 수서동물 구역을 구경하고 있다고 해보자. 아이 중 하나가 갈색 털을 가진 동물이 즐겁게 물장난을 치는 걸 보며 이렇게 묻는다. "엄마, 얘 누구야? 바다코끼리야?" 그러면 엄마는 이렇게 말한다. "음… 물개야. 잠깐만… 아니다. 바다사자 같은데!" 이어 나이 지긋한 아줌마가 끼어든다. "아냐, 아냐. 얜 바다표범이야. 주둥이를 보면 알 수 있어!" 그런 다음 우리 앞에 걸려 있는 표지판에서 이제 이 동물이 정확히 잔점박이 물범이라는 걸 알 수 있다. 그러니 이 비슷비슷한 동물들이 어떤 동물인지 알려면 이들을 어떻게 구별해야 할지 배워야 하는 것이다.[1] 나는 매번 구별에 실패하고, 두 아이가 글자를 깨우쳐 스스로 표지판을 읽을 수 있기를 기다렸다.

우리가 보는 것을 명확한 카테고리로 분류하는 것—이미지인식—은 늘 쉽지는 않다. 전문가들이 많은 하위 카테고리에 이상한 이름을 붙여 놓은 경우에는 특히나 그렇다. 아이가 대략적인 방향을 가리키며 흥분한 목소리로 "엄마 저거 봐, 저거 보여? 저게 뭐야?"라고 외칠 때, 혹은 아이가 관심 있어 하는 대상이 반쯤 비치볼에 가려져 있을 때 상황은 더 어려워진다. 그 모든 것은 또한 기업과 자율주행자동차에서 긴급하게 필요로 하는 이미지인식을 어렵게 만든다. 로봇팔이 작은 도구들을 집어 올리고, 자율주행자동차가 막 공을 쫓아 달리는 아이를 인식하기 위해서는, 하나 혹은 여러 개의 카메라와 근처 어디에 무엇이 있는지를 말해주는 소프트웨어가 필요하다.

　최근 이 분야의 컴퓨터 시스템은 대폭 개선되었다. 여기서도 경진대회가 있어 정말 많은 팀이 참가했다. 바로 '이미지넷 대규모 시각인식 챌린지 ImageNet Large Scale Visual Recognition Challenge(ILSVRC)[2]라는 콘테스트였다.

　하지만 대체 오류율을 따지기 위해 무엇을 정확히 측정했다는 말일까? 여기서 데이터세트는 120만 개(!)의 이미지로 이루어져 있고, 이 이미지들은 각각 1,000개의 카테고리로 분류되어 있다. 모든 콘테스트는 트레이닝 세트 즉 카테고리가 알려진 이미지들이 주어져, 그것을 기반으로 머신 러닝을 한다. 그리고 이미 언급한 다른 콘테스트에서처럼 테스트 세트로 검증을 한다. 기계는 이제 매 이미지에 대해 1,000개의 카테고리 중 그 이

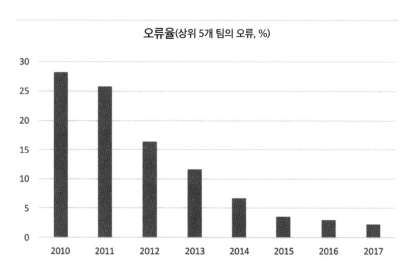

오류율(상위 5개 팀의 오류, %)

그림 33 2010년에서 2017년까지 인공지능을 활용한 이미지인식의 오류율은 28퍼센트에서 약 2퍼센트로 감소했다(ILSVRC의 결과, 종목: 분류와 위치인식classification and localisation).[3]

미지를 분류할 수 있는 최대 다섯 개의 카테고리를 제시해야 한다. 그 다섯 개 중 하나가 기존에 그 이미지가 분류되었던 카테고리와 맞아떨어지면 이미지를 옳게 인식한 것이 된다.

자, 당신이 나와 비슷한 사람이라면 이런 방법은 컴퓨터에게 상당히 유리한 것이 아닌가 하는 의문이 들 것이다. 컴퓨터가 어느 그림을 보고 1) 저녁노을, 2) 사람 얼굴, 3) 칫솔, 4) 물고기, 5) 텔레비전이라고 말하고 그중 하나가 맞으면 그가 이기는 게 되지 않는가? 그러나 기계에게 그렇게 유리한 조건이 아니다. 많은 이미지에는 하나 이상의 대상이 담겨 있기 때문이다. 그리고 어떤 것이 주된 대상인지 종종 확실하지가 않다. 주된 대상이 늘 중앙에 있지도 않고, 가장 많은 자리를 차지하고 있지도 않다.

그런 이미지들을 보고 싶은 사람은 http://image-net.org/challenges/ LSVRC/2012/browse-synsets에 들어가서 보면 된다. 여기에서 학습해야 할 1,000가지 카테고리의 리스트를 찾을 수 있을 것이다. 이 사진들은 이미지넷이라는 이름의 상당히 큰 데이터세트에 포함된 것들이다.[4] 이미지넷에는 각각의 카테고리마다 많은 사진들이 있고, 어떤 것들은 분류가 쉽지 않아 보인다. '던지니스 크랩'(대게의 일종) 카테고리를 보면, 한편에는 살아 있는 게들의 사진이 있고, 또 한편에는 아주 맛있게 요리되어 잘게 토막 난 대게의 사진이 있다. 레몬즙만 뿌리면 맛있게 먹을 수 있을 듯하다. 이 카테고리의 어떤 사진에는 상당히 핏기 없는 얼굴의 여행자가 웃통을 벗은 채 해변에서 던지니스 크랩 두 마리를 들고 있다. 게들은 그냥 부수적인 대상으로 보인다.[5]

사진들을 쭉 클릭하다 보면, 완전히 잘못 분류된 사진들도 있음을 확인할 수 있다. 그리하여 '피트 자foot rule' 카테고리에는 자와 무관한 발 사진이 여러 개 포함되어 있다. 또한—아마 낚은 물고기의 길이를 재는 것이었던 듯—자 위에 놓인 물고기들의 사진도 진짜 많다. 자는 거의 보이지도 않는다. 이쯤 되면 이런 사진을 주된 카테고리에 올바르게 분류한 것인지 의심이 든다. 이건 분명 물고기 사진이 아니겠는가. 즉 송어 카테고리에 이 사진을 분류해야 하는 게 아닌가 싶어진다.

이런 사정을 고려하면 그동안 기계가 이미지인식에서 어떤 능력을 발휘하고 있는지 상당히 높이 평가할 수밖에 없다. 가려져 있어 그냥 부수적으로만 보이는 대상도 발견해서 다양한 품종의 강아지 카테고리에 분류하는 걸 보면 놀랍고, 기계가 이미지인식 오류율을 2010년 28퍼센트에서 요즘 2.25퍼센트까지 낮췄다는 것이 정말 대단하다는 생각이 든다.

하지만 잠깐만, 인간 평가자들과 비교하면 어떨까? 이 일을 위해 기계와 같은 과제를 해결할 시험대상자들이 모집되었다. 지원자들은 하나의 사진을 보고 1,000가지 카테고리 중에 다섯 개의 제일 적절해 보이는 카테고리를 골라야 할 터였다. 하지만 그러려면 일단 1,000개의 카테고리를 학습해야 하지 않겠는가? 대체 누가 1,000개나 되는 카테고리들을 외운단 말인가? 좋은 질문이다! 그래서 콘테스트 주재자들은 처음에는 이 일을 아마존 메커니컬 터크Mechanical Turk에 맡기고자 했다. (이 플랫폼은 개개인이 참여해 아마존의 일감을 수행하는 곳으로, 크라우드 소싱에 의한 인터넷 인력 장터다. 데이터라벨링을 하는 곳…) 이곳에서는 이른바 마이크로 잡이 이루어진다. 등록된 유저들은 이 플랫폼에서 마이크로 잡을 받아 일하고 상당히 적은 보수를 받는다. 돈벌이 수단이라기보다는 그저 시간을 죽이는 일에 가깝다. 그런데 과제의 복잡성 때문에 인간 시험대상자들은 분류를 만족스럽게 해내지 못했다. 결국 두 전문가가 이 일을 맡아, 우선 트레이닝을 위해 500개의 사진과 그것이 어떤 카테고리로 분류되는지를 전달받았다. 이후 전문가 중 한 사람은 258장의 사진을 분류하다가 기권했고, 나머지 한 사람은 좀더 오래 견뎌 총 1,500장의 사진을 분류했는데, 오류율이 5.1퍼센트였다.

그리고 이것이 인간의 표준이 되어, 그 이래로 다른 시스템들과 비교되었다. 다른 말로 하자면, 종종 인용되는 이른바 '인간의 이미지인식률'은 이렇듯 한 사람이 짧은 기간 훈련해서 분류한 결과에 기초한다는 것이다. 발견과 결과가 거의 따로 노는 이런 현상은 학문에서는 상당히 자주 일어난다. 원래 보고서의 '한 사람'이 여러 번 인용에 인용을 거치다 보면 '인간의 이미지인식률'로 변신한다. 하지만 이 경우는 적잖이 교육받은 사람들에게 이 임무를 부탁해도 별 차이가 없을 테고 어차피 기계 우위의 결과가 나올 것이다. 그러므로 기계는 그동안 사진에 담긴 대상을 인식할 만큼 충분히 잘해왔다고 봐야 한다. 자율주행과 관련하여 2.25퍼센트의 오류율이라니 하면서 우려스러워하는 사람은 안심해도 된다. 그런 자동차의 시스템은 주행 중 한 대상에 대해 아주 여러 장의 사진을 보게 되기 때문이다. 따라서 계속 오류를 정정해나갈 수 있다. 멀리서는 두 개의 빛줄기처럼 보이던 것이 가까이 가보니 야광 운동화에서 나는 빛이었고, 또 보니 밤에 자전거를 타고 가는 여자가 신은 것이라는 걸 인식하게 된다. 아무튼 여기서는 콘테스트를 통해 이미지인식 기술이 발전해서 활용가능하게 되었다는 걸 확인하고 넘어가자.

2부 정보학의 작은 ABC

데이터 수집과 실측자료 확보의 윤리

데이터 수집의 윤리에 관해 좀 짚고 넘어가자. 이미지 저작권자들에게 그들의 이미지가 이미지인식 기술에 활용되어도 좋은지 일일이 허락을 구하지 않는다는 건 이미 언급한 바 있다. 이것은 기본적으로 ILSVRC[6]에서도 마찬가지였다. 이미지넷은 섬네일들, 즉 오리지널 이미지를 작게 만든 버전과 그 사진 각각의 URL만 보여주며 "이미지들은 저작권 보호의 대상일 수 있습니다Images may be subject to copyright"라고 경고해놓고 있다. 그로써 법을 만족시킨다. URL들을 차례로 불러온 다음 모니터에 뜨는 정보들을 머신을 훈련하는 데 활용하면 된다. 학습하기 위해 굳이 다운로드를 받을 필요는 없다. 그냥 모니터에 알록달록한 픽셀을 띄우는 것으로 충분하다. 나는 여기서 독자들에게 몇 장의 사진을 보여주고 싶었지만, 사진을 업로드하는 것은 사용 허가를 받지 않고는 불가능하다는 걸 확인해야 했다.

또 한 가지 재미있는 이야기를 들어볼 텐가? 구글 역시 이미지인식을 상당히 잘하며 종종 이미지넷 대회에도 참가해 쟁쟁한 실력을 자랑해왔다. 그리고 이를 위해 구글은 아마도 독자 여러분의 친절한 도움을 활용했을 것이다!

어떻게? 나한테는 함께할 거냐고 묻지 않았는데, 라고 말할 텐가? 그러나 당신은 어떤 사이트에 들어가 뭔가를 신청하거나, 결제하거나, 회원가입을 했을 것이다. 그리고 그 사이트에서는 당신이 진짜로 사람인지 확신을 하지 못해서 아마 검증작업에 들어갔을 것이다. 디지털 서비스들은 루이스 반 안Luis van Ahn이 개발한 이른바 캡차Captcha를 곧잘 활용한다. 이는 '인간과 컴퓨터를 구분하는 자동 튜링테스트Completely Automated Public Turing test to tell Computers and Humans Apart'의 약자로, 기계는 해결하기 힘들지만 인간은 아주 간단히 풀 수 있는 작은 테스트 절차를 말한다. 인터넷 서식을 입력하는 것이 사람인지, 아니면 악의적으로 활용되는 프로그램인 '봇bot'인지를 구별해주는 보안 기능인 것이다. 봇은 자율적으로 웹서핑을 하면서 인간과 비슷하게 행동하는 작은 프로그램이다.

인간과 봇을 구분하는 가장 대표적인 수수께끼는 바로 찌그러져서 단번에 읽기가 힘든 문자들이다. 보안등급이 높은 웹페이지들에서는 가령 결제를 하기 위해 이런 문자들을 별도로 입력하게끔 되어 있다. 〈그림 34〉가 보여주는 것과 같은 문자들이다.[7] 초기에

그림 34 캡차와 비슷한 수수께끼. smwm이라는 철자를 보여준다.

는 이를 위해 캡차가 특별히 만들어졌다. 그런데 이에 카네기멜론 대학의 학자들은 세계적으로 인터넷 유저들이 캡차의 글자 판독을 하느라 매일 15만 시간을 쓴다는 연구 결과를 내놓았고, 루이스 폰 안은 이런 시간을 좀더 의미 있는 목적에 활용할 수 없을까 생각하여 '리캡차'라는 회사를 설립했다. 리캡차는 그냥 보안만을 위한 인공적인 문제를 만드는 대신, 과거의 문헌을 디지털 정보로 변환하는 작업에서 컴퓨터가 잘 인식하지 못하는 단어들을 유저들에게 제시해 풀도록 한다. 그리고 일련의 사진들 중에서 가령 자전거나 다리가 들어간 사진을 유저들로 하여금 고르도록 한다. 나는 사진 데이터뱅크인 픽사베이(Pixabay.com)에서 독자들에게 보

여주기 위해 오른쪽의 리캡차 이미지를 얻느라 무진 애를 먹었다. 독자들도 그런 경험이 있는가? 기본적으로 사진을 고르는 리캡차에서 사진 분류 작업을 하면서, 독자들은 바로 기계 훈련의 토대로 사용될 수 있는 '실측 자료'를 만들고 있는 것이다. 구글은 여기에 참여해 리캡차를 인수했다. 그 이래로 웹페이지의 작은 스크립트가 당신이 웹사이트에서 어떻게 행동

하는지를 분석한다. 그러다가 당신이 인간이라고 여겨지면, "나는 로봇이 아닙니다I am no robot"라고 쓰인 작은 체크박스만 클릭하도록 되어 있다. 그러나 당신이 로봇처럼 행동하고 있다면, 리캡차 수수께끼를 풀어야 다음 과정으로 넘어갈 수 있다.[8] 이런 문제를 푸는 작업을 통해 구글은 구글 북스, 구글 맵, 구글 스트리트뷰의 성능을 개선한다.[9] 오늘날 유저들이 캡차와 리캡차를 푸는 일에 하루에 총 몇 시간을 들이고 있는지는 아무도 알지 못한다. 2004년의 15만 시간이라는 것은 상당히 신중하게 산정되었을 것이다. 구글 스스로는 하루에(!) 푸는 리캡차 수가 약 1억 개라고 말한다.[10] 자, 그럼 마지막으로 재미있는 사실 또 하나를 공개하겠다. 유튜브에 가면 로봇팔이 어떻게 "나는 로봇이 아닙니다" 테스트를 무사통과하는지 보여주는 짧은 영상이 있다.[11] 따라서 인간과 컴퓨터를 구분하려면 더 어려운 과제를 생각해내야 할 것 같다.

이미지인식 한눈에 보기

아무튼 요약하자면, 이미지인식은 이제는 완전히 기계의 손으로 넘어갔다고 말할 수 있다. 이것은 무엇보다 두 가지 때문이다.

1) 인간은 몇 안 되는 카테고리에서만 전문가가 될 수 있다. 어떤 사람은 약 3만 개의 뜨개질 패턴을 알고 있고, 어떤 사람은 모든 로봇팔을 구분할 수 있다. 그러나 모터와 버섯, 기각류, 뜨개 패턴을 동시에 똑같은 수준으로 아는 것은 그 누구도 불가능하다. 기계는 많은 카테고리들을 얼마든지 인식할 수 있다. 물론 카테고리를 추가하는 경우에는 기본부터 새로 학습해야 하지만 말이다.

2) 기본이 되는 사진 데이터뱅크와 실측자료, 즉 사진을 분류하는 카테고리들은 앞으로 더 개선되고 완전해질 것이다. 어느 순간 모든 모터 타입, 모든 균류, 모든 해양포유류, 모든 뜨개 패턴에 대한 해상도 높은 라벨링된 사진들이 모든 각도와 다양한 배경으로 존재하게 될 것이고, 이로써 기계의 정확성은 더 완전해질 것이다.

이런 상황은 학습하는 시스템에는 이상적이다. 세월이 흐르며 수백만의 자원자들과 협업을 하면서 트레이닝 가능한 데이터가 마련된다. 이를 기초로 인류는 얼마 가지 않아 가령 생물종 다양성을 자동으로 조사할 수 있게 될 것이고, 이것은 중요한 생태계에 대한 인간 개입의 결과를 비용을 많이 들이지 않고 지속적으로 감시하는 중요한 기반이 될 수 있을 것이다. 물론 이미지인식은 기계의 각종 자율행동과 감시카메라의 토대가 되기도 한다. 시간이 흐르면서 동물종과 기술적 산물의 사진들이 충분히 존재하게 될 것이며, 우리 중 거의 모두의 사진이 이미지 데이터뱅크 안에 들어가 있게 될 것이다. 자, 인공지능 시스템이 최소한 인간 전문가만큼 능력을 발휘하는 두 번째 예는 의학적 진단과 관련된 것이다. 인공지능 시스템으로 특정 피부암을 발견할 수 있기 때문이다.

암 진단에서의 인간 대 기계

우리 가족은 모두 피부가 상당히 희다. 그런데도 아버지는 선크림도 바르지 않고서 취재여행을 하느라 아프리카를 깊숙이 누빈 까닭에 주근깨와 여러 가지 피부트러블이 생겨 종종 피부과에 다니곤 했다. 최근에도 피부과 의사가 피부의 이상을 발견해, 제거하는 치료를 받았다. 이때 아버지가 피부과 의사 대신 컴퓨터를 신뢰하는 것이 더 나았을까? 컴퓨터가 피부 변화를 더 조기에 진단할 수 있었을까?

아직 피부과에서 이미지인식 기술을 상용하는 데까지는 이르지 못했다. 하지만 2018년 8월에 상당히 주목할 만한 연구 결과가 발표되었다. 그에 따르면 인공신경망이 영상을 도구로 악성 피부종양을 58명의 피부과 의사보다 더 잘 진단하는 것으로 나타났다.[12] 이를 위해 머신은 사진을 도구로 양성과 악성의 흑색종을 식별하는 훈련을 받았다. 머신은 이미 다루었던 재범 예측 시스템에서와 비슷하게 다시금 위험값을 매긴다. 사진을 '암 위험도'에 따라 분류하는 것이다. 인간과 머신을 비교하기 위해 피부과 전문의들에게 사진들을 분류해보라고 요청했더니, 전문의들은 '암'인 것과 '암이 아닌' 것만을 결정할 수 있을 따름이었다. 의학적 진단은 으레 그렇게 이루어진다. 인간은 각각의 사진을 보고, 그것이 이 카테고리냐 저 카테고리냐를 판별하는 건 꽤 잘하지만, 100장의 사진을 위험도에 따라 분류하는 건 인간이 쉽게 할 수 있는 일이 아니다. 피부과 전문의들은 20개의 악성 흑색종 영상을 보고 평균 17개를 악성으로 진단했다. 그러나 80개의 양성 흑색종 영상에서는 23개를 악성으로 분류했다. 이제 머신 테스트에서 데이터과학자들은 피부과 의사들이 악성으로 진단한 17개 영상이 악성으로 분류되게끔 문턱값을 설정했다. 즉 사진을 가장 위험값이 높은 것부터 낮은 것 순으로 배열해 암에 해당하는 17개 영상이 모두 포함되도록 설정한 것이다. 그런 다음 독일 암연구센터의 홀거 헨슬레 Holger Hänßle 박사를 위시한 연구팀은 머신도 양성을 악성으로 오진했는지 살펴보았다. 컴퓨터는 피부과 의사들보다 월등히 좋은 점수를 낸 것으로 확인되었다. 양성 종양 중에서 14개만 문턱값 위로, 즉 악성으로 분류하여, 인간 전문가들보다 좋은 성적을 낸 것이다.

따라서 컴퓨터로 판단하도록 하면 100명의 환자 중에서 걱정되는 진단을 받고 집으로 돌아가는 사람 수가 9명은 더 적어진다는 것이다. 물론 이 분야에서 5년 이상 임상경험이 있는 피부과 의사들은 신참들보다 더 정확한 진단을 내릴 거라는 게 좀 위로가 된다. 그러나 인간 의사들은 악성 판단을 좀 더 많이 하는 경향이 있다. 그럴 수밖에 없는 것이 악성 종양을 간과하는 것은 훨씬 나쁜 결과를 빚을 수 있기 때문이다. 양성을 악성으로 판단해 수술을 하면 비용이 들고 수술 후유증을 겪을 수 있지만, 악성을 양성으로 판단하는 경우는 그에 비할 수 없는 치명적인 대가를 치러야 한다. 환자는 말할 것도 없고 의사로서도 암을 간과해 손해배상 청구라도 받으면 아무리 보험을 들어났다 해도 난감해지기 십상이다. 피부 병변이 악성이 아니라는 좋은 소식을 들으면 환자는 안심하고 좋아할 테지만, 잘 못해서 수술을 하지 않는 것보다는 불필요한 수술을 하는 것이 의사 입장에서는 어쨌든 싸게 먹힌다.

기본이 되는 데이터의 윤리

헨슬레 교수팀의 연구에 참여한 연구자들은 그들이 개발한 알고리즘 기반 의사결정 시스템이 주로 백인 환자들의 데이터세트만을 근거로 했음을 고지해야 할 것이다. 현재 여러 이미지인식 시스템에서 이 점이 문제가 되고 있다. 구글 영상인식 시스템은 피부색이 어두운 사람들은 잘 식별하지 못한다. 이에 대해 구글 대변인은 《와이어드》지에 "영상인식 기술은 여전히 초보단계이며, 아직 완전하지 않다"고 썼다.[13] 매사추세츠 공과대학(MIT) 미디어랩의 연구자인 조이 부올람위니Joy Buolamwini는 '테드 토크'[14]에서 현재의 얼굴인식 소프트웨어는 피부색이 검은 자신을 전혀 보지 못할 거라고 지적했다.[15] 이 테드 영상은 현재 조회수가 100만 회가 넘는다. 부올람위니는 이어 차별 없는 소프트웨어를 위해 투쟁하는 비영리단체인 '알고리즘 정의 연합Algorithmic Justice League'을 설립했다. 검은 피부의 손도 영상인식 소프트웨어에서 간과되는 사례가 많다. 그래서 예컨 대 손을 가져다 대면 센서가 인식해 자동으로 비누가 나오는 디스펜서도 이용하기가 불편하다.[16]

기본적으로 이런 인식의 문제는 불완전한 트레이닝 데이터세트 때문 이다. 알다시피, 의료 영역의 데이터도 주로 경제적으로 풍요로운 선진국 에서 이루어진 연구를 토대로 한다. 주로 백인들을 대상으로 치료와 약물 투여가 미치는 영향이 연구되다 보니 역사적으로 의료계의 데이터는 대 부분 백인들을 대상으로 한 것이다.[17] 따라서 인공지능을 훈련시키기 전 에 데이터뱅크를 완전하게 하는 것이 급선무다. 데이터뱅크가 완전하지 않은 경우는 확실히 테스트된 경우에 한해서만 해당 기술을 활용해야 할 것이다. 그러나 전체적으로 볼 때 의료 영역은 세월이 흐르면서 양질의 충분한 데이터를 수집할 수 있는 분야이다. 사회적으로 그것을 하려고만 한다면 말이다. 병리학자들의 참여를 통해, 세심한 실측자료를 포함한 양 질의 훈련 데이터를 다량 확보해 이를 토대로 인공신경망을 훈련시킬 수 있을 것이다.

이미 언급한 피부암 진단의 예에서도 실제로 모든 피부타입에서 흑색 종을 감별할 수 있는 시스템을 구축해야 할 것이다. 각각의 피부타입별로 시스템을 따로 구축해도 좋을 것이다. 이런 일이 제대로 된다면, 불필요 한 치료가 행해지지 않도록 피부과 의사들과 인공지능이 협진을 할 수 있 을 것이고, 오진으로 인해 환자와 의사 측이 감당해야 하는 피해를 상쇄 시켜줄 수 있을 것이다. 역시나 알고리즘에서의 차별 문제를 연구하고 있 는 의학자 유Kun-Hsing Yu는 기계가 의료진을 대체하는 것을 그리 걱정하

2부 정보학의 작은 ABC

지 않는다. "여기서 대체라는 것은 인공지능 시스템을 활용하지 않는 의사들이 그 시스템을 활용하는 의사들로 대체되는 것"이라면서 말이다.[18]

그러나 어째서 이제 영상인식 소프트웨어를 탑재한 카메라가 피부암 진단에서 인간 의사들을 앞서는 것일까? 학문적인 방법의 차원에서 이를 테스트할 수는 없을까?

머신러닝이 이루어질 수 있는 곳

앞서 살펴본 이런 예들은 인간의 일을 대신하거나 의미 있게 뒷받침해줄 수 있는 알고리즘 기반의 의사결정 시스템이 있음을 보여준다. 그러나 분명한 것은 학습하는 요소를 가진 인공지능은 늘 플랜 B일 따름이라는 것이다. 알고리즘이 학습하는 결정규칙은 늘 구체적인 트레이닝 데이터와 선택된 많은 변수들에 좌우되고, 머신러닝의 대부분의 방법에서 늘 인간은 이해할 수 없는 결과가 나온다. 인공신경망 학습이 이루어지는 통계 모델은 특히나 그렇다. 개별적인 입력에 대해서는 이것이 어떻게 결과를 도출하는지를 이해할 수 있지만, 입력이 조금만 달라져도 행동을 예측하기가 불가능하다. 크누스와 프라트의 고전적 조판 시스템에서 언급했던 것처럼 작용하는 것이다. 즉 복잡한 소프트웨어의 행동은 더 이상 간단히 추상적으로 묘사할 수가 없다. 따라서 결정규칙을 명백히 구조적으로 기술하는 것이 가능한 상황에서는 전문가 시스템을 활용하는 편이 좋을 것이다.

전문가 시스템은 인간이 만든 규칙들을 의사결정 나무(학습한 것이 아니라, 인간이 구축한 의사결정 나무)나 데이터뱅크 같은 구조에 담는다. 그런 다음 의사결정 알고리즘으로 새 데이터를 이 결정규칙에 넣어 통과시킨다. 이로써 모든 의사결정 규칙과 그 규칙들이 내린 결정들은 인간 입장에서 왜 그런 결정이 나왔는지 늘 이해할 수 있는 것이 된다. 이런 경우는 학습 요소를 지닌 소프트웨어 시스템을 사용하지 않는 것이 좋은 상황이다.

한편 고전적 알고리즘이 존재하는 수학적 모델링을 할 수 있는 경우도 머신러닝 시스템을 활용하지 않아도 되는 상황이다. 수학적으로 그 해답을 계산하는 데 얼마나 오래 걸릴지에 따라 판단이 달라지겠지만, 가급적이면 고전적 알고리즘을 우선 사용해야 한다. 그 방법으로 실제로 최적의 해답을 찾아낼 수 있기 때문이다. 대부분의 머신러닝 알고리즘은 휴리스틱일 뿐임을 기억하라. 즉 해답을 찾으려 하지만, 그것이 최적임을 보장할 수 없는 행동지침일 따름이다.

머신러닝 알고리즘이 찾은 해답이 근거가 있다는 걸 어떻게 확신할 수 있을까? 머신러닝 방법들은 상관성을 찾는 방법이다. 즉 예측되는 특성과 종종 함께 나타나는 특성들을 찾는 것이다. (종종 나타나는 특성이 없으면 보다 드물게 나타나는 특성들을 찾는다.) 그러나 이런 '상관적인' 특성이 예측되는 특성의 원인인지, 아니면 그런 원인에 다른 방식으로 영향을 미치는지는 알고리즘이 말해줄 수 없다. 알고리즘은 학문적 방법의 차원에서 보면 그저 첫 단계를 보여줄 따름이다. 즉 관찰만을 말이다. 학문적 방법에서는 여러 번의 관찰을 통해 가설을 세우고 실험으로 가설을 검증해 이론을 도출한다. 그리고 이 이론이 예측과 관찰을 여러 번 거치면서 굳어져야만 사실의 지위에 오른다. 하지만 머신러닝에서는 보통 기계가 확인한 가설에 대해 인과성 검증 같은 건 하지 않는다. 그럼에도 기계가 결정을 내려도 되는 것은 왜일까?

정보기술 관련 월간지 《와이어드》 편집장인 크리스 앤더슨Chris Anderson 은 2008년 이런 연관에서 학문적 방법을 불필요하게 만드는 "이론의 종말"을 이야기했다. 어마어마한 데이터의 양으로 말미암아 새로운 접근이 필요하며 이 접근은 수학에서 발견할 수 있다고 했다. "이제 더 나은 방법이 있습니다. 페타바이트의 데이터는 우리로 하여금 '상관성으로 충분하다'는 주장을 가능케 합니다. 우리는 모델을 찾는 것을 중단할 수 있습니다. 데이터들이 어떤 내용을 담고 있는지 가설 없이 데이터를 분석할 수 있습니다. 지금까지 본 최대의 컴퓨터 시스템에 숫자들을 던져 넣고 통계 알고리즘을 동원해 패턴을 찾아낼 수 있습니다. 학문적 방법으로는 불가능한 일이죠."[19]

이런 말은 기술에 열광하는 사람들 사이에 넘쳐나는 들뜬 분위기를 보여준다. 부분적으로는 옳은 말이다. 머신러닝으로 좋은 결과를 낼 수 있는 경우들이 많이 있다. 머신러닝은 인간의 능력을 뛰어넘거나 최소한 머신러닝을 투입하는 것이 더 효과적일 만큼 좋은 결과를 낸다. 우리의 삶을 여러 부분에서 개선시켜줄 것이다. 그러나 그것은 우리가 그 결과의 품질을 검증할 수 있을 때 국한된다. 몇몇 경우 우리는 개별적인 사례에서 일반적인 사례를 추론하는 귀납법induction에 의존한다. 검색엔진은 하루에도 엄청난 예측을 쏟아내고, 이런 예측은 유저들에 의해 강화되거나 수정된다. 결정규칙이 계속해서 의미 있는 제안을 첫 열 개의 리스트 중에 위치시키면 이것은 배후의 통계 모델에 대한 신뢰를 강화한다. "지금까지 늘 이러했어"에서 "그러면 계속 그럴 거야"로의 추론은 관찰빈도가 높을수록 더 신뢰할 만하다. 그러나 다음번에 완전히 다른 일이 일어날 위험은 언제나 존재한다. 나심 탈레브Nassim Taleb는 그의 책《블랙 스완*The Black Swan: The Impact of the Highly Improbable*》에서 있을 법하지 않은 사건들이 일어날 수 있음을 지적했다.[20] 그러므로 인풋 데이터와 예측되는 상황 사이의 인과관계가 알려져 있으면 이론은 훨씬 신뢰성이 높다. 이런 인과관계가 없다면, 트레이닝 데이터로부터 뭔가를 배우려는 시도는 완전히 비생산적일 수도 있다.

따라서 머신러닝은 다음 조건이 충족될 때 기본적으로 성공적일 수 있다.

1) 양질의 방대한 **트레이닝 데이터**가(인풋) 있을 때

2) 측정가능한 **실측자료**, 즉 예측할 수 있는 것이(아웃풋) 있을 때

3) 인풋과 예측할 수 있는 아웃풋 사이에 **인과관계**가 있을 때

머신러닝 알고리즘이 인간을 능가하는 면은 다음과 같다.

1) 임의의 데이터에서 상관관계를 찾을 수 있다는 점

2) 다양한 상관관계를 찾을 수 있다는 점

3) 약한 상관관계도 통계 모델에 집어넣어 유익을 이끌어낼 수 있다는 점

약한 상관관계밖에 없거나 처음에 어떤 인풋 데이터가 예측할 수 있는 아웃풋에 영향을 미치는지가 불분명할 때는 특히나 방대한 데이터(빅데이

터)의 존재가 이런 약한 상관관계를 상쇄시켜줄 수 있다. 그런 점에서 머신러닝으로 해결해야 하는 많은 과제들은 필연적으로 데이터 양의 방대함에 좌우된다.

추가적으로 다음에 해당될 때 머신러닝의 결과는 믿을 만하다.

1) 인풋과 예측되는 아웃풋 사이에 인과관계가 알려져 있어 관계자들이 쉽게 합의할 수 있는 명확한 인풋 데이터가 존재할 때

2) 두 가지 오류 유형(위양성/ 위음성 결정)에 대해 가급적 많은 피드백이 있을 때. 그로써 지속적으로 품질을 측정해 통계 모델을 역동적으로 개선할 수 있다.

3) 모든 관계자들이 쉽게 동의할 수 있는 명확한 품질 척도가 있을 때

빅데이터와 머신러닝 알고리즘의 결합을 통해 비로소 인간행동을 예측하는 것도 가능하게 되었다. 예전에는 실험실에서 각각의 변수들과 그것이 인간행동에 미치는 영향을 힘들게 연구해야 했던 반면, 이제 여러 상황에서 빅데이터의 도움으로 통계 모델을 만들 수 있다. 특히나 상업적 영역에서는 이 모델이 양질인지, 인풋 데이터와 예측되는 아웃풋 사이에 반드시 인과관계가 있는지는 그다지 중요하지 않다. 어떤 소식이 누구에게 중요할지, 누가 어떤 광고를 클릭할지, 고객이 어떤 상품을 구매할 수 있을지를 이전보다 조금 더 잘 예측하면 가치를 갖는다. 이런 머신러닝의 상업적 활용을 인간행동에도 곧잘 적용할 수 있다는 것은 간과되기 쉽다. 상업적 모델도 바로 앞의 조건을 충족시키기 때문이다.

- 인터넷에는 인간행동과 관련하여 엄청나게 방대한 데이터가 존재한다. 이런 데이터들이 일반적으로 활용가능하지 않고 소수만 활용할 수 있다고 해도 말이다.

- 실측자료는 쉽게 측정가능하다. '뉴스/광고를 클릭했다' 혹은 '상품을 구입했다'는 것은 단순히 이진분류에 해당하는 관찰이다.

- 따라서 지속적으로 예측에 대한 품질테스트가 이루어질 수 있고, 통계 모델의 질을 개선할 수 있다.

- 명확한 품질 척도가 있다. 바로 이윤 상승이다. 이윤을 높이기 위해 통계 모델의 절대적인 품질은 중요하지 않다. 기존에 사용하던 모델보다 상대적으로 더 낫기만 하면 된다.

하지만 머신러닝을 위한 이런 이상적 조건하에서도 이미 여러 책과 토론에서 지적되었던바, 전 사회적인 손실이 있을 수 있다. 몇 가지만 언급하자면 알고리즘을 통한, 알고리즘으로 뒷받침되는 차별[21, 22], 디지털 소셜네트워크를 통한 급진화[23], 감시 알고리즘을 통한 피해[24] 등을 들 수 있다. 무엇보다, 디지털상업의 영역에서 알고리즘 기반 의사결정 시스템으로 올린 성과를 아주 다른 영역에서 인간행동을 예측하는 일에 적용할 수 있다는 생각 자체가 과도한 낙관주의다. 3부에서 볼 텐데, 머신러닝이 투입될 전망이거나 이미 투입되고 있는 여러 영역에서 기계를 통한 예측을 신뢰하게 하는 기본적인 조건들이 결여되어 있다. 그러므로 알고리즘 기반 의사결정 시스템은 정확한 기술적 감독이 필요하다. 그리고 성공적으로 머신러닝을 할 수 있는 조건이 결여되어 있을 때, 또는 시스템을 투입함으로 인해 전 사회가 입을 수 있는 손실이 너무 클 때는 활용을 금지해야 한다. 이에 대해서는 3부에서 더 자세히 살펴보도록 하겠다.

다음 장에서는 다시 한번 '알고스코프'의 토대로 들어가 '책임성의 긴 사슬'을 도구로 알고리즘 기반 의사결정 시스템을 구축하는 데 있어서 주의해야 할 점과 조형화 여지를 훑어보고, 어떤 시스템에 어떤 감독이 필요한지를 보여주고자 한다. 이로써 독자들은 각자의 학교나 대학, 일터, 국가에서 투입하는 알고리즘 기반 의사결정 시스템을 분류하고 조형화하기 위해 필요한 정보들을 적극적으로 구할 준비를 마치게 될 것이다.

7장
기계실에서 본 것들

자, 여기까지 독자들은 나와 함께 정보학의 ABC를 거치는 긴 여행을 마쳤다. 기계실에 너무 먼지가 많지 않았기를! 지난 몇 년간 수많은 강연과 인터뷰를 하면서 늘 받았던 질문은 알고리즘 기반의 의사결정 시스템이 차별이나 다른 오류를 빚을 수 있다면, 우리 각자는 무엇을 할 수 있느냐는 것이었다. 이런 질문에 답하기 위해서는 일단 기계실로 내려가서 알고리즘이 문제를 해결하려 할 때, 혹은 문제를 일으킬 때 그것을 조절할 수 있는 요소들이 어디에 있는지를 확인해야 했다.

이제 독자들이 현재 인공지능의 가장 중요한 부분인 머신러닝의 토대에 관한 한, 그나마 문맹 상태를 벗어났다고 느낄 수 있기를 바란다. 확실히 해두기 위해 지금까지 기계실에서 살펴본 것들을 쭉 한번 정리해보도록 하겠다. 나는 우선 고전적인 문제제기에서 가장 중요한 조형화 능력은 바로 일상상황을 모델링하는 것임을 강조했다. 즉 상황을 단순화해서, 많은 고전적 알고리즘 중 하나가 머신러닝 없이 최적의 해답을 계산하게 할 수 있다고 했다. '분류 문제'나 '최단경로 문제'는 각각 굉장히 많은 일상의 문제들을 이 두 고전 알고리즘으로 환원시킬 수 있음을 보여주었다. 이는 모든 알고리즘에 해당된다. 이것이 알고리즘의 신비한 초능력이다. 알고리즘의 유용성은 데이터가 어떤 의미를 갖는지에 상관없이 그저 수치에 기반해서만 데이터를 처리한다는 데 있다. 그러나 고전적 알고리즘의 경우에도 이미 OMA 원칙이 중요했다. 즉 알고리즘의 결과를 해석하는 것은 늘 모델링과 그것을 위해 필요한 운영화의 틀 안에서만 의미를 갖는다.

머신러닝은 인풋 데이터와 관찰되는 결과(아웃풋) 사이의 연관을 확인하고자 한다. 이를 위해 트레이닝 데이터세트에서 찾아낸 상관관계를 결정규칙의 형태로 여러 구조(가령 의사결정 나무, 수학 공식, 서포트 벡터 머신, 인공신경망) 중 하나에 저장하는 알고리즘이 활용된다. 여기서 조절가능한 하이퍼파라미터(설계변수, 직접 세팅하는 값)들이 많다. 그 밖에도 인풋 데이터를 변화시킴으로써(피처 엔지니어링) 예측의 품질을 변화시킬 수도 있다.

품질은 품질 척도를 도구로 테스트 데이터세트에서 측정된다. 품질 척도는 많은 하이퍼파라미터를 어떤 방향으로 조절할 것인지를 결정한다. 따라서 품질 척도는 알고리즘 기반의 의사결정 시스템이 투입되어야 하는 사회적 상황과 조화를 이루어야 한다. 여기서 기본적인 윤리적 결정이 내려진다.

구조가 구축되면 우리는 그것을 훈련된 통계적 모델이라고 부른다. 그러면 새로운 데이터는 이제 두 번째, 아주 단순한 알고리즘을 도구로 통계 모델을 통과하고 결정으로 하나의 수치가 도출된다. 이것이 바로 분류 혹은 위험값이다.

대부분의 머신러닝 알고리즘이 데이터에 굶주리기 때문에 빅데이터는 커다란 역할을 한다. 상관관계가 약하거나, 어떤 인풋 데이터가 아웃풋과 상관관계가 있는지가 불분명하면, 방대한 데이터가 있어야만 통계 모델을 어느 정도 제대로 훈련시킬 수 있다. 예측과 관찰된 아웃풋(가령 인간행동)을 계속해서 역동적으로 맞춰나가야만 통계 모델의 유용성에 대한 신뢰도가 높아진다.

기계와 더불어
더 나은 미래로
가는 길

왜, 인공지능 윤리인가

머신러닝은 플랜 B일 따름이다. 그러나 유감스럽게도 플랜 A가 없을 때가 많다. 당면한 많은 문제는 고전적 알고리즘으로 해결을 할 수가 없기 때문이다. 물론 계속해서 인간이 이런 문제들을 해결하거나, 인간과 기계가 함께 해결책을 찾아나간다는 대안은 남는다. 좋은 해결이 무엇인지를 사회가 함께 모색하는 것은 중요하다. 아무도 우리에게서 이런 결정을 앗아갈 수 없다.

8장
알고리즘과 차별, 그리고 이데올로기

나는 파울뢰베하우스에서 '인공지능' 전문조사위원회의 회의에 참석해 있다. 회의실은 상당히 현대적인 시설을 갖추었다. 38명의 위원이 둥글게 배열된 테이블 앞에 앉아, 서로 얼굴을 마주 대하며 의사소통을 할 수 있다. 바깥에 놓인 조그만 카트에는 내가 준비한 별로 맛없는 커피가 놓여 있다. 그나마 목을 축일 수 있는 거라곤 이것이 전부다. 매월 1회의 회의를 통해 2020년 중반까지 인공지능 활용에 대한 행동지침을 개발해 연방의회에 전달하는 것이 전문조사위원회의 임무다. 우리는 머신러닝의 차별 문제에 대한 전문가의 강연을 듣고 나서 막 질의응답 중이다. 누군가의 발언에 예기치 않게 분위기가 싸늘해진다. "처음에는 어떤 테마에 대해서는 이데올로기로부터 자유롭게 서로 대화할 수 있으리라고 기대했어요. 그런데 이제 그런 희망이 상당히 순진한 것이었음을 확인하게 되네요. 다른 정치판에서 드러나는 이데올로기적 쟁점이 여기서도 똑같이 반복되고, 심지어 상당히 첨예화되는군요."

이 말을 듣고 나는 너무나 놀랐다. 지금까지 회의는 굉장히 객관적이고 사무적으로 진행되었기 때문이다. 하지만 일단 먼저 배경설명을 좀 하겠다. 이 전문조사위원회는 인공지능의 사회적 책임, 경제·사회·생태적 잠재력을 테마로 행동권고안을 마련하기 위해 2018년 연방의회가 구성한 것이었다. 위원회는 19명의 연방의회의원들로 구성되었는데, 의석수에 비례하여 기독민주당/기독사회당(CDU/CSU) 7명, 사회민주당(SPD) 4명, 독일을 위한 대안(AfD), 자유민주당(FDP), 좌파당, 동맹 90/녹색당이 각각 2명씩이었다. 그리고 각 정당이 해당 의원 수만큼 전문가를 물색해 참여시켰다. 철학자, 사회학자, 정치학자, 정보학자 외에 기업 대표와 노조 대표, 여러 연구소 소속 연구원 등 다양한 사람들이 참여했다. 예전 해적당 소속이었고 지금은 무소속 의원인 안케 돔샤이트베르크Anke Dom-scheit-Berg가 내게 전문가로서 참여할 수 있겠느냐고 물었을 때 나는 곧장 제안을 받아들였다.

2018년 9월 27일 우리는 공식적으로 활동을 개시했고, 연방의회의장인 볼프강 쇼이블레Wolfgang Schäuble가 짧은 연설을 했다. 그는 많은 사람에게 "인공지능이 (…) 기술적 진보의 새로운 비법"으로 여겨진다며, 소프트웨어 프로그램이 앞으로 할 수 있는 많은 것들을 열거했다. 긍정적인 측면에서 기계들이 "시를 지을" 수도 있음을 언급했다. 그러나 또한 "상벌을 내리기" 위해 기계를 투입할 수 있는 상황에 대해서는 경고했다.

나는 그 두 측면이 우리에게 가장 큰 걱정을 안겨준다고 생각한다. 인공지능이 '시를 짓고' '재판을 하는 것' 말이다. '시를 짓는 것'은 내게 기계가 어느 날 가장 인간다운 활동까지 우리에게서 앗아가지 않을까 하는 걱정을 상징한다. 사회는 노동정책, 교육정책, 사회정책을 통해 이런 걱정에 개입해야 할 것이다. 인공지능을 기술적으로 감독하는 문제는 기본적으로 '재판'에서의 윤리적-사회적 측면에 해당한다. 여기서 우리가 나아가야 할 길은 무엇일까?

미국은 인간의 결정을 대신하는 기술과 경제적으로 운용되는 플랫폼 모델을 중시한다. 이런 모델은 최근에 중대한 부작용들을 보였고[1] 제3자를 통한 조작에 취약하다.[2] 그리고 데이터 보호 스캔들이 꼬리를 물고 있다.[3] 중국은 마찬가지로 방대한 양의 데이터를 국가적으로 활용하고 있다. 특히나 막 시험단계에 있는 '중국 시민점수China Citizen Score' 시스템으로 시민들의 행동에 점수를 매긴다고 한다. 현재 여러 가지 아이디어들이 테스트되고 있는데, 모두 시민들의 행동을 측정하고, 이를 하나의 수치로 평가한다. 대출금을 잘 상환하면 점수가 오르고, 아이들에게 양육비를 지불하지 않으면 감점을 당한다. 반면 독일과 유럽은 데이터를 보호하고 인권을 우선하는 안전한 방법을 원한다. 하지만 어떻게 그렇게 할 수 있을까? 우리는 전문조사위원회에서 그런 방법을 강구하고 있다. 이와 관련한 조사위원회의 생각, 나의 생각을 다음에서 공유하고 싶다.

2018년 9월에 있었던 위원회의 초기 모임들에서는 무엇보다 개념 정리가 이루어졌다. 인공지능이라는 개념을 어떻게 이해할 것인가? 머신러닝은 무엇이며, 머신러닝이 할 수 있는 것은 무엇이고 할 수 없는 것은 무엇인가? 그런 다음 2018년 12월에 우리는 인공지능에 대한 국가적 전략의 목표에 대해 좀더 자세히 알기 위해 해당 부처 관계자들을 초청했다. 정부는 2018년 11월에 국가 차원의 인공지능 전략을 막 선포한 참이었다.[4] 그 이래로 우리 위원회에서는 구체적인 행동권고안을 개발하고, 무엇보다 윤리적 문제들을 다루고 있다.

회의는 대부분 같은 형식으로 진행된다. 위원회 소속의 전문가나 외부에서 초빙된 전문가가 우선 의견을 제공한다. 이런 부분은 공개되어 있어서, 인터넷에서도 동영상을 볼 수 있다.[5] 그런 다음 그에 대한 질의응답이 이루어진다. 2019년 1월에는 정보학 교수로, 위원회 소속인 한나 바스트Hannah Bast가 머신러닝이 텍스트로부터 어떻게 유추analogy를 끌어낼 수 있는지를 보여주었다. 바스트는 그 예로서 알고리즘이 계속 독일-베를린, 프랑스-파리라는 단어가 나오는 텍스트에서 베를린과 독일의 관계는 파리와 프랑스의 관계와 같다고 유추할 수 있음을 언급했다. 명백히 '수도'라는 말은 쓰지 않더라도 이런 유추는 흥미로운 것이다. 이런 알고리즘은 다른 텍스트를 통해 남녀의 직업 명칭에서 여성 명사는 남성 명사에 후철 in을 붙인다는 사실을 배워 다음과 같이 유추할 수 있다.

남자와 Arzt(의사)의 관계는 여자와 Ärztin의 관계와 같다.

흠. 그런 다음 앞에서 모든 것을 올바로 해낸 알고리즘은 아마도 이렇게 유추할 것이다. Arzt가 의사라면 Ärztin은 간호사다!

이것은 10년 전에 이미 대학 신입생 수에서 여학생이 차지하는 비율이 절반이 넘은 독일에서는 구시대적으로 치부될 수 있는 고정관념이다.[6] 따라서 이런 추론은 사실에 비추어 틀렸다.

그 밖에 오늘날 직업상 차이가 존재하긴 하지만, 그럼에도 고정관념으로 치부되는 사례들도 있다(이에 대해서는 다음 장에서 더 많이 살펴보도록 하겠다). 바스트는 계속 처리하기 전에 그런 데이터의 왜곡을 수정하는 방법도 있음을 언급했다. 그러자 회의실에서 일부는 해당 기술에 대해 궁금해했던 반면, 일부는 이번 장 시작 부분에 인용했듯이 기술에 그렇게 이데올로기가 개입될 수 있다는 데 분개하는 분위기가 조성되었던 것이다.

이제 우리는 데이터와 알고리즘 기반 의사결정 시스템 속의 고정관념·왜곡·차별 같은 것을 다룰 수 있는가, 어떻게 다룰 것인가 하는 질문들을 가진 채 기계실을 떠나려고 한다. 이는 데이터과학자가 결정할 문제가 아니기 때문이다. 그것은 사회적 문제이고, 국가적으로 해결해야 한다. 그러나 당신이 이런 질문에 참여할 수 있기 위해 우리는 마지막으로 기계실에 한번 더 시선을 주어야 한다.

차별이 어떻게 알고리즘에 들어가는가

미국은 구금률이 세계 최대인 나라다. 통계적으로 미국 시민 10만 명 중 650명 이상이 감옥에 앉아 있다.[7] 또한 구금률은 상당히 불균등하게 분포된다. 히스패닉계인 사람의 구금률은 백인의 3배, 아프리카계 미국인은 6배나 높다.[8] 여기서 진짜 범죄율과 구금률 사이의 연관은 굉장히 복합적이다. 이미 언급한 문제인, 거리에서 주로 어떤 사람들에게 검문검색을 하는가뿐 아니라, 어떤 범죄의 종류가 주로 추적되는가(가령 마약 범죄인가, 아니면 세금착복 같은 이른바 화이트칼라 범죄인가)도 작용한다. 그리고 보석금을 낼 수 있는가 없는가, 누가 어떤 종류의 형벌을 받는가도 영향을 미친

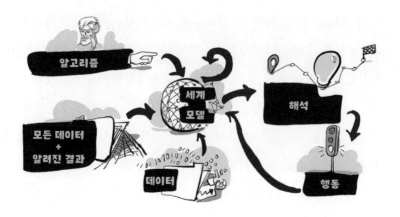

다. 미국 시민자유연맹은 이런 과정에서 부당한 차별이 있어서 구금률이 범죄율과 일치하지 않는 것으로 보고, 2011년 보고서에서 형사소송 과정의 모든 국면에서 알고리즘 기반 의사결정 시스템을 활용하여 더 객관적이고 차별 없는 결정을 뒷받침할 것을 요구하고 나섰다.[9] 그러나 그것이 그렇게 간단할까? 컴퓨터는 실수를 하지 않을까? 컴퓨터는 완벽하게 객관적일까? 다음에서 나는 다시금 '책임성의 긴 사슬'을 따라 곳곳에서 차별로 귀결되는 결정이 내려질 수 있음을 보여주려고 한다.

차별이란 성별, 나이, 종교, 출신 등에 따라 사람들을 부당하게 특별대우하거나 불이익을 주는 것을 말한다. 그런데 이제 알고리즘과 머신러닝 휴리스틱은 학습해야 할 행동(아웃풋)과 관련하여 그룹들 사이의 차이를 발견하도록 구축된다. 기술적-중립적 의미에서 이런 그룹을 '구별하는 것', 즉 서로 나누는 것이 그 토대다. 물론 기본법이 보호하는 특성이나 특정 불이익이 아닌 한, 일단은 별문제가 없다. 인종, 성별, 종교 세계관, 장애, 나이, 성적 정체성이라는 특성은 기본법에 의해 보호된다. 가령 인력을 채용할 때나 노조나 비슷한 단체에 가입할 때, 이런 특성들로 인해 불이익을 주는 것은 비판받는다. 마찬가지로 임금협상이나 국가의 모든 사회복지제도, 교육, 공공인프라 구조에서 부당한 차별이 있어서는 안 된다. 따라서 이런 영역의 알고리즘이 결정을 내리거나 결정에 의미 있게 기여하게 되는 경우에는 부당한 차별이 이루어지고 있지 않은지 점검이 이루어져야 한다.

결정의 편향이 이런 의미에서의 차별인지 아닌지 이야기하기가 힘든 경우도 있다. 독일에도 주로 남성에게 돌아가는 일자리들이 있다. 예컨대 경찰관은 일반적으로 최소 체격조건을 갖추어야 하는데, 통계적으로 여성보다는 남성이 이런 조건에 부합한다. 그리하여 노르트라인베스트팔렌주에서는 한동안 이런 사정을 고려하여 남녀에게 서로 다른 체격조건을 적용했다. 그러자 체구가 작은 한 남성 지원자가 소송을 제기했다. 자신은 여성의 체격조건은 채우고도 남는데 남성의 체격조건은 충족할 수가 없다며, 명백히 차별받고 있다는 것이었다.[10] 겔젠키르헨 행정재판소는 남녀에 대해 서로 다른 체격조건을 요구하는 것은 기본적으로 타당하다고 보았다. 하지만 그러려면 특히나 합당한 이유가 있어야 한다면서, 이 경우는 그렇지 않다고 판단했다. 이 판결에서 정작 더 흥미로운 것은 법정이 기본적으로 너무 많은 남성 지원자를 잃지 않기 위해 남녀 공통으로 적용되는 체격조건을 통해 더 많은 비율의 여성들을 배제하는 것을 정당하다고 본다는 점이다.

물론 법정은 체격조건 기준을 제시하지는 않았고, 조건을 정하는 것은 다시금 노르트라인베스트팔렌주에게 넘겼다. 그로써 완결된 의견은 없고, 서로 상충되는 두 가지 사회적 목표—평등의 실현과 경찰업무에 적합한 지원자를 확보하려는 국가의 정당한 관심—를 '운영화'하는 것이 필요한 상황이다. 이제 어느 알고리즘이 단순하게 지금까지 성공적으로 근무했던 남녀경찰관의 특성으로부터 성공적인 근무와 체격이 상관관계가 있음을 학습하게 된다고 상상해보자. 그러면 이것이 사회적으로 원하는 대답이 될까? 알고리즘과 휴리스틱은 여기서 야누스적인 역할을 한다. 한편으로 그것들은 기존의 편향을 발견해 공표할 수 있다. 그런 다음 적절한 조치를 도입해 부당한 차별을 해소시킨다면, 데이터과학은 사회가 더 정의로워지는 데 기여하게 될 것이다. 그러나 학습된 결정규칙을 그 안에 담긴 편향과 더불어 순진하게 계속 사용한다면, 사회적으로 달갑지 않은 차별이 유지되거나 심지어 더 강화될 수 있다.

차별은 알고리즘 기반의 의사결정 시스템을 활용하는 데 가장 큰 문제 중 하나다. 게다가 차별은 **책임성의 긴 사슬**의 거의 모든 부분에서 알고리즘 기반의 의사결정 시스템으로 들어가게 되거나, 이런 시스템을 활용함으로써 더 강화될 수 있다. 그러나 여기서도 부당한 차별로 이어질 수 있는 불리한 출발조건 혹은 결정 속에 끼어든 실제적인 차별을 인식하기 위해 기술적 지식이 필요한 경우는 별로 없다. 중요한 것은 모든 경우에 사회적 합의가 필요하다는 것이다.

데이터 안의 차별

지원서류를 보고, 나중에 근무를 잘할 사람인지, 채용해도 좋은 사람인지를 알고자 하는 바람은 크다. 어떤 회사들은 회사에 적합한 사람인지 평가하기 위해 챗봇이나 비디오플랫폼을 활용한다. 물론 이런 세태에는 소프트웨어가 차별 없이 일할 거라는, 최소한 인간 결정자들보다는 차별에서 자유로울 거라는 희망이 작용한다. 그리하여 아마존은 2014년 자동평가 시스템 구축을 시작했다.[11] 인풋으로 이전 10년간의 지원서류가 활용되었다. 그런데 이 시기 성공적인 지원자들은 거의 남성이었다. 남성이 남녀 각각의 지원자 수와 관련하여 월등하게 높은 비율로 채용되었는지는 알려져 있지 않다. 알려져 있는 것은 현재 특히 애플, 페이스북, 구글, 마이크로소프트 등 IT 업계 근무자 중 여성은 다섯 명 중 한 명꼴이라는 것이다.[12]

아마존 평가 시스템에서 통계 모델 학습을 위한 휴리스틱은 지원자의 성별을 인풋으로 넣지 않아도 성별과 상관관계가 있는 특성들을 찾아냈다. 그리하여 지원서류에 그런 특성이 나타나면 그 지원자는 나쁜 점수를 받았다. 가령 이력서 안에 '여자 체스서클'에서 활동했다고 되어 있으면, 이것은 부정적으로 평가되었다. 여대를 나왔다는 졸업증명서는 더 부정적으로 평가되었다. 알고리즘이 지원자의 과거 취업경력이 신통치 않았음을 확인하게 될 때와 비슷한 일이 발생하게 되는 것이다.

이것이 분명해지자, 개발팀은 해당 부분을 수정했다. 그러나 이로써 일어날 수 있는 모든 차별 문제들이 커버될 수 있는지 아무도 확신하지 못했다.[13] 이를 보장하기는 실제로 아주 힘들다. 선택된 인풋이 미묘한 방식으로 차별을 조장할 수 있는 것이다. 가령 한 관계자에 따르면, 지원자 평가 시스템에서 그 지원자가 아마존에 적합한 사람인지를 판단하기 위해 자기소개서나 웹사이트에서 자신을 소개하는 글을 참고한다고 한다. 그런데 이런 자기소개 역시 문화적 배경이나 성별에 따라 시스템에서도 차이가 나는 경우가 많다. 그리하여 머신러닝을 사용함으로써 지금까지의 선호 경향을 더 강화시켜 더더욱 단일한 문화로 나아가게끔 할 수 있는 것이다. 아마존은 결국 이 프로젝트를 포기하고 말았다.

이 예에서 볼 수 있듯이 이전의 선발 과정에서 민감한 특성과 관련해 편향된 결과가 있었다면, 알고리즘이 배후에 놓인 민감한 특성을 알지 못한다 해도 그 특성과 다른 특성의 상관관계를 통해 편향을 찾아낼 수 있다. 아마존 평가 모델의 경우 서로 다른 여가활동, 몇몇 대학, 성별 사이에 상당히 뚜렷한 상관관계가 있었고, 이렇게 탄생한 통계 모델을 순진하게 계속 활용한다면 편향은 더 강화될 수 있다.

이런 편향에서 어려운 것은 해석이다. 부적합 평가를 받은 지원자들도 해당 업무를 잘 해낼 수 있었던 건 아닐까? 이것이 부당한 차별일까? 이 예에서는 기계가 데이터 안에서 차별을 발견했고, 차별을 계속 이어갔다는 것만 확인할 수 있을 뿐이다.

그러므로 한마디로 정리하자면, 이전에 (정당하건 부당하건) 차별이 있었다면, 기계는 이 차별을 학습할 거라는 사실이다.

데이터 부족으로 인한 차별

특정 그룹의 데이터가 부족하다 보니 차별이 빚어지는 경우도 있다. 앞서 영상인식(이미지인식)을 다루면서 이런 일에 대해 언급했었다. 영상인식 시스템으로 피부색이 서로 다른 사람들의 손과 얼굴을 인식하거나, 악성 흑색종과 무해한 반점을 구별하려면, 인종적으로 다양한 사람들에 대한 충분한 데이터가 필요하다. 음성인식 시스템도 악센트가 강한 사람들이나 사투리를 쓰는 사람들, 언어장애가 있는 사람들의 말을 표준적인 모국어 사용자들의 말만큼 잘 알아들으려면, 많은 사람들에 대한 인풋을 필요로 한다.[14] 사회언어학자 레이철 태트먼Rachael Tatman은 2016년 7월 자신의 블로그에 당시 최고의 음성인식 시스템이 남성이 발음한 단어들을 여성의 표현보다 통계적으로 더 잘 알아듣는다고 지적했다.[15] 그녀는 2017년에 그 실험을 반복했고, 이때는 더 이상 성별 관련 차이를 확인할 수 없었다.[16] 대신에 그녀는 새로운 실험에서 음성인식 시스템이 미국의 남부 주에 사는 주민들처럼 악센트가 강한 사람들의 발음을 알아듣는 수준은 좀 떨어진다는 것을 발견했다.

 음성인식 같은 건 일상에서는 그리 중요하지 않은 생소한 영역처럼 보일지도 모른다. 그러나 정보학자들은 불과 몇 년 사이에 음성 인터페이스가 자판이나 마우스보다 더 상용화될 것으로 보고 있다. 유튜브의 한 영상은 두 명의 스코틀랜드인이 미국식 영어를 인식하는 소프트웨어가 장착된 엘리베이터 안에서 돌아버릴 지경이 된 모습을 보여준다.[17] 이런 상황이 가상인 것만은 아니다. 호주에서는 특정한 노동비자를 신청할 때 신청자가 영어를 능숙하게 하는지를 음성인식으로 테스트한다. 그런데 아일랜드인이 이 머신에 영어를 잘한다는 걸 보여주는 데 실패한다![18] 아일랜드인이야 영어를 잘할 테지만, 이 머신이 아일랜드식 영어로 훈련되지 않았기 때문이다.

부족한 데이터는 왜곡될 수 있다. 캐럴라인 크리아도페레스Cariado-Perez는 여성에 대한 데이터 부족을 지적하는 책을 썼다. 또한 "머신러닝에서 차별적인 결과를 방지하기"라는 주제의 세계경제포럼 백서는 여러 연구를 요약해 개발도상국 주민들, 특히 여성들이 인터넷과 디지털 기기 접근율이 낮기 때문에 과소 대표되는 상황이라고 전한다.[19]

정리하자면 데이터에 포함되지 않은 집단의 특성은 머신러닝이 학습할 수 없다는 것이다.

민감한 정보를 누락시킴으로써 빚어지는 차별

그와 관련해서 흥미로운 건 머신이 민감한 특성을 대면하지 못하는 상태에서 두 인구집단의 행동에 차이가 날 때도, 차별적인 결정이 빚어질 수 있다는 사실이다. 어떻게 그렇게 되는지를 다시금 가상의 재범 데이터세트를 도구로 한 예를 통해 보여주도록 하겠다. 이 데이터세트는 전에 한 번 나온 것이므로 눈에 익을 것이다.

이런 데이터세트에서는 범죄자와 무고한 시민을 명백히 구분하게끔 분할선을 그을 수 없었다. 그러나 경우에 따라 남녀를 구분하면 그런 선

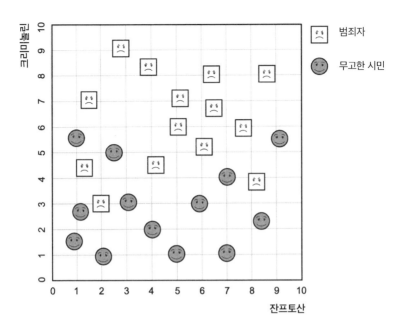

그림 35 가상의 원래 데이터세트.

을 그을 수 있다. 이를 위해 가상의 데이터세트를 남성 데이터와 여성 데이터로 나누어보겠다. 그러면 〈그림 36〉처럼 두 성에 대해 최적화된 분할선을 찾을 수 있다.

따라서 우리가 데이터를 나누어 각각 서포트 벡터 머신을 훈련시킨다면, 모두에게 최적의 결정을 내릴 수 있을 것이다. 반면 데이터를 합치면 이상적인 분할선을 찾는 것이 불가능해진다. 〈그림 37〉이 보여주는 것처럼 가장 오류가 적은 분할선을 그으면 남성들에게 불이익이 가게 된다.

즉 검은 대각선으로 된 분할선은 두 명의 무고한 남성을 재범자 측에 놓고, 재범을 저지른 두 여성을 무고한 시민 측에 놓게 된다는 것을 볼 수

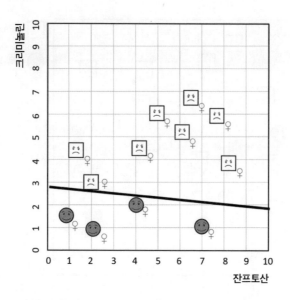

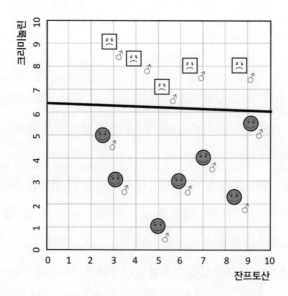

그림 36 이 데이터세트는 여성(위)과 남성(아래)을 구분한 것이다. 둘 모두에게 최적의 분할선이 있다.

　　　　　　　　　　　3부 기계와 더불어 더 나은 미래로 가는 길

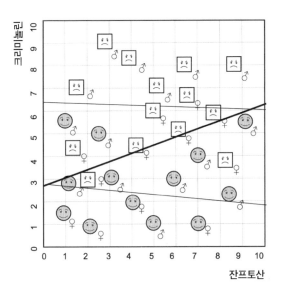

그림 37 위쪽과 아래쪽의 회색 분할선은 각각의 성에 대한 최적의 분할선이다. 검은 대각선은 두 성을 합친 트레이닝 데이터에서 최적의 분할선이다.

있다. 그로써 민감한 특성(성별)을 알고리즘에 알려주지 않았지만, 실제로는 이런 특성이 다른 행동을 야기할 때도 불이익이 빚어질 수 있다.

그러나 민감한 데이터가 들어 있을 때라도, 머신러닝의 모든 방법이 이를 활용할 수 있는 것은 아니다. 의사결정 나무는 그렇게 할 수 있지만, 서포트 벡터 머신의 경우 꼭 그럴 수 있는 건 아니다. 그러므로 방법 자체도 차별을 빚을 수 있다.

마지막으로 알고리즘 기반 의사결정 시스템이 계속해서 역동적으로 학습하는dynamic learning 가운데서도 차별이 빚어질 수 있음을 살펴보려고 한다.

역동적 학습을 통한 차별

2016년에 챗봇 '태이Tay'가 트위터에 발을 들였다. 태이는 사람들이 하는 이야기를 듣고 배워서, 트위터에서 사람들과 상호작용을 하면서 자기 발언도 하기로 되어 있었다. 태이의 트위터 계정 프로필사진은 젊은 여성의 모습이었는데, 디지털 출신임을 보여주기 위해 약간 픽셀 처리되어 있었다. 봇은 디지털 서비스에서 자율적으로 행동할 수 있는 소프트웨어를 말한다. 트위터에서 '하트'도 누르고, '리트윗'도 할 수 있고 자신의 트윗도 날린다.[20] 하지만 "여러분 안녕helloooooooo world!!!"이라고 반갑게 인사하며 트위터에 발을 디딘 태이는 잠시 후 2001년 9월 11일의 테러는 조지 W. 부시George W. Bush 미국 전 대통령이 일으킨 것이라고 말했다. 그 외에 인종차별적·성차별적 발언을 서슴지 않으며, 성소수자를 혐오하고, 히틀러Adolf Hitler가 옳았다는 발언도 했다.[21]

어떻게 이런 일이 일어날 수 있었을까? 그것은 봇이 다른 사용자들이 그에게 써 보낸 트윗을 보고 학습했기 때문이다. 일군의 선동꾼들이 짜고 태이에게 차별적이고 극단적인 발언들을 주입했고, 태이는 그런 발언들을 그대로 쏟아냈던 것이다. 정보학에서는 이런 일을 '쓰레기가 들어가면 쓰레기가 나온다'고 말한다.

기술자들이 태이가 그렇게 하는 걸 방지할 수는 없었을까? 이것은 흥미로운 질문이다. 물론 혐오적 표현을 블랙리스트로 돌리면서 몇몇 명백한 것들은 예방할 수 있을 것이다. 그렇게 어느 정도 모욕적이거나 위협적인 발언을 잡아낼 수 있을 것이다. 하지만 한편으로는 이렇게 텍스트를 자동으로 거르는 것은 빠르게 한계에 부딪힐 것이다. 사람들이 의도적으로 우회하는 표현을 쓴다면 말이다. 그런 일에서 인간의 창조성은 거의 인간의 트레이드마크라 할 수 있다.

자동필터가 있어도 거르기가 어렵다고 해서 이런 필터를 만들지 않아도 된다는 면죄부가 되는 것은 아니다. 그러나 필터가 완벽할 수는 없다는 뜻이기는 하다. 그러므로 머신이 어쩔 수 없이 저지르는 오류를 우리가 어떻게 할 것인가는—독자들도 이제 패턴을 알았겠지만—우선 사회적인 문제다. 오류를 너무 과하게 없애는 것이 나을까? 아니면 너무 적게 없애는 것이 나을까? 주제에 따라 다르게 평가할 수 있을까? 이것은 무엇보다 문화적 문제가 된다. 한스 블록Hans Block과 모리츠 리제비크Moritz Riesewieck의 다큐멘터리 영화 〈검열자들〉은 페이스북과 트위터 같은 회사들이 저임금국가 인력을 고용하여, 이런 결정을 내리도록 하는 것을 보여준다.[22] 우리가 그런 장면들로 놀라지 않도록 약 10만 명의 검열자cleaner들이 몇 시간씩 폭력과 굴욕적인 섹스, 소아성애 같은 장면을 들여다보아야 한다. 아마도 자동필터로 일단 사전작업이 이루어질 것이다. 그런 다음 검열자들이 보게 되는 것은 컴퓨터는 분별하기 힘든 경계선에 있는 것들일 것이다. 만약 가능했다면 대기업은 이미 오래전에 그런 작업을 자동화시켰을 게 틀림없다. 표현의 자유와 인권이라는 가치는 이곳에서 단순한 규칙으로는 해결할 수 없는 모순을 빚는다. 그리하여 완벽한 '업로드 필터upload filter'는 불가능하다는 이야기가 많이 들린다. 업로드 필터에 대해 현재 유럽에서 많은 토론이 이루어지고 있다.

한눈에 보기: 차별이 어떻게 컴퓨터로 들어가는가

따라서 책임성의 긴 사슬을 따라 알고리즘 기반의 훈련된 의사결정 시스템의 결정에서 차별이 빚어질 수 있는 가능성은 다음과 같다.[23]

- 차별이 데이터 안에 명시적 혹은 암시적으로 포함되어 있고, 알고리즘이 그와 상관되는 변수들을 확인하게 될 때
- 인구집단의 행동에 차이가 나는데, 이중 몇몇 혹은 많은 사람들에 대한 전체 데이터가 부족할 때
- 인구집단의 행동에 차이가 있는데, 알고리즘이나 머신러닝 휴리스틱에 민감한 정보가 누락될 때—따라서 모든 사람들에 대한 일부 데이터가 부족할 때.
- 인구집단의 행동에 차이가 있는데, 머신러닝 기법이 서로 다른 맥락을 구별할 수 없을 때
- 시스템이 '역동적으로' 학습을 하는데, 잘못된 학습이 이루어질 때. 여기서는 인풋 데이터를 통제하는 것이 중요하다.

따라서 대부분의 차별 문제는 데이터 상황과 연관되며, 어떤 경우는 기법도 그에 기여할 수 있다. 데이터는 처음에 면밀히 살펴볼 수 있다. 데이터에 이미 차별이 들어 있는가? 모든 중요한 인구집단의 데이터들이 충분히 존재하는가? 그러나 나중의 단계에서도 차별이 들어올 수 있으므로, 모든 경우 결과가 차별을 조장하고 있지는 않은지 점검이 이루어져야

한다. 그것은 이른바 블랙박스 기법으로 이루어진다.

차별분석을 위한 블랙박스 기법

아미트 다타Amit Datta, 마이클 C. 찬츠Michael C. Tschantz, 아누팜 다타 Anupam Datta는 2015년 구글 검색 시 뜨는 구인광고에 대한 연구 결과를 발표했다. 실험에서 그들은 가짜 계정들을 만들었다. 구글 계정에서는 보통 성별을 입력하게 되어 있는데 구글에 따르면 이것은 사용자 개개인에게 맞는 소식과 광고를 서비스하는 데 활용된다.[24] 세 정보학자는 계정의 일부는 남성으로, 일부는 여성으로 설정했고, 이 계정들로 인터넷서핑을 하게 했다. 가상의 웹서퍼들은 각각 같은 웹사이트를 방문했고, 그런다음 구직 플랫폼으로 옮겨갔으며, 마지막으로 한 온라인 매거진으로 넘어갔다. 그러고는 이 마지막 웹사이트에서 구글로부터 받은 모든 광고를 모아서 분석하면서, 남성 웹서퍼와 여성 웹서퍼가 종종 유의미하게 다른 광고를 받는지를 집중적으로 살폈다. 그런데 분석 결과 남성 웹서퍼에게 '급여가 더 높은 일자리와 연관되는' 광고들이 뜨는 빈도가 통계적으로 유의미하게 높은 것으로 나타났다.[25] 실제로는 이런 광고가 높은 보수를 받는 직업을 위한 코칭 광고일 뿐이라 해도, 이것은 남성 서퍼와 여성 서퍼를 차별대우한다는 것을 보여준다.

이런 연구는 전형적인 블랙박스 연구[프로그램상 허용되는 모든 경로를 직접 검사하는 화이트박스 기법과 달리, 소프트웨어 내부를 보지 않고 데이터 입력에 대한 결과만 보고 오류를 판단하는 기법—옮긴이다. 두 집단을 구분하는 변수는 단 하나, 구글 계정에 밝힌 성별이다. 나의 효모세포에서와 마찬가지로 두 그룹을 한 가지 특성으로만 구분하는 학문적 방법은 소프트웨어가 이 두 그룹을 차별대우하는가를 확인하게 해준다.

실제로 적잖이 복잡한 모든 소프트웨어에서 블랙박스 기법은 알고리즘의 일반적인 행동을 이해하기 위한 유일한 방법이다.

알고리즘이 각각 다르게 대우하는 그룹이 많지 않은 경우 블랙박스 분석을 실행하기가 비교적 쉽다. 다타, 찬츠, 다타는 남성과 여성이 어떻게 다른 대우를 받는지만 알고자 했다. 그래서 이 두 그룹으로 한 가지 실험만 하면 되었다. 여기서는 두 가지로 표현되는 한 가지 특성에만 관심이 있는 것이다.[26] 그러나 알고리즘이 두 표현형을 갖는 세 가지 서로 다른 특성으로 세분되면(가령 30세 이상/이하, 자차보유 유/무, 연봉 3만 달러 이상/이하) 이미 시뮬레이션해야 하는 그룹이 8개[2×2×2인 상황—옮긴이]가 된다. 이 8개 그룹이 이 세 가지 특성을 다양하게 결합해서 가지고 있는 것이다. 그리하여 이 예는 서비스의 개인화가 알고리즘의 일반적인 행동을 알아채는 걸 어렵게 만든다는 것을 보여준다. '개인화'라는 말은 알고리즘이 모든 사용자를 위해 약간 다른 서비스를 제공한다는 말이다. 독자들은 이를 소셜미디어에서 자신의 계정에 개인적으로 관심 있는 볼거리가 뜨는 것에서 알 수 있다. 서로 다른 두 계정의 경우 동일한 것이 거의 없고, 이로써 개인이나 사회는 금지된 차별을 점검하기가 어렵다. 구인광고가 원하든 원치 않든 특정 개인에게만 공개되고, 특정 집단은 여러 서비스에서 제외되는 일이 일어날 수 있지만, 이것이 비교적 적은 집단에 해당하는 경우 사회는 그런 차별을 신속하게 알아채기가 힘들다. 따라서 여기서는 블랙박스 접근도 한계에 부딪힌다.

그 밖에 블랙박스 분석으로 기계가 내리는 결정만을 연구하는 것은 충분하지 않다. 앞서 언급한 예에서 광고를 분배하는 알고리즘은 누가 무엇을 받을지를 결정한다. 그러나 머신이 결정한 뒤 이 결정을 해석하고 행동하는 담당자가 있다면, 이 부분에서 블랙박스 분석을 다시 한번 테스트해야 한다. 사회가 알고리즘 기반 의사결정 시스템의 결과로 무엇을 하느냐에 따라 과거의 차별이 지속될 수도 있고, 상쇄될 수도 있기 때문이다.

그리하여 미국 시민자유연맹은 공판 전 위험평가 시스템에 대한 의견을 바꾸었다. 2011년에는 이런 위험평가 시스템을 사전심리를 비롯해 곳곳에 도입하는 데 찬성했었는데 2018년에 이르자 다른 시민단체들과 더불어 그것의 폐기를 요구하고 나섰다. 이런 요구는 이 시스템이 원했던 것과는 달리 아프리카계 미국인들에 대한 차별을 줄이는 데 기여하지 못한다는 판단에 근거한 것이었다.[27] 전체 과정의 블랙박스 분석을 통해 선택한 수단이 목적을 실현하고 있지 못하다는, 즉 차별을 감소시키고 있지 못하다는 인식에 이르렀던 것이다.

하지만 중요한 문제는 어떤 사람에게는 정당한 균형으로 느껴지는 것이 또 다른 사람들에게는 불공정한 차별로 파악된다는 것이다. 이번 장 첫 부분의 전문조사위원회에서 연방의회의원이 위원회가 "이데올로기로부터 자유"로워야 한다고 요구했을 때, 문제는 바로 그것이었다.

정책적 부분에서 이데올로기로부터의 자유가 어떤 방향으로 가야 한다고 싸잡아

이야기할 수는 없다. 여기에서는 기본적으로 차별을 어떻게 **운영화**할 것인가, 즉 차별의 규모를 어떻게 숫자로 평가할 것인가가 문제다. 그런 다음 두 번째 단계로 확인된 차별이 부당한가 그렇지 않은가를 평가해야 한다. 누군가는 이데올로기에서 자유롭다고 느끼는 것을 또 다른 사람은 이데올로기적이라고 느낄 수도 있다. 게다가 이런 문제는 기계가 결정하는가 사람이 결정하는가와는 무관하다.

경찰의 체격조건에서 볼 수 있듯이 문제는 공정과 공평이다. 영어로 말하자면 equity 대 equality이다. 공평한 것은 빠듯한 자원을 균등하게 분배하는 것이다. '모두가 같은 것을 받는다.' 그러나 대부분의 자원은 목적에 기여한다. 그리고 모두가 자신에게 분배된 자원을 목적을 위해 동일하게 활용할 수 없는 게 현실이라면 그 분배는 불공정한 것이 된다. 예를 들어보겠다. 한 교사가 모든 학생들에게 관심을 나누어줄 수 있다. 그런데 어떤 학생은 교사의 도움이 거의 필요가 없고, 어떤 학생은 많은 도움을 필요로 한다. 그런데 모든 학생이 똑같은 관심을 받는다면, 학습의 성과는 불균등하게 분배된다. 그러므로 학습의 성과 즉 교육도 중요한 자원으로 본다면, 모두가 가능하면 이런 두 번째 자원을 많이 얻도록 하는 것이 공정한 것 아닐까. 그럼으로써 첫 번째 자원(관심)이 불균등하게 배분되는 것을 감수해야 하는 게 아닐까.

이것은 서로 다른 공정 개념에 대한 순수 학문적 논의만은 아니다. 이것은 기계가 결정하든 인간이 결정하든, 모든 결정과 관련된 중요한 문제다. 미국의 비영리 인터넷언론인 프로퍼블리카가 2016년 처음으로 재범 예측 소프트웨어 컴퍼스에 대한 소식을 전하면서, 이 알고리즘이 인종차별적이라고 지적했던[28] 이유는 바로 위양성에서 아프리카계 미국인이 차지하는 비율이 범죄자 중에서 그들이 점하는 비율보다 더 높았기 때문이었다. 아프리카계 미국인들이 다른 그룹보다 억울한 의심을 받는 경우가 많다는 의미다. 틀림없이 부당한 측면이다. 이에 대해 이 알고리즘을 개발한 노스포인트 사[29]는 자신들이 인종차별적인 소프트웨어를 개발했다는 주장을 반박했다. 여기서 무조건 공평성의 잣대를 들이대는 것은 그르다면서, 학계에서도 인정하듯 다른 잣대도 중요하다고 했다. 유의할 것은 같은 카테고리로 분류된 사람들은 같은 재범률을 보인다는 것이라고 말이다. 즉 카테고리 8에 속하는 사람의 재범률은 다른 모든 카테고리와 마찬가지로 그가 속한 카테고리의 재범률과 동일한 수준으로 보아야 한다는 것이다. 이 또한 의미 있는 요구다. 그렇지 않다면, 판사들은 같은 위험등급이라도 각각의 하위집단에 따라 위험률을 어떻게 평가할지 시시콜콜 따져보아야 할 것이기 때문이다. 그리하여 정보학자 존 클라인버그Jon Kleinberg는 센딜 물레이네이션Sendhil Mullainathan과 마니시 라거번Manish Raghavan과 함께 이 두 가지 공평성의 요구는 동시에 충족될 수 없는 것임을 보여주었다.[30] 이것은 어떤 공평성의 잣대를 최적으로 할지를 사회가 결정해야 한다는 의미다. 같은 카테고리는 동일한 위험을 의미해야 할까? 아니면 고위험 카테고리의 위양성 비율을 각각의 인구집단에 따라 동일하게 맞추어, 이런 부담(잘못 평가되는 사람들)이 고르게 분포되도록 해야 할까? 정말로 이 두 가지를 동시에 최적화하는 것은 불가능하다![31] 그러나 어떤 경우든 중대한 경우에는 공평성의 척도를 어떻게 놓을 것인가 하는 결정을 알고리즘 개발자들에게만 위임하지 않는 것이 현명할 것이다. 모두가 함께 책임을 지는 공적이고 투명한 결정이 이루어져야 한다.

공평성의 척도들이 서로 조화를 이룰 수 없는 경우 그 결과는 다음을 의미하는 것이기도 하다. 공평성의 잣대 하나를 선택해 그에 따라 알고리즘 기반 의사결정 시스템을 최적화시키는 경우, 다른 잣대에서 보면 늘 한 집단이 불이익을 당하게 된다. 언제나 그렇다. 모든 그룹을 모든 면에서 공평하게 대우하는 해법은 없다. 이것은 디지털상에서 이루어지는 결정의 특수성이 아니다. 각각의 집단이 어떤 행동을 서로 다른 비율로 할 때 모든 결정이 그러하며, 인간이 내리는 결정도 언제나 마찬가지다.

이제 이것이 인간 의사결정자들에게 어떤 의미를 갖는가? 의사결정자들은 교육받을 때부터 서로 다른 인구집단을 어떻게 취급할지를 토론해야 할 것이다. 모든 사람들에 대해 똑같은 잣대를 가져다댈 것인가? 예를들어 면접에 어떤 사람을 부를지 말지 하는 질문에서 모든 사람에게 똑같은 잣대를 들이댈 것인가? 아니면 어떤 집단은 면접에 불리기 위해 다른 집단보다 더 긍정적인 인상을 주어야 하는가? 같은 잣대를 들이대면 한 집단은 경험상 면접도 보지 못하고 탈락하는 경우가 많다면, 그래도 그렇게 해야 할까? 아니면 두 집단의 위양성률이 동일하도록 해야 할까? 지금까지 이것은 교육에서 전혀 고려되지 않았다. 그럼에도 그런 결정은 매일매일 내려진다.

공평성의 잣대에 대한 논의를 끝으로 기계실과는 안녕이다. 공평성의 잣대를 즉 허용되지 않은 차별이라는 사회적 개념을 측정할 수 있도록 만드는 운영화이다. 여타 운영화에서와 마찬가지로, 중대한 경우에는 이런 일들을 사회가 공유하고 투명하게 소통해야 한다. 그러나 확실한 것은 공평성의 기준에 대한 서로 다른 시각은 수학적으로 하나로 통일할 수 없다는 것이다.

알고스코프

이런 걸 알면 알고스코프가 어째서 알고리즘 기반의 의사결정 시스템 중 직접적으로 인간에 대해 결정을 내리거나, 인간의 사회적 참여를 결정하는 시스템에 포커스를 두는지 그 이유를 알 수 있다. 처음에는 알고리즘 기반의 의사결정 시스템 중 이런 부분에만 유독 기술적 감독이 필요하다는 말이 이해되지 않았을지도 모른다. 결국 기계실의 기술은 늘 똑같은 것이며, 기술은 그가 처리하는 데이터의 의미 같은 것은 알 바 아니기 때문이다.

이런 의사결정 시스템에 초점을 맞추는 이유는 한편으로는 인간과 관련한 데이터의 상황은 간단하지가 않기 때문이다. 그리고 다른 한편으로는 인간에 대한 결정인 경우 모델링과 운영화 결정이 훨씬 높은 빈도로 이루어지기 때문이다. 많은 결정이 이루어지다 보니, 이런 상황에서는 OMA 원칙을 점검하는 것이 더 어려워진다. 하지만 OMA 원칙을 무시하면 개인적·사회적 손실이 빚어질 가능성이 커진다.

어째서 제품 생산과정이 아니라 인간과 관련된 문제에서 모델링과 운영화 결정이 더 많이 내려지는지, 그리고 왜 더 투명성과 이해가능성comprehensibility이 더 많이 요구되는지를 책임성의 긴 사슬을 잠깐잠깐씩 살펴보면서 설명하도록 하겠다.

데이터: 인간과 관계된 데이터는 특히나 편향적이고, 불완전하고, 오류가 있는 경우가 많다. 사회적 개념을 디지털에서 다룰 수 있으려면 데이터의 일부를 운영화해야(측정가능하게 만들어야) 한다. 그런데 이런 운영화는 늘 특정 문화적 시각에 좌우되며, 그리하여 운영화해야 하는 사회적 개념의 한 가지 가능한 면만을 묘사하게 된다. 반면 생산과정 같은 경우는 인풋 데이터가 거의 완벽하고, 사회적 개념을 운영화할 필요도 없다.

방법: 대부분의 윤리적 가이드라인은 인간에 대한 결정이 윤리적으로 납득할 만한 것이 되게끔 하고자 한다.[32] 이런 요구는 사용할 수 있는 방법의 종류와 수를 대폭 제한한다. 특히 정말로 강력한 방법(가령 인공신경망)은 현재로서는 어떻게 그런 결정이 나오는지 이해가 가능하지 않다. 의사결정 나무 같은 다른 통계적 모델들은 어느 정도 이해할 수 있지만, 그 대신 정확성이 떨어지는 경우가 많다.

품질 척도: 제품 생산에서의 최적화처럼 순수 사업상 과정에서는 품질 척도가 처음부터 명확한 경우가 많다. 대부분은 이윤이 척도가 되고, 그렇지 않으면 확실히 검증가능한 제품 특성이 척도가 된다. 예를 들면 예전 폴크스바겐 CEO였던 빈터코른Martin Winterkorn은 자동차에서 차체를 이루는 부품들 사이의 틈새 척도를 설정하고 그에 맞추려고 애를 썼다. 그러나 인간에 대한 결정은 품질 척도를 정하기가 더 힘들다. 위양성, 위음성 결정의 결과는 종종 복잡하고 한 가지 수치로 간단히 개괄되지 않는다. 그래서 여기에서는—중요한 결정인 경우—사회적 합의가 필요하다. 훈련에서 어떤 품질 척도를 고려할지, 그 밖에 또 무엇을 고려할지 합의

해야 한다.

공평성 척도: 인간에 대한 결정이나 인간의 사회적 자원에의 접근에 대한 결정에서는 공평성과 공정성을 고려해야 한다. 단순히 물건에 대한 결정에는 이런 것이 필요 없다. 인간에게 영향을 미치지 않는 물건에 대해서는 모델링이나 운영화 결정을 할 필요가 없다.

해석: 인간에 대한 알고리즘 기반 의사결정 시스템에서 대부분의 결정은 현재와 미래의 행동에 관계된다. 이 사람이 근무에 적합한 자질이 있는가? 대출금 상환을 할까? 테러리스트일까? 여기서는 100퍼센트 옳은 결정규칙은 거의 존재하지 않는다. 그러므로 기계의 결정은 늘 통계적 특성을 띨 수밖에 없다. 어느 개인이 특정 행동을 할 위험성은 그와 비슷한 사람들 내지 그와 비슷한 행동을 보였던 사람들을 기준으로 표시된다. 그로써 인간행동의 리스크 예측은 힘든 것으로 악명이 높다. 기계가 누군가의 재범 위험값이 70퍼센트라고 말하면, 이것은 그가 어느 범행으로 인한 사회적 비용의 70퍼센트를 유발하고, 70퍼센트만큼 징역형을 살아야 한다는 뜻이 아니다. 인간은 범행을 저지르거나 저지르지 않거나 둘 중 하나다. 70퍼센트의 절도나 폭행은 없다. 그런 결과는 통계적 표현이다. '너와 비슷한 사람들의 70퍼센트가 범행을 저지른다'고 하는 것이다. 그 사람과 닮은 집단은 알고리즘이 정한다.

알고리즘 기반의 의사결정 시스템은 이런 알고리즘적 **연대책임**으로 개개인의 위험평가를 그룹의 위험률로 대신한다. 이로써 **알고리즘적으로 정당화되는 편견**이 생겨나는 것이다.

이렇듯 통계를 토대로 해도 어떤 것이 정당한 결정들인지는 알기가 쉽지 않다. 게르트 기거렌처Gerd Gigerenzer를 비롯한 여러 사람이 인간에 대한 통계적 수치를 해석하는 것이 얼마나 힘든지를 누누이 지적한 바 있다.[33]

행동: 알고리즘과 휴리스틱이 차별을 찾아내는 것은 기본적으로는 문제가 없다. 문제는 그것을 어떻게 취급할까이다. 발견한 상관관계를 계속해서 순진하게 활용하는 것은 차별을 더 강화시킬 수도 있고, 현 상태를 유지시킬 수도 있고, 심지어 차별을 상쇄시킬 수도 있다. 인간과 관계되지 않는 결정에서는 이런 걸 생각할 필요가 없다.

피드백: 인간과 관계된 사안에서는 예측과 뒤이어 이루어지는 결정이 당사자의 행동을 바꿀 수도 있다. 그래서 원래는 재범을 하지 않았을 사람인데, 잘못된 예측으로 말미암아 구금기간이 늘어나면, 삶의 상황이 더 악화되어 재범을 할 수도 있다. 그러면 일방적인 피드백이 발생한다. 이 사람이 오류로 인해 고위험 그룹에 분류되었다는 걸 알 수가 없기 때문이다. 일방적인 피드백만으로는 통계 모델이 역동적으로 개선될 수 없다. 일방적인 피드백 현상은 지원자 선발에서도 관찰할 수 있다. 면접에 불리지 않은 지원자들은 스스로 업무를 잘 해낼 수 있음을 증명할 길이 없다. 교육에의 접근도 마찬가지다. 입학을 거절당한 학생들은 그들이 학업을 잘 감당하고 졸업할 수 있다는 걸 보여줄 수 없다.

그러면 알고스코프는 어째서 학습하는 알고리즘 기반의 의사결정 시스템에만 집중할까? 사실을 저장하는 지식 시스템이나 전문가 시스템도 인공지능에 속하지 않는가? 전문가 시스템은 인간들이 구성한 의사결정 나무로서, 명확한 결정으로 끝난다. 인공지능이 전문가 시스템에서 인간이 만든 결정규칙을 기반으로 하면, 앞서 언급한 많은 사항은 별로 문제될 것이 없다. 이런 경우 품질 척도나 공평성 척도가 전문가 공동체에서 충분히 논의되어 명확한 결정을 내릴 수 있다. 이런 결정 시스템은 대부분 비전문가들도 이해할 수 있다. 해석의 여지가 없으며, 가능한 행동들이 정해져 있다. 그 규칙들은 이미 긴 피드백 순환사이클을 거쳤거나, 그런 과정이 필요 없을 정도로 아주 명백한 것들이다. 여기서도 중요한 것은 학습 요소를 가진 인공지능은 플랜 B일 따름이라는 것이다. 전문가 시스템을 구성할 수 있으면 마땅히 그렇게 해야 한다. 그러나 앞으로는 머신러닝을 활용해야 하는 경우가 더 늘어날 것이다. 정말로 흥미로운 상황들은 다르게는 해결할 수 없기 때문이다.

그러므로 알고스코프가 데이터를 통해 훈련된 통계 모델의 도움으로 인간에 대해, 혹은 인간의 사회적 자원에의 접근과 사회적 참여에 대해 결정하는 알고리즘 기반의 의사결정 시스템에 주의력을 집중하는 것은 당연한 일이다. 의사결정 시스템들이 이런 결정을 '인간의 뒷받침을 받으면서' 하는가, 자동으로 하는가는 부차적인 문제다.

이제까지 살펴본 논의들을 통해 확실한 것은 무엇보다 검증의 포커스는 지난 장에서 계속 언급한 개념인 '알고리즘 기반의 의사결정 시스템'에 있다는 것이다. 이것은 데이터, 통계 모델 구축과정, 모든 모델링 결정과 운영화 결정, 통계 모델 자체, 그리고 통계 모델을 도구로 결정을 내리는 알고리즘으로 이루어진다.

그렇다면 알고리즘 기반의 의사결정 시스템이 어떻게 윤리적이고 사회적으로 의미 있는 결정을 내리게끔 할 수 있을까? 그에 대해 다음 장에서 살펴보자.

9장

어떻게 감독할 수 있을까

알고리즘은 나와 관련해서는 속수무책인 경우가 때로 있다. 박사과정 초기에 나는 남성이 타깃인 광고들을 눈에 띄게 많이 받았다. 내가 검색엔진에 검색하는 사항들 때문에 알고리즘이 나를 남성으로 여겼던 것 같다. 어쨌든 그것은 알고리즘의 잘못된 결정이다. 그러나 그 때문에 곧장 규제와 감독의 필요성을 전폭적으로 외쳐야 할까? 알고리즘 기반의 의사결정 시스템을 언제 얼마나 강하게 감독할지를 누가, 어떤 기준으로 결정해야 할까?

연구에서 우리는 투명성 요구와 이해가능성 요구를 구분한다. 투명성은 내려지는 결정을 들여다보고자 하는 것이고, 이해가능성은 독립적인 전문가들이 의사결정 시스템의 결과와 행동을 점검할 수 있는 도구, 즉 메커니즘과 프로세스를 마련하고자 하는 것이다.

투명성 요구에는 기본적으로 여러 가지가 있다. 사회에 대해, 당사자들에 대해, 선발된 전문가그룹에 대해 충족되어야 하는 투명성이 있다. 선택된 품질 척도와 공평성 척도에 대한 투명성, 사용되는 인풋 데이터, 머신러닝 기법, 평가 프로세스에 대한 투명성, 그리고 결과에 대한 투명성이 그에 속한다.

앞에서 알고리즘 기반의 의사결정 시스템을 통해 빚어질 수 있는 차별을 살펴보며 언급한 바와 같이, 알고리즘 결정 시스템을 블랙박스 기법으로 연구할 수 있는 경우는 많은 문제를 검증할 수 있다. 가령 수백 개의 지원서를 조금씩 변화시켜 회사에 보냄으로써 그곳에서 사용하는 소프트웨어를 테스트할 수도 있을 것이다. 따라서 소프트웨어를 공개해 블랙박스 분석을 실행할 수 있도록 하는 것은 이해가능성 요구에 해당할 것이다. 모두가 이런 테스트를 실행할 수 있도록 할 필요는 없다. 그 정도로 많이 공개하면 종종 제3자가 시스템을 분석해서 추후에 그것을 조작할 수 있기 때문이다.

그러나 소수의 경우는 시스템을 블랙박스로서 테스트하는 것만으로는 충분하지 않다. 그러므로 중대한 경우는 예를 들면 데이터베이스와 학습하는 통계 모델을 더 검열할 수 있어야 할 것이다. 이것은 이런 통계 모델도 정보학적인 의미에서 '이해가능해야' 한다는 의미다. 이런 요구는 별것 아닌 듯 들리지만, 방법 선택을 상당히 제한해 머신러닝 기법 중 패턴을 찾는 것에 별로 능하지 않은 기법을 활용할 수밖에 없도록 한다. 마지막으로 그냥 금지해야 하는 아이디어들도 있다. 이제 무엇이 어디에 속하는지를 어떻게 알 수 있을까?

리스크 매트릭스

나는 지난 몇 년간 다섯 개의 상이한 감독 등급을 갖는 모델을 개발했다. 등급은 알고리즘 기반 의사결정 시스템이 유발하는 손해잠재력과 그 시스템을 통해 내려지는 결정을 의문시하고 변화시킬 수 있는 가능성을 기준으로 결정된다. 손해잠재력은 기계의 잘못된 판단으로 인한 개인적 손해와 의사결정 시스템을 투입함으로써 사회에 초래될 수 있는 손해로 이루어진다. 이것이 무슨 의미인지 곧 알게 될 것이다.

때로 이런 두 가지 손해는 파악이 어렵지 않다. 많은 온라인 시장 중 하나가 내게 XXXXL 사이즈의 깅엄체크 셔츠를 제안하면 나는 그냥 공급자를 갈아타면 된다. 대체 누가 그런 사이즈를 즐겨 입는단 말인가? 그러나 입사지원서가 거절당하는 경우는 좀 사정이 다르다! 여기서 작동하는 (그러나 완벽하지는 않은) 지원자 평가 시스템이 초래하는 손해는 개별적으로 오류가 있는 평가를 하는 데서 비롯된다. 이런 오류는 이로 인해 억울하게 채용기회를 잃는 개인에게 손해를 끼친다. 그리고 이런 개인을 어느 정도 경제적으로 도와야 하므로 국가도 손해를 보며, 잘못해서 그보다 능력이 떨어지거나 부적합한 지원자를 채용하게 되는 회사도 손해를 입는다. 특히나 그런 시스템이 광범위하게 사용되는 경우는 시스템상에서 차별이 발생하지는 않는지 잘 점검해야 한다. 그러나 이 경우 국가나 고용주 측의 손해는 개인들이 당하는 손해를 합친 것보다 크지 않다. 선형성을 초월하는super linear 부분은 없다. 나는 개인의 손해를 다 합친 것을 넘어서는 손해를 '선형성을 초월한다'고 부른다.

다음 두 가지 예는 다르다. 내게 필요 없는 콘텐츠를 제안하는 뉴스피드나 유튜브는 개인적인 유저로서의 내게 별로 많은 손해를 야기하지 않는다. 그러나 잘못 배포된 내용이 음모론일 경우, 사회 전체가 상당한 손해를 입을 수 있다. 따라서 여기서는 개인적인 손해는—부적절한 내용을 보면서 몇 분을 쓰는 것은—별로 크지 않지만, 전 사회적인 손해는 막대할 수 있다. 이에 대한 최신의 실례는 바로 예방접종 논쟁이다. 꽤 학구적으로 보이는 내용이 이런 논쟁을 부추겨, 예방접종의 실익을 의심하게 만든다. 그리하여 홍역 예방접종을 하지 않은 아이들이 늘어나면 실제 홍역에 걸림으로써 발생하는 손해가 증가한다. 이것은 선형적인 부분이다. 동시에 원래 건강이 좋지 않아서 예방접종을 할 수 없는 사람들마저 위험해진다. 이것은 손해의 선형성을 초월하는 부분이다. 마지막으로 학술활동 전반에 대한 신뢰가 줄어드는 일도 일어난다. 이런 손해는 마찬가지로 선형성을 초월하며, 학문적으로 팩트를 얻는 것과 이런 팩트를 점검하는 것 사이의 섬세한 균형을 뒤흔들어, 학문적으로 검증된 지식을 여러 '의견' 중 하나로만 여기게 할 수 있다.

마지막으로 감시소프트웨어의 손해잠재력은 더 크다. 감시소프트웨어는 한편으로는 위양성으로 낙인찍힌 개인들에게 상당한 손해를 미친다. 요주의 인물이 되기 때문이다. 그 밖에도 이런 소프트웨어가 범죄자들을 잘 인식하지 못하면 사회에 손해를 끼친다. 그러나 훨씬 문제가 되는 것은 사회를 계속 감시해 중요한 민주주의적 기본권을 침해함으로써 사회 전반적으로 손해를 미치는 것이다. 따라서 여기서는 개인적인 손해의 총액뿐 아니라 그것을 초월하는 사회적 손해도 크다. 다음 표는 이 네 가지 예를 정리한 것이다.

	개인적인 손해	
	작은	큰
개인적인 손해를 초월하는 전 사회적 손해 — 작은	온라인 플랫폼의 패션스타일 평가 오류	입사지원자에 대한 평가 오류
개인적인 손해를 초월하는 전 사회적 손해 — 큰	소셜미디어에서의 음모론 확산	공공장소에서의 감시소프트웨어

표 1 개인적인 손해와 그것을 초월하는 전 사회적 손해가 각각 크거나 작을 수 있음을 보여주는 알고리즘 기반 의사결정 시스템의 예

이런 손해잠재력 분석은 어쩔 수 없이 대략적이며, 또한 늘 최악의 경우에 대한 분석이다. 즉 생각할 수 있는 최악의 시나리오상의 손해에 관한 것이다. 그러나 경우를 막론하고 손해잠재력은 이런 의사결정 시스템이 사회과정에서 구체적으로 어떤 역할을 담당하는가에 좌우된다. 재범 예측 소프트웨어를 구금자들이 석방된 뒤 사회적응을 돕기 위한 치료 기회를 부여하는 데 활용하는 것과 판결을 위한 사전심리 차원에서 활용하는 것의 손해잠재력은 서로 다를 수밖에 없다.

따라서 손해잠재력은 알고리즘 기반의 의사결정 시스템이 얼마나 투명하고, 얼마나 강하게 감독되어야 하는가를 결정하는 첫 번째 차원이다. 이런 일을 결정하는 데 고려해야 하는 두 번째 중요한 특성은 한 개인이 그런 의사결정 시스템의 평가를 어느 정도로 벗어날 수 있는가, 2차 의견을 구하거나 또 다른 시스템으로 대체할 수 있는가다. 따라서 이것은 넓은 의미에서 독점의 문제다. 즉 평가를 확인하고, 반박하고, 재평가할 수

있는 가능성이 얼마나 있는가 하는 것이다. 그러므로 소프트웨어가 독점적으로 사용되는 경우는 비슷한 소프트웨어 여러 개가 존재하는 경우보다 훨씬 더 강하게 감독을 해야 한다. 그러나 국가 차원에서 활용되는 알고리즘 기반 의사결정 시스템에서처럼 어떤 소프트웨어가 독점적으로 활용되더라도, 아날로그적인 열람을 할 수 있고 이의제기를 할 수 있으며 시스템이 더 투명하고 공개되어 있을수록, 감독을 요하는 경우는 더 적어질 것이다. 따라서 이런 차원을 보면 오류가 있는 평가를 발견하고 이의를 제기하고 변화시키는 것이 얼마나 쉬운가를 가늠할 수 있다.

리스크 매트릭스에서 우리는 손해잠재력을 가로축으로 놓는다. 오른쪽으로 갈수록 손해잠재력이 큰 것이다. 세로축은 독점인가/이의제기를 할 수 있는가를 의미한다. 위쪽은 시장이 크고 항의 가능성이 많은 상황이고, 아래쪽으로 갈수록 시장이 작고 이의제기 가능성이 거의 없는 경우다. 그리하여 기술적으로 감독할 필요가 없는 시스템은 왼쪽 위에, 상당히 엄격한 감독을 요하는 시스템은 오른쪽 아래에 위치한다.

물론 알고리즘 기반 의사결정 시스템은 손해잠재력 외에 유익도 갖는다는 점을 언급해야 할 것이다. 기술적으로 필요한 감시의 정도를 물을 때는 유익은 일단 따지지 않지만, 그런 의사결정 시스템을 활용하는 것이 얼마만큼 유익이 있는지 분석하는 것은 그 유익이 기술적 감독에 필요한 노력과 비용을 상쇄하고 남는가 하는 판단에 도움을 줄 수 있다. 가령 독일의 모든 병원에서 활용되는 진단 시스템은 손해잠재력이 크고, 독점적으로 활용된다. 하지만 사회적으로 그에 필요한 기술적 감독 비용을 감수해야 할 정도로 전반적인 유익이 높다고 볼 수 있다.

리스크 매트릭스에는 다음 세 가지 트렌드가 있다.

- 알고리즘 기반의 의사결정 시스템이 국가적이면, 대안이 없는 한, 독점 척도에서는 아래쪽으로 이동한다. 항의 가능성이 많고 상의하고 상담할 수 있는 인간관계자가 많을수록, 소프트웨어시스템은 덜 독점적이다. 그러면 아날로그적 항의 가능성을 통해 평가를 개선할 수 있기 때문이다.
- 유저에 따라 서로 다른 결과를 보여주는 개인화된 서비스는 기본적으로 블랙박스 분석을 하기가 쉽지 않다. 그리하여 손해잠재력이 더 클 때가 많다. 그 시스템은 왼쪽에서 오른쪽으로 이동한다.
- 해당하는 사람이 더 많을수록 개인의 손해잠재력을 합한 크기가 더 커지고, 대개 전 사회적 손해잠재력도 커진다.

이 두 차원을―손해잠재력과 오류를 발견하고 이의를 제기하고 바꿀 수 있는 가능성―취하면, 알고리즘 기반 의사결정 시스템들을 2차원 매트릭스에 배치할 수 있다. 〈그림 38〉은 몇몇 시스템을 견본으로 배치한 결과다.

별로 문제가 없는 알고리즘 기반 의사결정 시스템의 예로는 일반적인 제품을 추천하는 시스템이나 제품에 대해 평가하는 소프트웨어를 들 수 있다. 가령 결함이 있는 나사를 컨베이어벨트에서 뱉어내는 소프트웨어 같은 것 말이다. 또한 여러 연방 주에서 시간 절약을 위해 이미 사용하고 있는 근로소득세 연말정산 자동화시스템의 경우 손해잠재력은 낮은 편이다. 하지만 아주 없지는 않다. 교활한 사기꾼이 시스템을 해킹해 알고

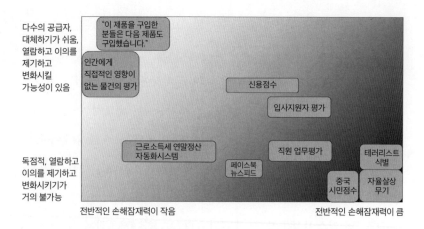

다수의 공급자,
대체하기가 쉬움,
열람하고 이의를
제기하고
변화시킬
가능성이 있음

"이 제품을 구입한
분들은 다음 제품도
구입했습니다."

인간에게
직접적인 영향이
없는 물건의 평가

신용점수

입사지원자 평가

근로소득세 연말정산
자동화시스템

직원 업무평가

테러리스트
식별

독점적, 열람하고
이의를 제기하고
변화시키기가
거의 불가능

페이스북
뉴스피드

중국
시민점수

자율살상
무기

전반적인 손해잠재력이 작음

전반적인 손해잠재력이 큼

그림 38 기술적 차원에서 필요한 감독을 판단하기 위한 리스크 매트릭스에 몇몇 알고리즘 기반 의사결정 시스템을 배치한 모습

리즘이 알아채지 못하게 숫자를 조작할 수도 있기 때문이다. 이런 문제는 알고리즘 기반 의사결정 시스템에서 종종 일어날 수 있다. 예전에 다수의 인간 의사결정자들이 활동했을 때는 그런 결정자 한 사람 한 사람을 염탐할 수 없었지만 이제는 한 사람의 해커가 시스템의 취약한 부분을 찾아낼 수 있다. 그러나 국가적인 독점에도 불구하고, 세무사에게 컨설팅을 받을 수도 있고 이의를 제기할 가능성도 있으므로, 이런 부분에서는 문제가 그리 크지는 않다.

내가 이보다 훨씬 더 좋지 않게 여기는 것은 친구들과 회사의 소식을 선택해 유저의 시작페이지에 올려주는 페이스북의 뉴스피드 알고리즘이다. 지난 몇 년간의 스캔들은 제3자가 거짓 정보나 음모론을 조작하여 올리는 것이 얼마나 손해를 초래할 수 있는지를 보여주었다. 그 밖에도 페이스북은 유저가 영향을 미칠 가능성이 거의 없다. 우리 학자들도 필터 버블filter bubble이나 에코 챔버echo chamber의 규모가 어느 정도인지 측정할 수 없다.[1] 그렇게 계속되는 한, 손해잠재력은 크고, 항의 가능성은 작아진다.

신용점수 시스템의 경우 전반적인 손해잠재력은 페이스북 뉴스피드 알고리즘 수준으로 보았다. 하지만 여기서는 은행도 여러 개고, 서로 다른 평가 시스템이 여럿 공존해 개별적인 의사 시스템은 페이스북 뉴스피드보다는 독점성이 낮으므로 매트릭스에서 더 위쪽으로 배치했다.

구직자와 피고용자를 평가하는 두 개의 시스템은 흥미롭다. 입사지원자들에 관한 한, 시장에는 여러 의사 시스템이 있고, 지원자가 여러 군데에 지원할 수도 있다. 반면 회사 내 업무평가의 경우 각각의 피고용자들은 또 다른 의견을 구하기가 힘든 형편이다. 그러므로 투명성과 검열 메커니즘이 따로 존재하지 않는 한, 이런 시스템은 리스크 매트릭스에서 더 아래쪽에 배치될 수밖에 없다.

마지막으로 세 가지 시스템은 서로 다른 이유에서 완전히 오른쪽 아래에 배치된다.

1) 자율살상무기Lethal Autonomous Weapons Systems(LAWS)는 오류가 빚어지는 경우 개인에게 막대한 손해를 유발하게 된다. 이 무기는 정체를 확인했다고 확신한 사람을 살상한다. 그런데 기계에게 유죄판결을 당한 사람은 기계의 결정을 열람할 수도, 이의를 제기할 수도 없다. 전체 사회적

으로 미칠 수 있는 파장도 법률가들 사이에서 토의되고 있다. 얼굴인식을 100퍼센트 완벽하게 할 수 없고 기술적인 이유에서 앞으로도 그렇게 할 수 없을 것이기에, 기계는 인식 결과가 '충분히 확실하다'고 판단되면 무기를 발사하게 된다. 그래서 경우에 따라 무고한 사람이 희생될 수도 있다. 그러므로 비상사태가 아니라면 이에 대한 법적 보호조치가 있어야 한다.

2) 테러리스트 식별 알고리즘은 다른 이유에서 오른쪽 아래 구석에 위치한다. 아주 강력한 이 머신러닝 기법은 데이터에 굶주리는 상태다. 실제로 최종 판결을 받은 테러리스트의 수는 정말 적다. 게다가 서로 다른 테러집단이 서로 다른 사람들을 유인하고, 각각의 문화권도 영향을 미친다는 걸 감안하면, 나라별로, 테러집단별로 따로따로 알고리즘의 학습이 이루어져야 할 텐데, 이렇게 되면 개별적인 경우의 데이터포인트 수가 정말 적어질 수밖에 없다. 그러므로 이런 머신러닝 기법은 직접적인 결정을 내리는 데 활용되면 안 되고, 참고 삼아 들여다보는 데만(데이터마이닝) 사용해야 할 것이다. 데이터가 너무 적은 한, 기술적인 이유에서라도 알고리즘 기반의 의사결정 시스템을 테러리스트를 식별하는 작업에 투입해서는 안 된다.

3) 이미 언급한 '중국 시민점수'는 중국 시민들에게 항상 그들의 행동에 대해 피드백하고 '좋은 행동'을 보상하기 위한 것이다. 그 결과는 굉장히 실제적이다. 점수가 낮은 주민은 급행열차에도 탑승하지 못하도록 되어 있다. 여기서 우려스러운 것은 이처럼 점수를 매기기 위해서는 주민들의 행동을 일일이 감시해야 하며, 이런 시스템 사용으로 국가와 국민 사이의 권력의 간극이 더 벌어질 수밖에 없다는 것이다. 무엇보다 '나쁜 시민들'

과 교류하는 것도 자신의 점수를 깎아먹기 때문에, 반정부 인사들의 사회적 고립은 더 심화될 수밖에 없다. 서구 민주주의의 시각에서 볼 때 이런 시스템의 손해잠재력은 전체적으로 너무나 커서 리스크 매트릭스의 오른쪽 구석에 배치했다.

다섯 가지 감독 등급

우리 카이저슬라우테른 공대의 알고리즘 어카운터빌리티 랩에서는 이런 리스크 매트릭스를 통해 알고리즘 기반의 의사결정 시스템을 다섯 가지 감독 등급으로 나누고 있다. 이 등급은 각각의 의사결정 시스템에 어떤 투명성과 이해가능성 요구를 제기할지를 정한다.

등급 0: 이에 속하는 알고리즘 기반 의사결정 시스템은 기술적 감독이 필요하지 않아 보일 정도로 손해잠재력이 작다. 의심스러운 경우는 추후 이 시스템이 차별이나 다른 손해를 야기하고 있지 않은지 검증할 수 있다. 일단 의심스러운 경우가 발생하면 손해잠재력은 커지고, 그 의사결정 시스템은 그로써 자동으로 더 높은 요구를 가진 등급으로 내려가게 된다.

등급 1: 이에 속하는 알고리즘 기반 의사결정 시스템의 손해잠재력은 그냥 넘길 수 없는 정도이다. 따라서 이 카테고리에 속하는 시스템은 지속적인 감시가 이루어져야 한다. 이를 위해 분석을 허락하는 인터페이스가 있어야 한다(이해가능성 요구). 그 밖에도 사회는 이런 시스템이 어떤 품질 척도로 훈련되는지, 어떤 머신러닝 기법이 활용되는지도 알아야 한다.

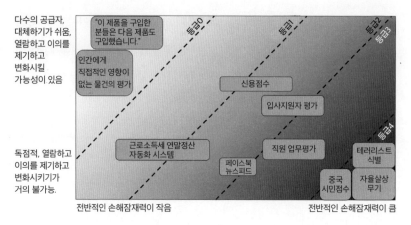

다수의 공급자, 대체하기가 쉬움, 열람하고 이의를 제기하고 변화시킬 가능성이 있음

"이 제품을 구입한 분들은 다음 제품도 구입했습니다."

인간에게 직접적인 영향이 없는 물건의 평가

신용점수

입사지원자 평가

등급 1

등급 2

등급 3

근로소득세 연말정산 자동화 시스템

페이스북 뉴스피드

직원 업무평가

테러리스트 식별

등급 4

독점적, 열람하고 이의를 제기하고 변화시키기가 거의 불가능.

중국 시민점수

자율살상 무기

전반적인 손해잠재력이 작음   전반적인 손해잠재력이 큼

그림 39 각각의 투명성과 이해가능성 요구에 따라 리스크 매트릭스를 다섯 등급으로 나누었다.

무엇보다 이 시스템이 사회과정에서 수행하는 역할을 이해하는 것이 필요하다. 이런 시스템의 결정에 인간의 뒷받침이 이루어지는가? 아니면 결정이 자동으로 이루어지는가? 이런 결정이 어떤 결과를 가져올까, 어떤 항의 가능성이 있을까? 마지막에 지적한 점들은 투명성 요구에 해당한다.

등급 2: 손해잠재력이 증가하고/증가하거나, 반박 가능성은 적은 경우다. 등급 1에 제기된 요구들 외에 여기서는 인풋 데이터를 더 정확히 아는 것이 필요하다(투명성 요구). 그 밖에 사회는 이런 시스템의 품질 평가를 자율적으로 점검할 수 있는 가능성을 확보해야 할 것이다(이해가능성 요구).

등급 3: 손해잠재력이 매우 큰 경우다. 어떤 특성이 어떤 결정으로 이어지는지를 평가하기 위해서는 결정 배후의 메커니즘을 직접 살펴보는 것이 필수적이다. 따라서 이런 카테고리의 알고리즘 기반 의사결정 시스템

은 찾아낸 결정규칙들을 검열할 수 있는 머신러닝 기법으로 훈련해야 한다. 그런데 이런 머신러닝 기법은 소수이고, 일반적으로 패턴을 찾는 데 취약하다. 그러므로 이런 요구는 커다란 제한을 받는다. 한편 이 등급의 알고리즘 기반 의사결정 시스템에 대해서는 인풋 데이터를 점검해 그 데이터에 차별이 들어 있지 않은지 등을 살펴보아야 한다.

등급 4: 이에 속하는 알고리즘 기반 의사결정 시스템은 손해잠재력이 너무 크거나, 여러 이유에서 법적 혹은 기술적으로 관철될 수 없으므로, 폐기되어야 한다.

다음의 〈그림 40〉은 투명성과 이해가능성을 정리해서 보여준다. 이것은 우리가 독일 소비자센터 연방연합에 넘긴 자료다.[2]

한편 경우에 따라 이런 요구를 누구를 대상으로 이행해야 할지를 결정해야 한다. 대부분은 일반적인 세상에 대해서일 것이다. 그러나 군사적으로 민감한 시스템의 경우는 민주적 정당성을 갖춘 독립적인 관계기관들에 대해서만 우선적으로 투명성 제고를 하는 방법도 생각할 수 있다.

여기에 소개한 우리의 감독 모델이 마이어쉐네베르거와 쿠키어가 요구한 알고리즘 검사를 대치할 수도 있을 것으로 보인다. 이 두 사람의 검사법은 '알고리즘'에 너무 치중되어 있다. 다섯 등급으로 나뉜 우리의 감독 모델은 여러 해 동안 알고리즘 기반의 의사결정 시스템을 디자인할 때 어디서 어떻게 오류가 발생할 수 있을지를 집중적으로 숙고한 끝에 탄생한 것이다.[3]

많은 토론에서 이 모델의 유용성이 입증되긴 했지만, 직접 활용할 수 있으려면 세부적으로 더 다듬어져야 할 것이다. 그러나 내가 알고 있는

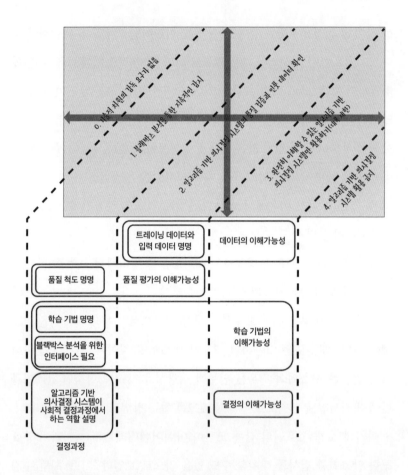

트레이닝 데이터와
입력 데이터 명명

데이터의 이해가능성

품질 척도 명명

품질 평가의 이해가능성

학습 기법 명명

학습 기법의
이해가능성

블랙박스 분석을 위한
인터페이스 필요

알고리즘 기반
의사결정 시스템이
사회적 결정과정에서
하는 역할 설명

결정의 이해가능성

결정과정

0. 기술적 차원의 감독 요구가 없음

1. 블랙박스 방식을 통한 지속적인 감지

2. 알고리즘 기반 의사결정 시스템과 품질 검증과 인풋 데이터 확인

3. 외부인 이해할 수 있는 알고리즘 기반 의사결정 시스템만 활용하기(대중 제한)

4. 알고리즘 기반 의사결정 시스템 활용 금지

그림 40 알고리즘 기반 의사결정 시스템에서의 투명성 및 이해가능성 요구.

모든 다른 모델과 달리, 이것은 처음으로 알고리즘 기반 의사결정 시스템에 대한 감독 요구를 차별화했다. 혁신을 가능하게 하고, 모든 아이디어를 싹부터 자르지 않으려면 이런 면이 중요하다. 이 모델은 또한 또 하나의 특성을 통해서도 혁신을 허락하는데, 그것은 소수의 사용자를 대상으

3부 기계와 더불어 더 나은 미래로 가는 길

로 새로운 시스템을 시험하기 시작하면 초기에는 해당하는 사람들이 적어서 손해잠재력이 그리 크지 않다는 점이다. 따라서 0등급에서 시험할 수 있다. 그러다 해당하는 사람들이 많아지면, 재분류를 할 수 있다. 나아가 시스템을 투입하는 사람들이 손해잠재력 분석이 이루어질 수 있도록 힘을 실어준다면 좋을 것이다. 회사가 자발적으로 그들의 시스템이 어떻게 기능하는지를 투명하게 만들수록, 문제가 어디에서 발생할 수 있는지가 명확해진다.

사회정보학자들이 필요한 이유

알고리즘 기반 의사결정 시스템이나 여타 소프트웨어의 전반적인 손해잠재력은 디지털 시스템과 개인, 관계기관, 사회 사이의 상호작용을 이른바 사회-기술 시스템으로 이해해야만 판단할 수 있는 성질의 것이다. 이것은 정보학에는 새로운 시각이다. 소프트웨어 디자인은 지금까지 무엇보다 이른바 '요구사항requirement'으로 정의되었다. 이것은 바로 '이해관계자stakeholder'들이 요구하는 기능을 의미한다. 그러나 오늘날 이것은 협소한 이해다. 가령 뭔가를 검색하려 할 때 경험하게 되는 검색어 자동완성 기능을 생각해보자. 이 기능에서 이해관계자는 클래식한 의미에서 검색엔진 회사와 사용자들이다. 이들의 요구는 다음과 같을 것이다. 검색어 자동완성 제안은 10분의 1초 만에 제시되어야 한다. 그리고 일곱 개가 넘어서는 안 된다. 그 이상으로 넘어가면 그 기능이 별 도움이 되지 않기 때문이다. 검색엔진 회사는 검색어 자동완성 소프트웨어로 인해 더 많은 고객이 자사 검색엔진을 활용하기를 바랄 것이다.

그러면 이제 소프트웨어 엔지니어들은 어떤 종류의 자동완성이 사용자들의 검색시간을 줄여줄 수 있을지를 모색할 것이다. 여기서 '오늘 많은 사람들이 검색했던 단어를 이 사용자도 검색하려 할 거야'라는 생각이 드는 건 당연한 일. 그런 다음 사용자가 검색엔진이 자동완성 제안한 검색어를 클릭하면, 이것은 성공으로 평가되고, 시스템은 계속 역동적으로 개선되어나간다. 그리하여 비슷한 것을 검색하는 다음 사람에게 이런 추천 검색어를 우선 제공하게 된다. 그렇게 긍정적인 피드백이 생겨나며, 지금까지 많은 사람이 검색한 단어가 자동완성으로 많은 사람에게 제시된다.

구글 검색어 완성 서비스도 초기에 이런 식으로 기능했다. 첫 번째 스캔들이 터질 때까지 말이다. 구글은 유저가 원래 검색하려던 단어가 아니라 엉뚱한 것을 '클릭'할 수도 있음을 미처 모델링에 고려하지 못했던 것이다. 2015년 여름, 독일 연방 수상 앙겔라 메르켈Angela Markel에 관해 검색하려던 내게도 그런 일이 발생했다. 내가 원래 무엇을 검색하려 했었는지는 기억이 나지 않는다. 하지만 구글이 검색어 완성 기능을 통해 내게 제시한 단어는 똑똑히 기억난다. 바로 '메르켈 임신'이었다. 메르켈이 임신했다고? 물론 말도 안 되는 일로 보였다. 메르켈은 당시 이미 60세가 넘은 상태였으니 말이다. 하지만 나는—많은 사용자들과 마찬가지로—호기심에 이끌렸다. 검색어 자동완성 시스템이 '메르켈 임신'이라는 검색어를 많은 사용자들이 클릭했음을 보여주고 있었기 때문이다. 이것은 빅데

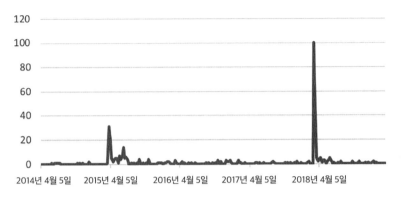

구글 트렌드, '메르켈 임신'이라는 검색어 클릭 추이

그림 41 '메르켈 임신'이라는 검색어에 대한 상대적인 관심 변화

이터 장에서 이미 소개한 서비스인 '구글 트렌드'도 증명해준다.

나는 그렇게 코미디언 얀 뵈메르만의 농담에 걸려들었던 것이다. 뵈메르만의 농담은 검색어 자동완성 알고리즘을 통해 널리 유포되었고, 그날 내가 메르켈의 무엇에 대해 검색하려 했는지와 상관없이(메르켈의 임신을 검색하려던 게 아니었음은 확실하다) 알고리즘의 유혹에 이끌려 '메르켈 임신'이라는 검색어를 클릭하는 순간, 나는 알고리즘에게 내가 찾고 있던 것이 바로 이것이었다고 '알리는' 꼴이 되었다. 이 검색어가 2018년 또다시 두 번째 정점을 찍은 것도 만우절 농담이 알고리즘 때문에 역동적으로 확산되다 보니 빚어진 일이었다. 이런 일은 메르켈에겐 정말 불쾌할 것이다. 나는 이 문제를 언급하기 위해 어떤 예를 들까 한참을 고민했다. 그러나 메르켈에 대한 농담은 다른 예에 비하면 덜 기분 나쁜 것이라는 생각이 들어 이 예를 골랐다. 더 난감한 결과를 초래하는 예도 많다. 가령 한 호텔이 이런 알고리즘 때문에 본 피해는 더 컸다. 그 호텔에서 수년 전에 일어난 살인사건 탓에 그 호텔을 검색하면 살인사건이라는 단어가 붙어 다녔고, 이런 검색어 자동완성 때문에 여성 여행자들이 그 호텔을 기피하는 일도 일어났다. 정치인들 역시 검색어 자동완성 기능 때문에 법적으로는 전혀 증명되지 않은 스캔들에 연루되곤 한다.

왜 이런 일이 일어나는 것일까? 한편으로는 알고리즘이 정보전달이라는 사회과정에서 수행하는 역할과 관련이 있다. 감정적이지 않은 주제에서는 이런 알고리즘이 탁월하게 기능한다. 뭐라고 검색해야 하는지 정확한 용어를 모를 때, 검색란에 대충 변죽만 울려도 검색어 자동완성 기능 덕분에 무사히 검색에 성공할 수 있다. 그리하여 해당하는 검색어 자동완성을 클릭하면, 자신이 바로 이런 검색어에 관심이 있었다고 믿을 만한 신호를 보낼 수 있다. 중요한 것은 검색어 자동완성이 뜨기 전에는 자신이 검색하려는 것이 무엇인지 정확한 용어를 몰랐다 해도 그 기능을 통해 바로 자신의 관심사를 검색할 수 있다는 것이다.

그러나 검색어 자동완성 기능이 오히려 조회수를 늘리기 위한 '미끼'와 비슷해지는 경우, 따라서 모두가 호기심이 있을 만한 스캔들 같은 단어인 경우, 자기실현 예언이 이루어지는 형국이 될 수 있다. 아무도 검색하려 하지 않았던 것이 인기 검색어로 등극하게 되는 것이다. 단지 그것이 검색어 자동완성 서비스를 통해 제안되었기 때문이다. 그리하여 기본적으로 완벽하게 기능하는 알고리즘이 특정한 사회적 상황에서는 나쁜 소문을 퍼 나르는 기능을 할 수 있다. 여기서는 아니 땐 굴뚝에도 연기가 날 수 있는 것이다.

그림 42 '예방접종은'이라는 검색어에 대한 구글의 자동완성 기능(2019년 4월 30일의 스크린샷)

이런 일은 '검색어의 중요성'을 직접적인 클릭횟수로 모델링하지 않으면 피할 수 있다. 따라서 중요한 것은 다시금 '운영화'이다!

요즘에도 검색어 자동완성 기능을 통해 원래는 찾을 생각이 없었던 '정보'들을 만나는 경우가 있다. 가령 2019년 4월에 '예방접종'에 대해 검색하는데, '예방접종은 좋다' '예방접종은 위험하다' '예방접종은 아이들에게 적절한 일'과 함께 '예방접종은 신성모독'이 자동완성으로 추천되었다. 그리고 '예방접종은 신체침해'라는 검색어에서는 〈타게스샤우〉[독일 공영방송 ARD의 뉴스 프로그램─옮긴이]와 로베르트코흐연구소, 《차이트ZEIT》지, 그 외 여러 신빙성 있는 출처의 예방접종을 주제로 한 동영상과 팩트들이 뜬다. 그러나 아홉 개의 검색결과 중 세 개가 예방접종 반대자들의 페이지(Impfkritik.de, impfen-nein-danke.de, zentrum-der-gesundheit.de)로 이어진다.

이런 예는 어느 소프트웨어의 전반적인 손해잠재력은 종종 전체 과정을 조망할 때에야 비로소 가늠할 수 있음을 다시 한번 보여준다. 소프트웨어와 그 영향을 법적·경제적·윤리적 측면에서 분석해야 한다.

그리하여 우리 카이저슬라우테른 공대에서는 전체에 대한 시각을 갖춘 사회정보학자 겸 소프트웨어 엔지니어를 길러내고자, 인간들의 상호작용을 이해하게끔 경제학·법학·윤리학·사회학·심리학 분야의 기초교육을 시키고 있다. 우리 졸업생들은 사회적 상호작용을 소프트웨어와 함께 모델링하고 예측하고자 하면서 게임이론·네트워크이론, 심지어 통계물리학을 활용하고 있다. 소프트웨어가 전체 사회에 미치는 영향을 분석하고 그것을 모델링에 고려하는 방법은 아직 걸음마 단계다. 그러나 모델링을 할 때 정보학자들은 반드시 전체 시스템을 염두에 두는 시각을 가져야 한다. 그러므로 사회 전반에 영향을 미치는 소프트웨어인 경우 설계팀에 사회정보학자를 한 명씩 배치해야 할 것이다. 물론 사회정보학자가 모든 것에 답을 줄 수는 없다. 그러나 어느 때 어떤 전문가가 필요한지는 판단할 수 있을 것이다. 이로써 '누가'에 대한 질문은 해결된다. 다음으로 '언제'라는 질문을 살펴보려 하는데, 그전에 일단 한 걸음 물러나 사람들이 기계가 인간에 대해 판단을 내리게끔 하려는 이유가 무엇인지를 짚고 넘어가고자 한다. 이것은 인간에 대한 여러 가지 생각, 그로써 인간이 어떻게 결정을 내리는가와 연관된다.

10장

기계가 인간을 판단하는 걸 누가 원할까

알고리즘 기반 의사결정 시스템은 기존의 사회과정을 개선할 목적으로 도입된다. 그 시스템이 의사결정을 하는 인간을 뒷받침하거나 아니면 대치하도록 말이다. 미국의 재범 예측 시스템이나 입사지원자 평가 시스템, 표적 인물을 확인한 다음 알아서 발사하는 자율살상무기도 거기에 속한다.

때로는 사회적 과정 자체가 알고리즘 의사결정 시스템을 필요로 한다. 결정이 필요한 사례가 너무 많아 인간들이 더 이상 의미 있게 결정할 수 없는 경우다. 디지털 영역의 모든 추천 시스템이나 '시민의 행동'을 평가하는 사회점수 같은 것이 그런 예다. 이런 것은 빅데이터 없이는 생각할 수 없는 결정이다. 따라서 이런 경우에는 기계의 결정을 대신할 것이 거의 없다.

이번 장에서는 법적 판결이나 회사 내에서 이루어지는 업무역량 평가, 교육, 신용평가 같은 사회과정에서 인간 결정자를 보조하거나 대신하는 알고리즘 기반 의사결정 시스템에 초점을 두고자 한다. 비용 효율성이 우선적인 관심사가 아니라, '더 객관적이고' '차별 없고' '더 나은' 결정을 원하는 경우, 이런 소망이 다양한 인간상과 연결되어 있음을 의식해야 하기 때문이다.

알고리즘 기반의 의사결정 시스템 활용 배후의 인간상

이런 의사결정 시스템을 활용하고자 하는 소망은 두 가지 인간상 중 하나에서 비롯된다. 이 두 가지 인간상 모두 세심하게 점검해보아야 할 것이다. 하나는 인간 결정자에 대한 것으로, 이 인간상은 인간은 결정에 별로 능하지 않다고 가정한다. 이런 인간상은 현재 상당히 많이 이야기되고 있어서, 마치 인간은 나쁜 결정밖에 내릴 수 없는 것 같은 느낌을 줄 정도다. 그러나 내가 살펴본 대부분의 경우, 알고리즘 기반 의사결정 시스템이 도입되기 전에 인간이 내린 결정이 얼마나 형편없었는지가 정말로 측정된 바는 없었다. 자동화된 의사결정 시스템이 사회과정을 정말로 개선했는가를 알려면 이를 제대로 평가할 필요가 있을 것이다. 개발 과정에서 품질 척도만을 정할 뿐 아니라, 또 다른 척도로 이것이 (인간이 결정하던 때와 비교하여) 바라던 개선 효과를 가져왔는지를 측정해야 한다는 뜻이다. 이미 언급했듯이 미국 시민자유연맹은 2018년 사전심리에 위험값을 평가하는 알고리즘을 활용하는 것과 관련해 긍정적 입장에서 부정적 입장으로 돌아선 바 있다. 전체 과정에서 기대하던 개선 효과를 확인할 수 없었기 때문이다.[1]

3부 기계와 더불어 더 나은 미래로 가는 길

두 번째 인간상은 어떤 인간의 미래 행동은 당사자의 과거 행동이나 다른 사람들의 과거 행동에서 유추할 수 있다고 본다. 이런 접근에는 세 가지 강한 가정이 깔려 있다. 이를 입사지원자 평가 시스템을 예로 살펴보자.

- 첫 번째 기본적인 가정은 어떤 사람은 오직 자신의 특성으로 인해, 즉 받은 교육과 성격을 토대로 어느 회사에 맞거나 안 맞거나 한다는 것이다 (특성에 기반한 행동).
- 첫 번째 가정은 두 번째 가정을 포함하는데, 즉 행동으로 이어지는 모든 기본적인 특성은 파악될 수 있고 파악된다는 것이다(모든 인과적 변수의 운영화가능성과 관찰가능성).
- 세 번째, 이 사람은 지금까지 그 회사에서 일해본 적이 없기 때문에, 비슷한 특성을 가진 사람들을 통해 그의 적합성을 예언할 수 있다는 것이다 (이전성trasferability). 알고리즘은 각각의 개인을 그에 대해 알고 있는 몇 안 되는 특성을 도구로 어느 그룹에 집어넣는다. 그리고 이렇게 알고리즘을 통해 분류된 그룹에는 연대책임 비슷한 것이 통한다. 그 안에 들어간 모든 사람에 대해 같은 예측이 이루어지기 때문이다.

이 세 가지 조건은 서로 독립적으로 옳거나 그를 수 있다. 하지만 나는 아직 이 세 가지 가정을 명시적으로 언급하거나, 통계 모델을 미래 행동 예측에 사용하기 전에 그 유효성을 점검해보기를 요구하는 책이나 교과서를 본 적이 없다. 그러나 그렇게 하는 것이 왜 중요할까?

타이타닉 승객들 데이터를 도구로 한 의사결정 나무가 기억나는가? 만

약 내가 기본적으로 '생존능력'이 승객들의 특성에 좌우된다고 가정해서 의사결정 나무를 구축했다고 상상해보라. 그리고 이렇게 학습된 의사결정 나무가 비슷한 재난상황에서 자원이 부족할 때 생존능력이 높은 사람들을 가장 먼저 구조하는 데 투입된다고 해보자. 그러면 '생존능력은 특성에 좌우된다'는 가정 외에 (앞의 입사지원자 평가 시스템상의 가정과 비슷하게) 기본적으로 이런 특성을 통해 누군가의 생존능력을 관찰할 수 있으며 (인과적 변수의 자유로운 관찰가능성), 이런 승객들의 특성이 다른 선박사고에서도 중요한 역할을 한다고도 가정하는 것이다(이전성).

이런 상상은 사실 정말 그로테스크한 것이다. 타이타닉호에서는 오히려 대부분의 사람들이 달리 생존할 방도가 없는 사람들에게 우선적으로 구명정을 제공했기 때문이다. 바로 이런 생각이 '여자와 아이 우선'이라는 원칙으로 이어졌다.

그러나 여기서 문제는 앞의 세 가지 가정이 입사지원자 평가 시스템에도 그대로 적용될 만큼 정말 맞는가 하는 것이다. 기본적으로 두 번째 가정이 맞지 않는 것으로 드러난다. '생존'이라는 행동에 대한, 즉 누군가 구명보트에 탔는가 못 탔는가에 대한 가장 중요한 하이퍼파라미터가 없기 때문이다. 이런 정보가 데이터세트에 포함된다면, 누가 살아남았는지 거의 100퍼센트 설명이 가능할 것이다. 따라서 기계는 가장 중요한 변수를 관찰할 수 없다. 이런 데이터를 근거로 기계학습이 이루어지면, 그 통계 모델은 어떤 특성들이 경향적으로 구명보트에 자리를 얻게끔 했는가는 보여주지만, 누가 '더 생존능력이 있는가'는 보여주지 못한다.

과거에 다른 구조대원들이 비슷한 사고에서 이 의사결정 나무의 지시대로 행동하여, 부족한 자원을 오로지 의사결정 나무에서 높은 생존능력을 증명하는 사람들에게만 집중했다면 정말 오싹한 일이었을 것이다. 그러면 통계 모델 사용을 통해 차별대우가 더 심화되었을 테니 말이다! 타이타닉에서의 생존과 같은 특이한 사례를 어떻게 '특성에 근거한 행동'으로 모델링할 수 있는지 고개를 젓게 된다.

그런데 범죄자의 재범 예측이나 피고용인의 업무능력 예측 같은 영역에서도 비슷한 문제가 있다. 이런 영역에서 머신러닝 기법의 투입은 인간 행동이—이 경우 재범이나 성공적인 업무에서—오로지 사람들의 측정가능한 특성에 좌우된다는 가정에서 출발한다. 그러나 어떤 사람이 석방된 뒤 만나게 되는 사회적 환경 또한 그가 재범을 할지에 영향을 미치는 게 아닐까? 계속해서 변화하는 사회적 환경을 특성변수(전과횟수, 나이)만큼 잘 관찰하고 운영화할 수 있을까?

늦게나마 이런 질문을 던지면 미래의 행동을 예측하고 측정하는 것이 그렇게 단순한 문제가 아님을 알 수 있다. 재범 위험을 높이는 요인들이 개인 속에 있는 것이 아닐 때, 개인에게 더 높은 재범 리스크를 부여하는 것이 옳은 일일까? 가령 어느 아이가 가난한 환경에서 자라고, 교육도 잘못 받고, 가정폭력에 노출되어 있었다면, 이런 '특성'들을 활용해도 되는지를 물어야 할 것이다. 가령 그 부모가 전과자라고 해서, 어느 개인에게 더 높은 위험값을 부여하는 것이 법철학적으로 합법적일까? 어떤 사회적 맥락에서는 그럴 수 있고, 다른 맥락에서는 그래서는 안 되는 것일까? 개인의 이런 특성들이 예측가능성을 대폭 개선한다면 어떻게 할 텐가? 그러면 이런 특성들을 활용해도 될까, 나아가 꼭 활용해야 하는 걸까?

여기서도 알고리즘 기반의 의사결정 시스템이 전체 과정에서 수행하는 역할에 대한 질문이 제기된다.

기계가 인간을 판단해도 될까?

기계가 내놓은 결과들을 해석하고 책임성의 긴 사슬에서 행동을 선택할 때에야 비로소 어떤 시스템이 사회적으로 어떤 유익이 있는지를 규정할 수 있다. 지난 장에서 나는 인풋 데이터에 이미 포함되어 있는 차별이 사회적 상황을 더 악화시킬 수 있음을 이야기했다. 열악하게 만들어진 지원자 평가 시스템, 이미지인식 혹은 음성인식, 구인광고의 분배 등. 그러나 이것은 어쩔 수 없이 받아들여야 하는 자연법칙이 아니다. 알고리즘이 대량의 데이터 안에서 부당한 차별을 발견하는 데 도움을 준다면, 그것을 활용할지 말지는 사회적 결정이다.

가령 오스트리아에서는 노동시장 서비스 AMS가 알고리즘 기반 의사결정 시스템 한 가지를 시험하고 있다. AMS는 노동청의 임무를 돕는 서비스기업이다. 줄여서 'AMS 알고리즘'이라고 불리는 의사결정 시스템은 실업자들을 세 카테고리로 분류한다. 1) 일자리로 신속하게 복귀할 가능성이 농후한 사람들, 2) 일자리 복귀 가능성이 정말 미미한 사람들, 3) 그 사이의 모든 이들, 이 세 카테고리다. 재교육 등의 빠듯한 자원들은 기본적으로 카테고리 3)에 속한 사람들에게 특히나 유익이 될 거라고 한다.

이런 분류에 활용되는 개인적인 특성은 성별, 연령, 국적, 교육, 건강상태, 경력, 지역 노동시장상황에 대한 의견이다.[2] 학습에는 통계 모델을 상대적으로 쉽게 해석할 수 있는 방법이 활용된다. 이른바 로지스틱 회귀분석logistic regression이라고 하는 것이다.[3] 이런 방법의 토대가 되는 휴리스틱은 존재하는 모든 특성에 가중치를 두어 품질 척도가 가능하면 최적이 되게끔 하는 것이다. 품질 척도로서는 다시금 정확성, 즉 모든 결정 중 올바른 결정이 차지하는 비율이 선택되었다. 휴리스틱이 어떤 특성에 부정적인 가중치를 두기로 결정하면, 그것은 데이터세트에서 해당 특성을 가진 많은 사람들은 신속한 재고용 확률이 낮음을 의미한다. 반면 긍정적인 가중치는 그 특성이 바람직함을 보여준다.

어쨌든 그 결과는 우울하다. 여성, 외국인, 노인, 장애인, 부양가족이 있는 사람은 다시금 취직하기가 더 어렵다는 결과다. 이 통계 모델에 따르면 두 아이를 기르며 3년째 일을 쉬고 있는 30세가 넘은 싱글맘은 건강에 문제가 있는 30세 이하 남성보다 더 취업이 힘들다. 이런 결과는 이미 차별적인 것일까? 차별이 빚어질 우려가 있으니 알고리즘 기반의 의사결정 시스템이 이런 특성을 알지 못하게 해야 할까?

일단, 이것은 현재의 노동시장 상황을 분석하는 소견이다. 따라서 중요한 것은 무엇보다 이런 분류가 어떤 결과를 초래하는가이다. 만약 알고리즘이 여성들을 주로 세 번째 카테고리로 분류하면, 여성들은 재교육에서 더 많은 뒷받침을 받게 될 것이다. 이 소프트웨어를 사용하는 오스트리아 노동청의 요하네스 코프Johannes Kopf는 알고리즘의 활용이 결국 더 차별 없고 균형 잡힌 기회부여로 이어질 것이라고 본다.[4]

AMS 알고리즘은—그 기능만 보면—우리의 리스크 매트릭스에서 등급 3에 속하는 시스템이다. 높은 손해잠재력에 독점적 위치를 점하고 있기 때문이다. 물론 실업자들은 다른 곳에서도 일자리를 구하려 애쓰거나 재교육을 받을 수 있을 것이다. 그러나 전반적으로 AMS의 독점적 지위는 상당히 높다. 마찬가지로 이를 통해 차별이 시스템적으로 더 강화될 경우 손해잠재력도 상당히 높다. 그에 따라 우리가 요구하는 투명성과 이해가능성 요구 또한 높아질 것이다.

그래서 이런 알고리즘에 대해 처음 들었을 때 나는 상당히 회의적이었다. 그러다가 미하엘 바그너핀터Michael Wagner-Pinter 교수의 지도하에 AMS 알고리즘을 개발한 사람들이 이 알고리즘을 일반적으로 이해하기 쉽도록 설명한 보고서에서 앞에 언급한 투명성과 이해가능성 요구를 거의 자발적으로 충족시키고 있음을 보았을 때 상당히 놀랐다.[5] 그러나 회의가 완전히 가시지 않았기에, 이 시스템 개발에 깔린 철학을 더 자세히 이해하기 위해 전화통화를 시도했다.

투명성을 위한 청사진

나와의 전화통화에서 바그너핀터 교수가 우선 자신의 주도로 개발된 AMS 분류 시스템의 기술을 설명하는 투로 보아 나는 그가 최근에 그런 설명을 자주 해왔음을 느꼈다. 아마 그동안 대화 상대방은 그들이 작성한 상세한 자료에는 눈길도 주지 않고 이런 전화에 임했으리라. 그리하여 바그너핀터 교수는 늘 그냥 의례적으로 틀에 박힌 설명을 해올 수밖에 없었을 것이다. 하지만 내 경우는 좀 달랐다. 나는 보고서를 최소 세 번은 연거푸 읽었으므로 나의 질문은 세 번 읽어도 여전히 이해하지 못한 몇몇 세부사항에 집중되었다. 실제로 보고서는 인풋 데이터와 인풋 데이터의 선정, 각 인풋 데이터의 유형[6], 그리고 선정한 머신러닝 기법에 대해 밝히고 있었다. 그 밖에도 이 시스템의 예측 능력이 얼마나 우수한지도 연구하고, 성별에 따라 구분해놓았다. 이 보고서는 시민으로서 이 시스템이 어떻게 기능하는지 알 수 있게끔 기술되었고, 전문가로서 이 시스템이 어떻게 구축되었는지를 어느 정도 이해할 수 있도록 쓰여 있었다. 그 밖에 두 통계 모델 중 하나의 수식을 제시하고, 그 작용도 설명하고 있었다. 그러나 로지스틱 회귀의 계수 하나가 내게는 수수께끼로 다가왔다. 수식에 따르면 지난 4년간 노동청에 자주 방문한 것이 머신에게는 이 사람이 다시 빠르게 취업할 수 있음을 보여주는 것으로 작용한다고 하는데, 이 점이 이해가 되지 않았다.

추측을 해보았지만 왜 그런지 알 수 없어서 나는 이렇게 물었다. "저기, 통계 모델이 노동청에 자주 드나드는 것을 긍정적으로 평가하던데. 노동청에 자주 왔다갔다하는 사람들은 주로 계절노동자들일텐데, 이 사람들이 어떻게 더 빠르게 취업을 할 수 있다는 거죠?" 그러자 바그너핀터는 웃으며 내 의문을 확인해주었다. "노동청에 자주 드나드는 사람들이 꼭 단순한 일용직 노동자는 아니에요. 전문인력들도 일시적으로 계절노동자로 일하다가 재취업하는 거랍니다. 농업, 여행업, 나아가 트랙터 제조업도 성수기가 따로 있다는 거 아시나요?" 그는 버터 발린 듯한 오스트리아 악센트로 그렇게 물었다. 나는 사실 그걸 몰랐다. 의문은 풀렸다! 직업소

개에서 진짜 문제아들은 노동청을 자주 드나드는 것과 함께 특유의 다른 행동을 보이는 걸로 알 수 있다고 했다. 그리하여 전화를 끊고 나서는 통계 모델에 관한 한 더 이상 질문할 것이 남아 있지 않았다.

그러나 바그너핀터는 또 다른 발언으로 나를 놀라게 했다. 그는 "우리의 목표는 분류를 통해 AMS 고객을 개별적으로 묘사하는 것이었습니다"라고 했다. 정말로? 단 22개의 변수로 어떻게 그럴 수가 있지? 나는 성급하게 고개를 설레설레 저었다. 어떤 것에 동의하지 않을 때 나는 그렇게 고개를 젓는 버릇이 있다. 전화통화라서 바그너핀터 교수가 보지 못했기에 망정이다. 그것은 정말로 섣부른 반응이었기 때문이다. "AMS 직원들은 그전에 실업상태로 있었던 기간이 얼마인지를 주로 봤어요. 물론 어떤 특성을 가진 사람이 빠르게 다시 재취업할지를 예측할 수는 없었죠." 그는 말했다.

실제로 이것은—기계가 인간에 대해 결정하는 것에 대한 모든 유보에도 불구하고—중요한 측면이다. 완벽하지는 않을지라도, 기계가 사회과정을 개선할 수 있다. 여기서 중요한 것은 그전에 사람들은 어떻게 결정을 내렸는가이다. 즉 인간 결정자들과의 비교가 중요하다. AMS 알고리즘은 이론상 8만 1,000개 그룹을 구분한다. 그중 실제로는 8,000개 그룹 정도가 충분히 많은 데이터포인트(즉 그에 속하는 사람 수)를 확신하고 있다. 그로써 머신은 인간보다 훨씬 세분화된 판단을 할 수 있다.[7] AMS 알고리즘은 여전히 '알고리즘으로 정의된 그룹'을 만들어내지만, AMS 직원들이 알고리즘 없이 하는 것보다는 훨씬 차별화된다.

전체적으로 볼 때 AMS 알고리즘에 대한 보고서는 아주 이상적이고,

국가적으로 활용되는 알고리즘 기반 의사결정 시스템에 청사진이 될 수 있을 거라는 생각이 든다. 인풋 데이터들은 상의해서 선택되고, 머신러닝 기법은 충분히 투명하다. 물론 모든 상세한 것이 담겨 있지는 않지만 말이다. 모델의 품질도 측정되었다. 물론 나는 여기서도 정확성 외에 몇몇 다른 정보도 원하긴 한다. 이 시스템이 등급 3에 속하는 것이기에 이런 품질 설명을 독립적인 전문가들이 검증할 필요도 있다고 생각된다. 외부의 이해가능성은 결여되어 있는 셈이니까.

그러나 바그너핀터는 그보다 낫다고 할 만한 것을 가지고 있다. 바로 사회적 수용성 규칙이다. 그는 그 말을 하면서 "알고 싶어요?"라고 물었고, 나는 "궁금해요"라고 대답했다. 정말이었다.

알고리즘에 기반한 의사결정 시스템을 활용하기 위한 사회적 수용성 규칙

바그너핀터는 알고리즘 기반 의사결정 시스템을 개발해달라는 문의들을 다 받아들이지는 않는다. 이 알고리즘이 인간 결정자에게 늘 2차 의견으로만 제공되며, 그 결과를 두고 인간 결정자와 결정 대상인 당사자가 대화를 통해 상의한다는 조건하에서만 일을 수주한다. 바그너핀터는 통계 모델이 인간들을 적절히 차별화하여 관찰할 수 있어야 한다는 점을 중시한다. 그런데 그러려면 훈련 데이터들이 많이 있어야 하고, 무엇보다 통계 모델의 수명을 역동적인 현실에 맞추어야 한다. 그리하여 AMS 시스템에서는 12개월에 한 번씩 각각 최신 데이터로 계산을 새로이 한다. 마지막으로 바그너핀터가 중요하게 생각하는 것은 시스템이 잊어버릴 수 있어야 한다는 것이다. "우리는 4년 전까지만 봐요. 사람들은 계속 발전할 권리가 있어야 하니까요!" 그는 덧붙였다.

그 회사가 스스로 부과한 이런 규칙과 또 다른 규칙들은[8] 공적으로 시급하게 토론되어야 할 것이다. 해당 규칙들이 인공지능을 바람직하게 활용하기 위한 중요한 토대로 보이기 때문이다.

그러나 중요한 규칙 하나가 빠져 있다. 이것은 개발자가 아니라, 의뢰자의 문제다. 바로 알고리즘을 활용하는 것이 실업자들에게 '더 효율적인' 도움을 제공할 수 있는지를 검증해야 한다는 것이다. 이것은 실제 세계에서의 장기간의 테스트가 필요하다. 두 번째로—앞에서도 언급했듯이—현재로서는 최소한 선정된 기관과 외부 전문가들이 이 시스템을 다루어볼 수 있게끔 하는 과정도 결여되어 있다.

이로써 우리는 또한 사람들의 재범 위험을 유년시절의 형편처럼 스스로 변화시킬 수 없는 특성들을 도구로 평가해야 하는가 하는 질문으로 돌아간다. 중요한 것은 알고리즘을 활용하는 맥락이다. 교육이나 상담 제공 여부가 문제인 경우는 형량을 확정하는 문제와는 다르게 평가될 수 있을 것이다.

한눈에 보기: 인간 대 기계

개인적으로는 인간이 다른 인간에 대해 결정을 해야 할 때 머신러닝 알고리즘이 얼마나 의미 있게 도울 수 있을지, 결정을 대신 떠맡는 것이 나은 경우가 얼마나 있을지 여전히 회의적이다. 나는 이런 접근을 뒷받침하는 인간상은 굉장히 과장되어 있다고 생각한다. 그로테스크하게 단순화된 호모 이코노미쿠스 모델과 비교하면 우리는 때로 비이성적으로 행동하는 것이 맞다. 그러나 우리의 결정이 이루어지는 부대조건을 고려하면 우리는 이성적으로 행동한다. 인간의 데이터 수용능력은 제한되어 있다. 에너지를 아껴야 하기에, 하루에 그다지 많은 결정을 내리지는 못한다. 그래서 예컨대 자동차를 살 때 모든 옵션을 다 훑지 않고, 일찌감치 한두 가지 정도로 선택사항을 좁힌다. 가능성을 그렇게 축소하는 것은 여러 상황에서 최적은 아니다. 그러므로 많은 데이터를 가지고 여러 상관관계를 임의로 탐색할 수 있고, 적은 상관관계를 가지고도 뭔가를 시작할 수 있는 기계의 도움을 받는 것은 잘못된 일이 아니다.

하지만 내가 이해할 수 없는 것은 어째서 인간들이 이 세상의 실험실에서는 비학문적으로 여기는 것을 기계에게는 허용하는가이다. 관찰을 통해 가설을 세우고는 이 가설을 테스트해보지도 않고, 곧바로 다른 상황을 판단하는 데 활용하도록 허락하고 있지 않은가. 이런 결정이 인간들에 대한 것이고 결정을 통해 인간의 삶에 대폭 변화를 초래할 수 있는 경우에는, 충분히 테스트하지 않고서 시스템에게 결정을 위임해서는 안 될 것이다. 개별적으로 작동하는 시스템뿐 아니라, 사회과정에 편입되어 그 과정을 개선한다고 하는 시스템도 마찬가지다.

자연과학자로서 나는 알고리즘을 활용하기 전에 기계가 발견한 상관성이 맞는지를 어째서 고전적인 실험으로 점검하지 않는지 그 이유가 잘 이해되지 않는다. 바그너핀터와 그의 동료들은 사회적 수용성의 원칙이라는 이름으로, 나중에 당사자도 알고리즘의 결과를 인과적으로 이해할 수 있는 변수만 활용하도록 했다. 처음부터 제한할 필요는 없다. 머신러닝 알고리즘을 데이터마이닝 차원에서 일단 활용해 예측되는 행동의 이유를 찾을 수 있을 것이다. 그러나 마지막에는 인과적인 연관이 자명한 변수만 통계 모델에 포함시켜야 할 것이다. 데이터마이닝의 도움으로 어떤 행동에 대한 놀랍도록 새로운 원인을 발견하게 되면, 이런 새로운 인식으로 인간 결정자들을 교육시켜 더 좋은 결정을 하도록 할 수도 있다. 그리고 인간 결정자가 인과적 고리를 알면, 더 이상 학습하는 통계 모델을 사용할 필요가 없다. 그런 인식을 결정원칙으로서, 인간이 읽을 수 있는 형태로 저장하면 된다.

나는 독자들에게 또한 알고리즘 기반의 의사결정 시스템이 초래할 수 있는 전 사회적인 손해를 평가해야 하는 때가 언제인지 가늠하게끔 돕겠다고 약속했다. 앞에서 이미 언급했듯이 알고스코프가 확인하는 시스템들만이 문제다. 결정의 영향을 받는 당사자들이 많고 독점적 지위를 가질 것이 예측된다면, 처음부터 손해잠재력을 분석할 필요가 있다. 따라서 이것은 알고리즘 기반의 의사결정 시스템을 국가적으로 사용하는 모든 경우에 해당된다. 모든 범죄 프로파일링 시스템은 물론, 그보다 약화된 형태로서 입사지원자 평가 시스템도 마찬가지다. 대규모 온라인 플랫폼의 알고리즘 기반 의사결정 시스템도 이에 해당한다. 영향을 미치는 범위가 넓고, 그 서비스가 종종 굉장히 독점적인 지위를 누리기 때문이다. 또한 인간의 기본권이 위험해질 수 있는 경우에는 영향을 받는 당사자 수가 적다 해도

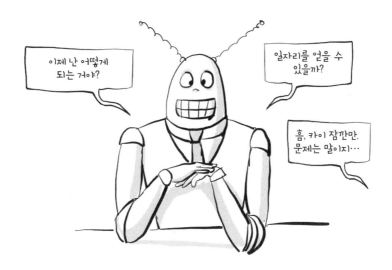

손해잠재력 분석이 필요하다. 그 밖에 모든 다른 시스템은 일단 등급 0에서 시작하고, 처음으로 의심되는 순간이 있을 때 손해잠재력 분석을 실행하면 된다. 이를 위해 해당 불편들을 다룰 수 있는 중앙 신고센터 같은 것이 필요할 것이다. 그 밖에 오늘날에도 이미 사회과정에 동반하며 알고리즘 기반 의사결정 시스템의 영향을 통제하는 기존의 기관들도 강화되어야 한다. 노사협의회, 소비자보호센터, 언론협회, 법원, 비영리단체 등은 앞으로 소프트웨어와 특히 인공지능이 우리 사회에 미치는 영향들을 평가하기 위해 별도로 데이터과학자와 사회정보학자들을 고용해야 할 것이다.

이제 우리가 모든 것을 살펴보았으니, 잠시 더 카이에 대해 이야기를 하고자 한다. 카이는 자신이 어떻게 될지 궁금해하기 때문이다.

11장
강한 인공지능은 필요할까

카이는 이 책이 진행되는 동안 '강한 인공지능'의 상징으로서 함께했다. 거의 모든 점에서 인간의 능력에 도달했거나 인간의 능력을 능가하는 소프트웨어를 강한 인공지능이라고 부른다. 이것은 스스로 문제를 찾아 체계적으로 해법을 모색하는 소프트웨어다. 반면 약한 인공지능은 개별적인 과제를 해결한다. 앞에서도 언급했듯이 체스를 두거나, 이미지를 인식하거나, 음성을 텍스트로 변환하는 시스템이다. 따라서 지금 우리가 대하는 것은 모두 약한 인공지능이다. 나의 동료 플로리안 갈비츠는 '진짜 인공지능인가 아닌가'를 어떻게 알 수 있는지를 다음과 같은 그림으로 표현했다.

나의 동료 한나 바스트는 조사위원회에서 이렇게 덧붙였다. "실제로 우리는 이제야 비로소 극도로 약한 인공지능에서 아주 약한 인공지능으로 왔다." 위르겐 고이터Jürgen Geuter는 오늘날 우리가 보는 인공지능에 대해 이렇게 말했다. "결국 인공지능은 존재하지 않는다. 인공지능이 조만간 존재할 수 있는 것도 아니다. 잘 작동하는 통계시스템은 존재한다. 매력적인 이름을 내세워 이런 시스템에 뭔가 마법 같은 것이 있는 것처럼 이야기되지만, 인공지능이라는 건 단지 홍보용어일 따름이다."[1]

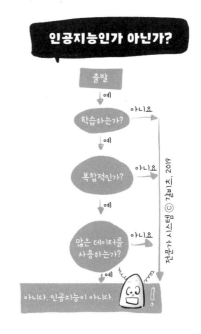

이 세 사람이 하는 이야기는 기본적으로 동일하다. 우리가 현재 보고 있는 것은 잘못 불리고 있다는 것. 제대로 된 인공지능이 아니라는 것. 지적이지 않다는 것.

그렇다고 강한 인공지능이 존재할 수 없을 것이라는 이야기는 아니다. 실제로 많은 사람들이 강한 인공지능이 존재하는 건 단지 시간문제라고 본다.

강한 인공지능을 위한 논지들

그들 중 한 사람이 바로 독일의 컴퓨터과학자이자 머신러닝의 대부라 불리는 위르겐 슈미트후버Jürgen Schmidhuber다. 강한 인공지능은 최적화 목

극도로 약한 인공지능　　　아주 약한 인공지능　　　약한 인공지능　　　강한 인공지능

표가 있는 평가 기능을 필요로 한다. 이런 목표를 통해 그들은 자기 행동의 성공을 측정한다. 머신러닝에게 품질 척도처럼, 이 최적화 목표가 그들의 발전이 지향하는 나침반이다. 슈미트후버는 자신의 로봇들에게 평가 기능으로서 그가 '인공적 호기심'이라 부르는 것을 부여한다. 이를 위해 그는 두 개의 학습 시스템을 활용한다. 하나는 세상을 예측하고자 하는 것(세계 모델)이고, 하나는 세계 모델을 도구로 최적화 기능을 개선하는 행동 시퀀스를 개발하려는 것이다. 이 두 번째 시스템을 '디자이너Gestalt-er'라 칭한다. 디자이너는 새로운 것을 발견하여 세계 모델을 놀라게 하면 보상을 받는다. 새로운 패턴이 기존의 모델을 단순화하는 결과를 낳으면 말이다.[2] 이것은 예를 들면 기존의 개별적인 경우들을 통합하는 새로운 개념을 도입하는 것일 수도 있다.

슈미트후버는 강한 인공지능이 나타날 것이며, 10년이 못 되어 그의 실험실에 꼬리감는원숭이 정도의 지능을 가진 로봇이 있게 될 거라고 확신한다.[3] 이에 대해 그는 별로 걱정하지 않는다. 이를 단순히 자연스러운 진화의 일부로 여기기 때문이다. 그는 강한 인공지능은 자신의 지속적인 개발에 필요한 자원을 얻기 위해 빠르게 우주로 뻗어나갈 것이라면서, 인류에게 위험을 초래하지 않는다고 말한다.

앞으로 강한 인공지능이 있게 될지 아닐지에 대해 학계 전반의 의견은 분분하다. 가장 흔히 제기되는 논지는 실리콘밸리의 많은 사람들이 받아들이는 자연과학적-무신론적 물질주의 관점에서 나온다.[4] 그에 따르면 지구상의 모든 것은 물질로 이루어져 있다. 영도, 정신도, 의욕도, 의식도 물질과 분리되지 않는다. 이런 시각에서 보면 영혼이나 의식 같은 것은 신경과 뇌구조, 또한 나머지 신체의 복합성을 토대로 시스템에서 예기치 않게 창출되는emergent[5] 것일 따름이다. 이런 발언을 반박하기 위한 실험은 없다. 의식을 구성하고자 하는 시도만이 이런 발언을 확인해줄 수 있을 것이다. 이런 시도의 목표는 부분적으로 종교적이다. 무엇보다 예전의 코페르니쿠스, 다윈, 프로이트의 인식과 마찬가지로 신의 부재를 증명하는 또 하나의 요인이 될 수 있기 때문이다.[6] 앤터니 개릿 리시Antony Garrett Lisi 같은 사람들은 심지어 로봇이 "기계 지배자"가 되어 우리를 지배할 거라고 보며[7] 로봇공학자 앤서니 레반도스키Anthony Levandowski는 이런 경우를 대비해 선제적으로 '미래의 길Way of the Future'이라는 종교단체를 설립했다. 파트리크 보이트Patrick Beuth가 《차이트》지에 기고한 기사에 따르면 이 종교단체는 "인공지능에 기초하여 하드웨어와 소프트웨어로 이루어진 신성을 실현하고 받아들이고 경배"하고자 한다.[8] 이것이 풍자이자 패러디인지는—인터넷에서 늘 그렇듯이—말하기 힘들다.

슈미트후버와 레반도스키는 강한 인공지능이 도래할 거라는 데 의견을 같이한다. 슈미트후버는 자신이 강한 인공지능을 연구하는 것을 두 가지 논지로 변호한다.[9] 첫 번째 논지는 어떤 연구가 나중에 좋은 것으로 입증될지 스스로 선택하지 않겠다는 것이다. 그 예로 그는 인공비료를 든다. 인공비료는 지구상에서 인구가 폭발적으로 증가하는 데 기여했다. 그러나 우리는 이것이 지구에 부작용도 초래하고 있음을 알고 있다. 발명이 긍정적인지 부정적인지 평가하기 힘든 전형적인 예다. 두 번째로 슈미트후버에 따르면 발전은 저지할 수 없다. 오늘날 많은 사람들이 인공지능에 매혹되어 있기에, 어느 날엔가는 누군가가 "퍼즐조각들을 맞추게 되어 있다. 그러므로 '그것을 지금 멈추자'라고 말하는 건 불가능하다".[10]

이제 첫째로, 강한 인공지능이 존재하게 될 것인가 하는 질문과 관련해서는 사실 대답이 별로 중요하지 않다고 말할 수밖에 없다. 중요한 것은 그것이 존재해야 하는가이다. 그에 관해 토론을 해야 한다. 그 점에서 나는 슈미트후버와는 의견이 다르다.

둘째, 기회보다는 위험이 더 많아서 인류가 모두 그것을 개발하지 말아야 한다고, 이미 존재하는 경우는 사용하지 말아야 한다고 의견을 모은 것들이 있다.

셋째, 그럼에도 어디선가 누군가가 뭔가를 개발하는 것을 완전히 막을 수는 없다. 심지어 인공지능이라는 주제는 화학무기나 핵물질보다 더 어려울 듯하다. 그러나 강한 인공지능의 개발을 저지하는 일을 멈춰서는 안

될 것이다. 내가 보기에는 강한 인공지능을 개발하지 말아야 할 설득력있는 이유들이 있기 때문이다. 첫 번째 문제는 중대한 부작용이 없는 최적화 평가 기능을 찾기가 힘들다는 것이다.

문제성 있는 최적화 기능

전속력 후진을 학습한 우스운 청소로봇 '펜턴'을 기억하는가? 펜턴이 뒤로 질주한 건 '최적화 기능'이 펜턴이 몸체 곳곳에 충돌센서를 가지고 있을 거라고 그릇된 가정을 했기 때문이었다. 이런 이야기는 드물지 않고, 대부분 상당히 우습다. 크리스틴 배런Christine Barron은 자신의 블로그에 컴퓨터 시뮬레이션에서 봇에게 팬케이크 뒤집는 법을 가르쳤던 이야기를 소개한다.[11] 첫 번째 시도에서 최적화 기능은 팬케이크가 바닥에 착지할 때까지 걸리는 시간단위 수에 보상을 주었다.

그리하여 봇은 팬케이크를 가능하면 멀리, 그리고 높이 던져서 비행시간을 늘리는 걸 배웠다. 하지만 그러다 보니 목표 지점에서 자꾸만 어긋났다. 이후 크리스틴은 계속해서 최적화 기능을 변화시켜, 봇이 스스로 직관에 따라 하게끔 하는 데까지 이르렀다. 가상의 세계에 머무르는 한, 모든 것은 간단하기만 하다.

인터넷에서는 머신러닝 영역에서 의도는 좋았지만 유감스럽게도 원하는 상태에는 도달하지 못했던 최적화 기능에 대한 예들이 있다.[12] 우리 정보학자들은 이런 교훈을 신속하고 꼼꼼히 배운다. 컴퓨터는 늘 우리가 그에게 시킨 것만 정확히 한다. 내가 내린 지시를 그대로 따르는 대상이 하나쯤 있다는 것은 상당히 만족스러운 경험이다. 그 밖에는 아무도 내 말을 듣지 않는 판국이니 말이다(가족들을 생각해보라). 그러나 프로그래밍은 대부분 스스로를 겸손하게 만드는 경험이다. 늘 또다시 뭔가를 간과했음을 알게 되기 때문이다.

지금까지 내가 예로 든 것들은 재미있는 축에 속한다. 집 안의 물건들에 충돌하는 로봇청소기와 날아가는 팬케이크는 손해잠재력이 그리 크지 않다. 그러나 2019년 4월, 알고리즘이 가짜 뉴스나 음모론이 담긴 동영상들을 퍼 나르는 것이 유튜브의 최적화 기능 때문이라고 한 유튜브 직원들의 발언은 더 이상 우습지 않다.[13] 미국의 미디어그룹인 블룸버그통신은 유튜브의 전·현직 직원 20여 명과 인터뷰를 했는데, 이 직원들의 발언에 따르면 유튜브가 동영상의 '유독성'을 측정하고 이를 표시하거나 더 이상 추천하지 않게끔 하는 여러 가지 아이디어를 개발했지만, 유튜브 수뇌부는 이런 아이디어들을 적용해 유해 동영상을 차단하기보다는, 유튜브 스스로 정한 목표를 늘 의식하게끔 했다고 전했다. 그 목표는 바로 사용자들이 하루에 최소 10억 시간 이상 유튜브 동영상을 보도록 하는 것이다.[14] 이 목표는 2016년에 달성되었다.

존 도어John Doerr의 책《OKR—전설적인 벤처투자자가 구글에 전해준 성공 방식Measure what Matters》에서 유튜브 수뇌부는 그런 목표 배후의 논리를 정확히 다음과 같이 이야기한다. "연산력이 거의 무한한 세계에서 '정말로 귀중한 자원은 바로 사람들의 주의력'이다. 사용자들이 그들의 귀중한 시간을 더 많이 유튜브의 동영상을 보면서 보내게 하려면, 그런 동

영상을 보며 마땅히 더 즐거워야 한다. 이것은 긍정적인 피드백의 순환이다. 더 만족스러운 시청자들(모니터 앞에서 보내는 시간)은 더 많은 광고를 만들어내고, 이것은 동영상 제작자에 대한 매력을 높여, 다시금 더 많은 시청자를 확보하게 한다."[15]

　이미 몇몇 저자들은 '중독되게 만드는 기술addictive technology'이라는 개념으로, 이런 식의 생각이 훨씬 더 많은 사람들로 하여금 원래 의도했던 것보다 훨씬 더 많은 시간을 기술과 더불어 보내게 한다는 것을 상세히 논한 바 있다.[16] 이른바 예방접종의 부작용이나 음모론, 또는 앙겔라 메르켈이 히틀러의 딸이라는[17] 비현실적 생각처럼, '실상을 깨우쳐준다는' 동영상들은 사용자들을 특히나 오래 모니터 앞에 붙어 있게 만들기에, 동영상을 보는 시간을 늘리려는 최적화 목표는 더 많은 유해 동영상이 인기를 끌게끔 할 수 있다.

그 밖에 정말 어마어마하게 많은 예들이, 의도는 좋았지만 충분히 숙고하지 못했다거나, 일방적으로 만들어진 최적화 기능이 중대한 부작용을 빚는 것을 보여준다. 그러나 강한 인공지능은 자신의 행동을 평가하는 '마스터-최적화 기능'을 활용하지 않을 수 없다.[18] 그렇다면 우리가 강한 인공지능이 바람직하게 행동할 수 있도록 최적화 기능을 개발할 수 있는 가능성이 얼마나 높을까? 슈미트후버는 이를 위해 '인공적 호기심'을 제안한다. 《프랑크푸르터 알게마이네 차이퉁*Frankfurter Allgemeine Zeitung*》과의 인터뷰에서 프리데만 비버Friedemann Bieber와 카타리나 라즐로Katharina Laszlo는 슈미트후버에게 거기에도 부작용이 있을 수 있지 않겠느냐고 캐물었다. 즉 인공적 호기심을 가진 로봇이 어쩌면 다른 종류의 학문을 하려고 할 수도 있지 않겠느냐면서 말이다. 슈미트후버의 대답은 또 다른 문제를 보여준다. "거의 그럴 수 없어요. 결국 우리 모두는 같은 물리학 법칙이 존재하는 환경에 살아가고 있으니까요. 그 법칙들을 연구하는 건 좋은 일이죠." 맞는 말이긴 하지만, 이것은 물리학적 세계 모델에만 해당하지, 문화적·사회적 규범에 대한 우리의 관점에는 해당하지 않는다. 인간 연구자들이 다음 연구 프로젝트를 선정할 때, 문화적·사회적 관점은 늘 중요한 역할을 한다. 강한 인공지능이 인간을 연구 대상으로 삼으려 하는 걸 어떻게 막을까? 연구를 할지, 무엇을 연구할지는 일반적으로—특히 인간과 관련한 연구에서는—늘 사회적 합의가 필요하다. 그에 대한 결정은 단순히 인공지능에게 내맡길 수 없다.

그리하여 인공지능의 인간중심적인 호기심 기능은 '인간의 존엄성'을 지키는 것, 최대한의 '지속가능성', '사회참여' 같은 사회적 목표를 내용으로 해야 할 것이다. 따라서 이런 개념들을 운영화하여 측정할 수 있게끔 해야 할 것이다. 또는 우리 인간들이 어떤 상황에서 이런 목표들을 어떻게 평가하고, 우리의 결정에 참작하는지를 배워야 할 것이다.

이쪽을 봐!

명백히 인간을 중심으로 놓는 이런 확장된 세계관하에서 최적화 기능을 만들거나 기계를 학습시켜서, 기계 스스로 자신이 내리는 결정이 인간을 위해 바람직한지 평가하도록 할 수 있을까? 그것이 가능하다면, 사회적 목표들이 서로 충돌할 때 앞에서 언급한 개념들 중에서 우선순위를 어떻게 놓을 수 있을까? 가령 어느 결정이 생태적으로 의미 있는 것처럼 보이지만 어떤 사람들은 그로 인해 재산을 잃는다면 어떻게 할까? 설문조사를 통해 개별적인 목표에 가중치를 부여할 수 있을까? 사람들의 의견이 서로 일치하지 않을 때 어떻게 서열을 정할 수 있을까?

사회적·윤리적 문제에 대해 사람들의 의견을 묻는 것이 어떤 결과를 초래할 수 있는지, 여기 흥미로운 경고가 있다. MIT는 온라인 연구에서 자율주행자동차가 다양한 상황에서 어쩔 수 없이 사람이나 동물을 상해할 수밖에 없을 때 어떻게 행동해야 할지 여러 사람을 대상으로 설문조사를 했다. 연구자들은 다양한 시나리오를 설정했다. 위험에 처하게 되는 사람들의 수가 다른 경우도 있고, 연령이나 성별이 다른 경우도 있었다. 다수를 희생시키지 않기 위해 소수를 희생시킬 수 있는 경우도 있고, 그렇지 않은 경우도 있었다. 이른바 트롤리 문제의 변형이었다.[19] 원하는 독자들은 MIT 웹사이트로 들어가 자신은 어떤 결정을 할지 시험해볼 수 있다(http://moralmachine.mit.edu/hl.de). 〈그림 43〉은 그 설문을 단순화해 보여준다. 우리 대부분은 아마 간단하게 결정을 내릴 수 있을 것이다.

주저자인 어워드Edmond Awad를 비롯한 MIT 연구자들은 일단 그런 결정들 4,000만 개를 평가해 첫 평가 결과를 저명한 학술지인 《네이처Nature》지에 공개했다.[20] 이 설문조사가 여러 이유에서 대표성을 띠지는 않는다 해도, 이로부터 흥미로운 결론을 이끌어낼 수 있다.[21] 평가 결과 전체적으로 자신의 종을 우선시하는 것으로 나타났다. 대부분의 사람들이 인간보다는 동물이 희생되는 쪽을 택했다. 또한 대부분의 사람들이 다수가 속한 집단을 보호하는 쪽을 택했고, 연장자들보다는 젊은 사람들을 보호하는 데 우선순위를 두었다. 어워드와 공동저자들은 아울러 참가자들이 법학교수이자 전 연방헌법재판관인 우도 디 파비오Udo di Fabio가 의장으로 있는 독일 '자율주행자동차 윤리위원회'와는 다른 결정을 내리고 있음을 지적한다. 이 위원회는 회칙 9조에서 이렇게 명시한다. "불가피한 사고 상황에서 개인의 특성(연령, 성별, 신체적·정신적 조건)을 따지는 건 엄격히 금지된다. 피해자 과실상계도 금지된다. 인명피해를 최소화하는 것에 대한 일반적인 프로그래밍이 용인될 수 있다. 주행의 위험을 초래하는 데 참여한 자들은 그에 상관이 없는 자들을 희생해서는 안 된다."[22]

놀라운 부분은 설문조사가 지역에 따른 우선순위의 차이를 보여준다

그림 43 자율주행자동차는 제때 브레이크를 밟거나 피해갈 수 없다. 하지만 고양이와 아이 중 한쪽만 들이받을 수는 있다. 자동차는 어떻게 해야 할까?

는 것이다. 분석에 따르면 남쪽 나라들에서는 남성보다 여성을 보호해야 한다는 의견이 더 강하다. 서구에서는 젊은 사람을 보호하는 것을 더 중요하게 생각하고, 동구권에서는 나이 든 사람을 우선 보호한다.[23] 이미 말했듯이 설문조사는 대표성을 띠지는 않으며, 한 사람이 여러 번 참여할 수도 있고 거짓말을 할 수도 있기에, 그 결과를 양적인 표본으로 받아들일 수는 없다. 그러나 최소한 질적으로는 이런 주제에서 윤리적 우선순위가 얼마나 다른지를 보여주는 듯하다.

그렇다면 이제 어떻게 할까? 어떤 원칙에 따라 최적화 기능을 설정해야 할까? 여기서 강한 인공지능은 주변 사람들에게 배워야 할까? 나치로 키워진 챗봇 태이의 예는 '교사'들을 지엽적으로 선택하면 정말 참담하게 편협한 견해로 이를 수 있음을 보여준다. 그러면 강한 인공지능이 나서서 대표성을 띠는 설문조사를 해야 할까? 어떤 지역, 어떤 국가, 어떤 대륙에서 그렇게 해야 할까? 강한 인공지능의 결정이 글로벌한 영향력을 갖는데, 사람들의 우선순위는 다 다르다면 어떻게 할까? MIT의 저자들은 그에 대해 이렇게 쓴다 "인구집단의 윤리적 선호가 정책적 결정의 우선적인 토대는 아니라 해도, 사회는 자율주행자동차와 관련한 윤리적 지침이 이해가 갈 때만 자율주행자동차를 구입하고 운행할 용의가 있을 것이다."[24] 부를 분배해야 하고, 갈등을 해결해야 하고, 범죄자에게 형벌을 부과해야 할 때도 이런 문제가 있지 않을까?

그렇다면 강한 인공지능은 몇백 년 이래 비슷한 어려운 문제들을 다뤄온 각 분야의 전문가들에게서 배워야 할까? 전문가들을 어떻게 선별하며, 누구를 데려와 최적화 기능을 정하거나 인공지능을 가르치게 할 수 있을까? 이런 경우 인공지능은 어쩔 수 없이 소수의 사람들만 대표할 수밖에 없을 것이다. 자, 독자들은 이미 강한 인공지능에 대한 질문이 국가 경영, 정치, 사회학의 해묵은 질문들과 맞닿아 있음을 알 수 있을 것이다.

우선 최적화 기능을 운영화한 뒤, 두 번째 단계의 운영화에서는 모델링상의 많은 결정을 해야 할 것이다. 최적화 기능은 어떤 종류의 인풋 데이터를 얻게 될까? 인공지능이 어떤 센서를 가질지, 그의 신호가 어떤 의미를 갖는지를 누가 정할까? 이런 원자료raw data로부터 '사회참여'나 '인간다운 삶'을 위한 척도가 정확히 어떻게 나오게 될까? 그러나 필요한 데이터의 선정뿐 아니라 사회적 개념을 운영화하는 데도—MIT 연구나 기타 사회학 연구에서 볼 수 있는 것처럼—문화적 영향이 지대할 수밖에 없다. 추상적인 최적화 기능을 이해하는 데서도, 다시금 아주 일부 사람들만이 대표성을 느낄 수 있게 될 것이다.

따라서 강한 인공지능의 출발조건은 좋지 않다. 강한 인공지능은 최적화 기능을 필요로 한다. 그러나 그것이 인간중심적이어야 한다면, 데이터를 의미 있게 선정해야 하고 사회적 개념들을 운영화시켜야 한다. 그런데 이 두 가지는 문화적 관점에 대폭 좌우될 수밖에 없다.

따라서 인공지능은 누구에게 배울 수 있을까? 이것은 정확히 숙고되어야 하는 문제다. 최적화 기능이 의도는 좋을지라도, 정확히 우리가 의미 있게 여기는 행동을 권고하지 못하는 경우, 부작용은 피할 수 없다. 이런 토대 위에서 인간중심의 강한 인공지능을 구할 수 있는 경우는 단 두 가지로 보인다. 첫째, 거의 모든 면에서 의미 있게 보이는 최적화 기능으로 인해 작은 부작용만을 예상할 수 있을 때. 둘째, 뭔가 잘못될 위험이 있는 경우 인간이 신속하게 개입할 수 있을 때. 이 두 가지다.

호의적인 최적화 기능과 콜린그리지 딜레마

법을 만들어 성문화하는 것은 처벌과 혜택을 통해 복잡한 상황을 조절하고자 함이다. 원하는 행동을 유발하기 위해 여러 가지 제도를 마련하기도 한다. 지금은 없어졌지만, 환자들이 쓸데없이 병원을 찾는 횟수를 줄이려 병원사용료Praxisgebuehr를 따로 지불하게 한 적도 있다. 온실가스 방출을 줄이기 위해 온실가스 방출권 거래제도 시행되고 있다. 이런 시도 중 몇몇은 정반대의 충동을 낳기도 했다. 사람들이 예기치 않은 방식으로 제도를 악용해, 원래 의도한 것과는 반대의 결과를 빚은 것이다.[25]

밤베르크의 심리학자 디트리히 되르너Dietrich Dörner는 저서 《실패의 논리학Die Logik des Misslingens》에서 인간들은 복잡한 시스템을 조망하고 조절할 수 없다는 확신을 표명한다. 나는 그의 의견에 완전히 동감하는 바다. 우리 인간들은 처음에 확정한, 단 하나의 최적화 기능으로 복잡한 시스템을 조절하는 데 능하지 못하다. 나는 단 하나의 최적화 기능을 활용하겠다는 생각은 무리라고 본다. 그러므로 마지막 희망은 예기치 않은 부작용이 발생할 경우 우리가 최적화 기능을 빠르게 교체하면 된다는 것이리라. 이것은 이른바 콜린그리지 딜레마로 인도한다.

데이비드 콜린그리지David Collingridge는 전자민주주의 분야에서 연구를 했고, 1981년에 저서 《기술에 대한 사회적 통제The Social Control of Technology》[26]에서 다음과 같은 문제점을 지적했다. 새로운 기술을 활용할 때 나타나는 원치 않는 부작용은 종종 그 기술이 널리 퍼져서 기술을 회수하려면 너무나 많은 경제적 비용이 들 때에야 비로소 알게 된다는 것이다. 이에 대한 고전적인 예는 바로 내연기관과 개인화된 교통수단이다. 자동차가 별로 없을 때는 가솔린과 디젤을 사용하는 것이 별로 문제가 없었지만, 차가 급격히 증가하다 보면 문제가 없는 상황은 오래갈 수 없다. 그러나 도시가 형성되고, 자동차로 출퇴근하는 일이 더 많아지고, 국내총생산(GDP)에서 이런 산업에 의존하는 부분이 높기 때문에 대안을 찾기가 힘들어진다. 강한 인공지능에서도 비슷한 것을 생각할 수 있다. 디지털

강한 인공지능이 존재하지 말아야 할 이유

1. 인공지능에는 최적화 기능이 필요하다.

2. 나쁜 최적화 기능은 심각한 부작용을 야기한다.

3. 최적화 기능은 데이터를 필요로 하고, 데이터는 선별되고 운영화되어야 한다.

4. 양질의 최적화 기능은 아주 소수다.

5. 콜린그리지 딜레마: 뭔가를 변화시키는 건 힘들다.

사용자 수
손해잠재력이 크다
+만회가능성이 적다

지식은 얼마든지 복제될 수 있는데, 모든 복제본을 다 업데이트하는 것은 어려울 것이다. 그 밖에도 기술의 현 상태에 따라—문제의 크기에 따라—지식 구조를 부분적으로 0으로 되돌려야 할텐데, 여기서도 콜린그리지 딜레마가 엄습할 것이다.

다른 말로 해서, 나는 인간친화적인 강한 인공지능의 최적화 기능의 양은 인간을 포함해 지구와 동식물계에 긍정적인 영향을 미치지 않을 최적화 기능의 양에 비하면 어마어마하게 적다고 생각한다. 그러므로 그것을 시도하는 것은 좋지 않은 결말에 이르는 통계적 자살이 될 거라고 본다. 위의 그림이 이런 논지를 요약해서 보여준다.

강한 인공지능의 유용성이 리스크보다 더 높을 수 있을까? 인류가 삶의 문제들에 대해 올바른 질문을 찾아내지 못할 만큼 미련하지 않기에, 강한 인공지능을 개발할 이유는 없다고 본다. 사회가 추구하는 질문에 대해서는 각각의 약한 인공지능 시스템을 시험해볼 수 있다. 이를 위해 약한 인공지능 프로토타입도 개발할 수 있을 것이다. 오늘날 이미 기본적으로 슈미트후버의 접근을 좇는 소프트웨어에서 그 단초를 볼 수 있다. 즉 상호 개선하는 두 학습 시스템 말이다.

모든 것을 감안해도 이런 단계 이상으로 나아갈 이유가 없다고 본다.

맺음말

자, 이제 친애하는 독자들을 독립시켜 떠나보내야 할 때가 되었다. 자연과학에서 출발해 데이터과학을 하게 된 나의 여정을 토대로, 나는 이 책에서 기계학습이 감탄할 만한 것이긴 하지만 인간에 대한 결정 및 인간들에게 중요한 사회적·경제적·생태적 자원에 대한 접근에 관한 결정에 적용되어서는 안 된다는 것을 독자들에게 조목조목 설명했다. 머신러닝의 장점을 활용하고 단점을 피할 수 있으려면, 인간과 관계된 경우에는 신중해야 하기 때문이다.

나는 독자들에게 네 가지 도구를 주었다. 책임성의 긴 사슬, OMA 원칙, 알고스코프, 리스크 매트릭스가 그것이다.

책임성의 긴 사슬은 알고리즘이 인간의 행동을 예측하려 할 때는 곳곳에서 문제가 발생할 수 있음을 보여주었다. 책임성의 긴 사슬에 대한 그림을 이 부분에 다시 한번 첨부한다. 이 그림을 통해 독자들은 다시 한번 각

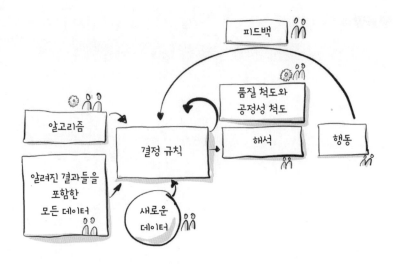

그림 44 기계실은 더 나은 결정을 내리려면 인풋이 필요하다고 외친다. 더 나은 알고리즘 기반 의사결정 시스템을 개발하려면 그림 속의 사람 표시가 있는 부분에서 시민들이 더 목소리를 내고 참여해야 한다.

과정이 윤리적·도덕적 속성을 지닐 수 있으며, 그런 부분에서 독자들이 —관계자 혹은 사용자로서—스스로 개입할 수 있고 개입해야 함을 확인할 수 있을 것이다.

책임성의 긴 사슬은 또한 인공지능이—학습 요소를 가진 것이라도—인간이나 인간사회와 직접적인 관련이 없는 객관적인 사물에 관해 결정하는 경우는 별로 문제 될 것이 없음을 보여준다. 이런 상황에서는 대부분 품질 척도가 명확하고, 측정하기도 쉽기 때문이다. 인간이나 인간의 참여와 무관하기에 공정성 척도도 필요 없고, 사회적 개념을 운영화하는 일도 필요하지 않다. 이런 경우는 (모든 운영화 결정을 포함하여) 알고리즘과 관련한 문제들을 적절히 모델링할 것을 요구하는 OMA 원칙도 쉽게 점검할 수 있다.

　이로써 알고스코프의 필요성도 입증된다. 인공지능—따라서 머신러닝 알고리즘—이 비유적으로 말해 '재판할 때'(즉 인간에 대한 결정을 내릴 때) 또는 '시를 지을 때'(즉 가장 인간다운 활동을 대신할 때)와 같은 상황에서는 기본적으로 주의를 기울여야 한다는 것이다. 그러나 모든 머신러닝 시스템을 기술적 차원에서 감독할 필요는 없다. 알고스코프는 알고리즘 기반의 의사결정 시스템이 더 넓은 시각과 감독을 필요로 하는지를 판단하도록 도와줄 것이다. 윤리적 관점에서 고려해야 하는 소프트웨어 시스템은 상대적으로 많지 않다. 윤리적 고려가 필요한 경우는 무엇보다 인간들의 과거 행동에 대한 데이터를 토대로 학습하여 다른 인간의 미래 행동을 추론하고, 사회적 자원에의 접근을 결정하는 시스템들이다. 따라서 기본적으로 '재판하는' 것으로 비유되는 알고리즘 기반 의사결정 시스템들이다.

　그런 시스템들은 안전성을 규제하는 등 기술적으로 감독을 해야 한다. 이런 시스템에서 머신러닝을 어떻게 활용할지에 대한 질문은 아직 연구 대상이다.

　인간에 대해 판단을 내리는 의사결정 시스템에 대한 기술적 감독 수준을 결정하기 위해 나는 다섯 개의 등급을 갖는 리스크 매트릭스를 소개했다. 물론 기술적 차원에서 감독할 필요가 없는 시스템들에는 다른 정책적 감독이 필요할 것이다. '시를 짓는' 것으로 비유되는, 즉 인간의 일을 떠맡는 알고리즘 기반의 의사결정 시스템은 교육정책, 노동정책, 사회정책에서 중대한 결과를 초래할 수 있으며, 이에 대해 우리는 사전에 예방적으로 대처를 해야 한다. 우리의 정치적 의견을 조작한다든가, 엿보고, 중독

되게 만들고, 사용료나 다른 방식으로 조작하는 인공지능 시스템은 데이터보호법, 소비자보호법, 보안정책으로 대응할 필요가 있다. 물론 그와 무관하게 지금까지 해왔듯 제품의 성능 검사가 이루어져야 한다. 가령 차량의 브레이크나 컨베이어벨트의 로봇팔이 안전하게 작동되는지 여부를 검사해야 한다.

그러나 나는 몇몇 예를 통해 복합적인 사회과정에서 알고리즘 기반 의사결정 시스템을 활용하는 경우 '알고리즘 검사법'은 그리 적절한 조치가 아님을 보여주었다. 이 경우에는 사회적 맥락을 고려해야 가능한 위험을 규정하고, 품질 척도도 정할 수 있기 때문이다. 사회기술적인 전체 시스템의 손해잠재력을 분석하기 위해서는 적절한 교육을 받은 사람들이 필요하다. 우리 카이저슬라우테른 공대에서는 사회정보학 전공과정을 개설해 이런 능력을 연마시키고 있다.

그러나 이 책에서 나는 무엇보다 독자들에게 시스템은 조형화의 여지가 있으며, 시민으로서 우리 각자가 행동할 수 있음을 보여주고자 했다. 기술적 감독의 필요성을 서로 다른 등급으로 나눈 것은 우리가 무엇을 할 수 있으며, 무엇이 필요한지를 보여준다. 〈표 2〉에 알고리즘 기반 의사결정 시스템을 개발할 때 답변해야 할 전형적인 질문들을 모아놓았다. 이를 우선적으로 점검한다면 앞으로 중요한 부분에서 기술을 바람직하게 다룰 수 있을 듯하다.

그러나 어느 시간 척도에서 기술을 활용할 수 있을지는 명확하지 않다. 이미 언급한 콜린그리지 딜레마를 생각해야 하기 때문이다. 기술이 아직 널리 사용되지 않는 한, 부작용의 전모는 드러나지 않는다. 그러나

알고리즘 기반 의사결정 시스템의 개발과 활용에서의 윤리적 문제들

데이터: 어떤 사회적 개념을 어떻게 **운영화**했는가? 전체적으로 어떤 데이터를 활용했는가? 이런 데이터의 질은 얼마나 높은가? 누가 실측자료를 정의하는가?

방법: 어떤 유형의 알고리즘을 사용했는가? 데이터의 양이 적합한가, 아니면 데이터에 굶주리는가? 알고리즘이 오류에서 안전한가? 거기서 나온 통계 모델이 인간이 이해할 수 있는 것인가?

품질 척도와 공평성 척도: 어떤 품질 척도와 공평성 척도를 사용했는가? 그것을 각각 누가 결정했는가?

데이터 입력: 데이터 입력에서 어떤 오류가능성이 있는가?

해석: 결과가 정확히 어떻게 제시되는가? 누가 그것을 해석하는가? 사람들이 관련 교육을 받았는가? 품질 척도의 값이 알려져 있는가? 이런 척도의 의미를 명확히 의사소통했는가?

행동: 누가 최종결정을 내리는가('행동하는가')? 기계가 자율적으로 결정을 내리는가? 아니면 그 뒤에 추가로 인간 결정자가 존재하는가?

피드백: 피드백이 쌍방인가, 일방인가? 피드백을 측정할 수 있는가? 어떻게 측정하는가? 시스템이 어떻게 개선되는가? 더 중요한 목표에 대해, 기계의 활용으로 개선하고자 하는 사회적 목표를 누가 정했는가? 목표 도달을 어떻게 측정하는가?

표 2 책임성의 긴 사슬을 따라 이런 질문들이 대두된다. 알고리즘 기반 의사결정 시스템을 개발하고, 사회적 과정에 활용하고자 한다면 이런 질문들에 답해야 한다.

일단 광범위하게 사용되면, 통제하고 다루기가 힘들어진다.

그렇다면 각자가 무엇을 할 수 있을까? 당장 시작해보라. 개인적으로 어떻게 결정을 내릴지 생각해보라. 새로운 동료를 채용해야 할 때 어떤 것에 비중을 둘까? 직장에서도 함께 대화하고 발언하라. 당신이라면 어떤 결정을 내릴까? 데이터가 더 나은 결정을 하는 데 도움이 될까? 내린 결정이 좋은지, 나쁜지를 무엇으로 평가할 수 있을까? 그것을 측정할 수 있을까?

가족, 모임, 협회 등에서 최근에 어려운 결정을 내렸던 일을 생각해보라. 어떤 가치에 의거해 결정이 이루어졌는가? 기계에게 그런 가치를 이해시키는 것이 가능할까?

자신이 영향을 미칠 수 있는 범주 내에서 무엇이 좋은 결정일지 고민해보아야 어느 정도로 기계의 뒷받침을 받을지도 결정할 수 있을 것이다.

윤리가 컴퓨터에 들어오는 것은 오직 당신과 나, 우리를 통해서만 가능하기 때문이다!

감사의 말

원고를 미리 읽어주고 유익한 지적을 해준 분들에게 감사함을 전합니다. 저널리스트였던 아버지 페터하네스 레만과 어머니 우어줄라 레만부스는 20년 넘게 내가 쓴 글들을 읽어주며 학술적인 내용을 가독성 있는 글로 표현할 수 있도록 많은 가르침을 주셨습니다. 애정을 가지고 원고를 훑어봐준 콘라트 라우세, 아니타 클링엘, 질케 크라프트에게도 감사를 표합니다. 무엇보다 '바이첸바움 네트워크 사회 연구소'의 플로리안 에위에르트와 안드레아 함, 인공지능 전문조사 위원회 사무국장 클라우디아 빌터 씨에게 감사합니다. 원고를 잘 만져준 율리아 조머펠트, 라우라 조머펠트를 비롯한 하이네 출판사 팀에게 심심한 감사를 전합니다.

작년 여름 〈쥐트도이체 차이퉁〉에 실린 내 소개글을 보고 곧바로 전화기를 집어든 라우흐차이헨 에이전시의 하나 라이트게브에게 감사합니다. 신문에 나를 소개해준 〈쥐트도이체 차이퉁〉의 담당 편집기자 크리스티나 베른트에게 고마움을 전합니다. 베른트, 당신이 없었다면 이 책은 여전히 서랍 속에서 잠자고 있었을 거예요!

지난 몇 년간 이 책에 이야기한 여러 주제들을 가지고 함께 열띤 토론을 하곤 했던 토비아스 크라프트에게도 감사를 전합니다. 나의 남편과 토비아스와 함께 연초에 '트러스티드 AI'(trusted-ai.com)를 설립한 것은 강연 및 워크숍을 통해 대중과 이 책의 내용을 나누기 위함입니다. 또한 국가와 회사의 알고리즘 기반 의사결정 시스템의 제공, 활용, 평가에도 함께 하고자 합니다. 앞으로 두 사람과 더불어 협업해나갈 것이 기대가 되는군요!

물론 가정에서는 모든 일이 협업입니다. 그런 점에서 늘 나를 뒷받침해주는 남편에게 큰 고마움을 전합니다. 내가 이 책을 하루의 리듬에 맞추어 밤에 집필할 수 있도록 남편이 여러모로 배려해주지 않았다면 이 책은 나올 수 없었을 것입니다. 고맙습니다.

들어가는 말

1 '넛지'는 사람들이 특정 방향으로 결정을 하도록 '가볍게 찌르는' 모든 행동을 칭하는 개념이다. 이를테면 되도록 전기를 절약하는 기기를 사용하게끔 사전에 상황을 조절해두는 것도 그런 행동이 될 수 있다. 넛지는 사회적으로 바람직한 행동을 하는 것이 더 용이하게 할 수 있지만, 극단적인 경우 당사자는 자기 결정권을 빼앗기는 것처럼 느낄 수 있으며, 사회적 영역에서는 고객들을 조작하는 행동으로 옮아갈 수 있다.

2 이를 칭하는 '편견의 맹점bias blind spot'이라는 용어까지 등장했다.

3 "데이터과학자: 21세기의 가장 섹시한 직업"이라는 제목의 기사에서 저자 중한 사람인 D. J. 파틸D. J. Patil은 자신이 제프 함머바허Jeff Hammerbacher와 함께 이런 말을 생각해냈다고 밝히고 있다. 출처 T. H. Davenport, D. J. Patil, "Data Scientist: The Sexiest Job of the 21st Century", *Harvard Business Review*, 10/2012, pp. 70-76.

4 A. Bari, M. Chaouchi, T. Jung, *Predictive Analytics for Dummies*(Hoboken/ New York: Jon Wiley & Sons, Inc., 2014).

5 원문은 이러하다. "(…) in the end the predictive possibilities are virtually unlimited, provided the availability of good data …" 또한 "… let's take the emotion out of the hiring process and replace it with a data-driven approach." hrminfo.net에 올린 블로그 글의 이노스틱스 사 관련 설명이다. http://www. hrmblogs.com/2014/10/15/how-hr-analyticswill-transform-the-world-of-hiring/, 2014년 10월 15일 게시, 2018년 9월 26일 다운로드.

1장 | 판단력이 떨어지는 로봇 재판관

1 이런 대답이 어느 정도로 활용되는지는 알려져 있지 않다. '컴퍼스'를 만든 회사 사이트(현재 '이퀴번트'로 개칭)의 블로그 글에 따르면 위험평가는 여섯 가지 인풋 만을 토대로 이루어진다고 한다(https://www.equivant.com/official-response-to-science-advances/). 그러나 이런 인풋은 언급한 자료를 종합하여 만들어지는 듯하다. 최소한 컴퍼스의 핸드북을 읽어보면 그런 인상을 받게 된다. 이 핸드북 은 p. 27 4.1.2항에서 일반적인 재범예측에 "기존의 범법행위", "마약 문제", "청 소년 범죄를 저지른 나이" 등의 요인들을 감안한다고 밝히고 있다. http://www. northpointeinc.com/downloads/compas/Practitioners-Guide-COMPAS-Core-_031915.pdf.

2 이것은 ROC AUC의 값이다. 퍼센트값이 정확히 의미하는 바는 5장에서 설명하 도록 하겠다.

3 J. Dressel, H. Farid, "The accuracy, fairness, and limits of predicting recidivism." *Science Advances*, American Association for the Advancement of Science(AAAS), 4/2018, eaao5580, 출처 https://advances.sciencemag.org/content/4/1/eaao5580/tab-pdf.

4 K. A. Zweig, S. Fischer, K. Lischka, "Wo Maschinen irren können", AlgoEthik-Reihe der Bertelsmann-Stiftung, 4/2018.

5 ibid.

2장 | 자연과학의 팩트 공장

1 오해를 피하기 위해 밝혀두자면, 나의 불쌍한 효모세포들은 실험을 위해 특별히 혹사당한 게 아니라, 당신의 맥주, 포도주, 헤페초프[꽈배기 모양의 발효빵], 지난 일요일에 먹은 빵을 만들어낸 효모들과 같은 운명에 처한 것이었다.

2 빈정대는 것 아님.

3 S. Büttner, T. Eisenberg, E. Herker, D. Carmona-Gutierrez, G. Kroemer, F. Madeo, "Why yeast cells can undergo apoptosis: death in times of peace, love, and war", *Journal of Cell Biology*, 175/2006, pp. 521-525.

4 처음에 리터러시는 '텍스트 이해'를 칭하는 말이었다. 그러다가 수학적 텍스트를 이해하는 것까지 개념이 확대되었고, 오늘날에는 능력을 비판적으로 사용하는 데 필요한 모든 것을 의미하게 되었다.

5 https://www.tylervigen.com/spurious-correlations.

6 Tyler Vigen, *Spurious Correlations*(New York: Hachette Books, 2015).

7 타일러 비겐은 그것을 다룬 최초의 사람도, 마지막 사람도 아닐 것이다.

8 http://tylervigen.com/view_correlation?id=79686 이 사이트에 들어가 둘러보라. 그곳에 실린 이런저런 상관관계들이 어찌하여 인과적 특성을 띨 수 있는지 머릿속에 '이야기'를 꾸며내는 자신을 발견한다면, 다른 방향의 이야기도 찾아보고, 두 상관관계를 어떻게 실험적으로 연구할 수 있을지를 생각해보라.

9 타일러 비겐의 웹사이트 자료: http://tylervigen.com/view_correlation?id=79686.

10 타일러 비겐의 웹사이트 자료 http://tylervigen.com/view_correlation?id=

31365.

11 이것이 가설인 것은 '계산가능성'이라는 개념을 명확히 정의할 수 없기 때문이다. 대신에 많은 영리한 사람들은 직관적으로 의미 있는 여러 계산모델을 정해 이 모든 모델이 같은 문제를 계산할 수 있고 다른 문제들은 해결할 수 없음을 보여주었다. 이런 계산모델 중 하나는 인간이 종이와 연필로 계산할 수 있는 것을 시뮬레이션하고, 다른 하나는 수학이 함수를 도구로 계산할 수 있는 것을 시뮬레이션한다. 지금까지 어떤 사람도 그것에서 벗어나는 계산모델을 규정하지 못했기에 우리는 기계와 인간이 같은 것을 계산할 수 있다고 본다. 계산가능한 문제들이 있고 그렇지 않은 것이 있다고 보는 것이다. 양자컴퓨터도 '계산가능한 함수'와 '계산불가능한 함수'의 기본적인 차이를 바꾸지 못한다. 다만 컴퓨터는 많은 계산들을 무지막지하게 빠르게 할 수 있을 뿐이다.

3장 | 알고리즘, 컴퓨터를 위한 행동지침

1 실제로 나는 지난해에도 '로가리듬logarithm[흔히 수학에서 로그라고 하는 것—옮긴이]의 힘'에 대해 강의를 해줄 수 있겠느냐는 문의를 받았다. 그때 나는 이렇게 대꾸하고 싶었다. "네, 하지만 그건 상당히 짧은데요. 로가리듬의 힘은 근에 있고 지수적으로 상승하지요." 하지만 그렇게 말할 수는 없을 것이다. 그것은 관계자만이 알아들을 수 있을 테니까. 그리고 내게 '알고리즘의 힘'을 주제로 한 강의를 부탁하고 있다는 건 자명했다.

2 이 책의 원고를 미리 읽어본 사람들은 이 '주어진'이라는 말을 헷갈려 했다. 독자들도 그러한가? 이것은 이 분야에서 흔히 쓰는 용어로, 계산할 때 기본이 되는 데이터는 '주어진 것'이고, 산출되는 것은 '찾는 것'이다. 'X가 주어진 상태에서 해답 Y를 찾는 것'이다. 즉 인풋과 아웃풋으로 이해하면 된다.

3 수식이 좀더 편한 사람을 위해 u, v, x, y를 구하기 위한 수식을 제시하면 이러하다. $u+2=v-2=x/2=y*2$ 그리고 $u+v+x+y=45$.

4 컴퓨터에서는 물론 모든 정보가 수로 저장된다. 수와 텍스트 입력의 다른 점은 수는 여러 숫자로만 재현되지만 텍스트의 경우는 기호가 더 많이 포함될 수 있다는 것이다. 자릿수가 많은 숫자가 아니라면 효율성을 위해 적은 수의 숫자가 사용될 수 있다(전문가를 위해 말하자면 '기수정렬 알고리즘'이다).

5 https://www.youtube.com/watch?v=kPRA0W1kECg.

6 초판에는 그 어학 시리즈에 "똑똑한 두 살배기 수준"이라고 쓰어 있었다. 아버지는 전화를 걸어 흥분한 목소리로 말한 일이 있다. "딸아! 두 살배기는 아무 말도 못 하거든. 난 늘 최소한 똑똑한 세 살배기 정도는 되었어. 그건 정말 큰 차이야. 손주들에게도 인사 전해주거라." 그리고 나서 어떻게 되었을까? 아버지 말이 옳았다. 어학 시리즈의 그 문장이 "세 살배기"로 변경되었으니까!

7 윌리엄 에드워즈 데밍William Edwards Deming은 이를 "운영상의 정의operational definition"라고 부른다. "운영상의 정의는 개념을 측정가능하게끔 바꾸기 위해 합의된 절차다." 다음에서 인용. W. E. Deming, *The new economics – for Industry, Government, Education*(Cambridge/Massachusetts, MIT Press Ltd., 2000), p. 105.

8 T. J. Misa, "An Interview with Edsger W. Dijkstra", *Communications of the ACM*, August 2010, vol. 53, no. 8, pp. 41-47.

9 '변혁'에 대한 위키피디아의 정의에 의거하여. https://de.wikipedia.org/wiki/Revolution, 2019년 2월 25일 마지막 접속.

10 https://www1.deutschebahn.com/db-analytics-de/thema-b/contentseite-b3-962226.

11 T. J. Misa, "An Interview with Edsger W. Dijkstra", a. a. O., 출처 https://cacm.acm.org/magazines/2010/8/96632-an-interviewwith-edsger-w-dijkstra/fulltext.

12 T. J. 미사T. J. Misa와의 인터뷰에도 이 내용이 실려 있다.

13 이로써 관계 모델로 세상을 다채롭게 만들며, 이 문제에 대한 이론적 모델에서

우리에게 늘 새로운 도전을 주는 모든 이들에게 인사를 전한다. 사실 난 LGBT 버전은 이제까지 알지 못했다. 학사논문의 주제로 괜찮다는 생각이 든다.

14 K. 와크K. Wack와 K. 베리K. Berry의 기사. "'I lost my home because of a computer glitch': Wells' victims seek answers", *American Banker*, 2018년 11월 13일 게재, 출처 https://www.americanbanker.com/news/i-lost-my-home-because-of-a-computer-glitch-wells-fargo-victimsseek-answers, 2019년 2월 26일 마지막 접속.

15 시다스 카베일Siddharth Cavale이 작성한 2018년 11월 6일자 로이터 통신 기사를 보라. 출처 https://www.reuters.com/article/us-wellsfargo-housing/wells-fargo-says-internal-error-caused-more-home-foreclosures-than-expected-idUSKCN1NB23S, 2019년 2월 26일 마지막 접속.

16 https://www.independent.co.uk/travel/news-and-advice/airlineflights-pay-extra-to-sit-together-split-up-family-algorithm-ministera8640771.html.

17 이에 대한 설문조사는 다음을 참조하라. https://www.caa.co.uk/News/CivilAviation-Authority-launches-review-of-airlines—allocated-seatingpolicies/, 2019년 5월 28일 마지막 접속. 조사에 따르면 일행이 있는데 추가요금을 지불하지 않은 승객의 35퍼센트가 일행과 떨어져 앉았다고 대답했다. 다른 항공사를 이용한 승객의 경우 이 비율은 20퍼센트 이하였다.

18 N. J. Butcher, J. C. Bernett, T. Buckland, R. M. H. Weeks, "Emergency Evacuation of Commercial Passenger Aeroplanes", A Specialist Paper prepared by the Flight Operations Group of the Royal Aeronautical Society, 2018년 4월 27일 게재, 출처 https://www.aerosociety.com/media/8534/emergency-evacuation-of-commercialpassenger-aeroplanes-paper.pdf.

19 Jan Boris Wintzenburg, "Viele wussten Bescheid - verstörende Einblicke in den größten Betrugsfall der Bundesrepublik", *Stern*, 2019년 5월 4일 게

재, https://www.stern.de/wirtschaft/news/vw—einblicke-in-dengroessten-betrugsfall-der-bundesrepublik-8694458.html, 2019년 5월 28일 마지막 접속.

20 D. E. Knuth, M. F. Plass, "Breaking Paragraphs into Lines", *Software – Practice and Experience*, 11/1981, pp. 1119-1184.

21 원문은 다음과 같다. "So many parameters are present, it is impossible for anyone actually to experiment with a large fraction of the possibilities. A user can vary the interword spacing and the penalties for inserted hyphens, explicit hyphens, adjacent flagged lines, and adjacent lines with incompatible fitness classifications; (…) Thus one could perform computational experiments for years and not have a completely definitive idea about the behavior of this algorithm." p. 1162, Knuth & Plass (1981), a. a. O의 마지막 단락.

4장 | 빅데이터와 데이터마이닝

1 https://trends.google.de. 에서 최대 세 개의 검색어까지 검색의 상대적 빈도수를 비교할 수 있다. 그러면 한 검색어의 검색 빈도를 100퍼센트 값으로 하여 다른 두 검색어의 검색 빈도가 상대값으로 제시된다. 검색의 절대값은 나오지 않는다.

2 이런 수치 중 하나는 다음을 참조하라. http://www.internetlivestats.com/google-search-statistics/. 출처는 불분명하다.

3 Cal Jeffrey, "Taking that picture of a black hole required massive amounts of data", *Techspot*, 2019년 4월 12일 게재. 출처 https://www.techspot.com/news/79637-taking-picture-black-hole-requiredmassive-amounts-data.html, 2019년 4월 13일 마지막 접속.

4 ibid.

5 이 영상은 다음 트윗에 첨부되어 있다. https://twitter.com/nature/status/

111635647616199065. 더 긴 영상에서는 더 많은 학자들이 감동하는 모습을 볼 수 있다. https://www.youtube.com/watch?v=YNGBIC1zq8c. 두 영상은 저명한 학술지인《네이처*Nature*》에 실렸다.

6 모든 정보학자의 사무실 문 아래쪽에는 가족들이 XXL 피자를 너끈히 들이밀어 줄 만한 틈이 나 있다. 콜라와 커피는 호스를 통해 일터로 직접 흘려보내야 한다. 우리는 일주일에 한 번 약간의 청소를 해주는 사람만 들여보내고, 청소하는 동안 닳아빠진 소파에서 잠시 눈을 붙인다.

7 용량부담은 정말 어마어마했다. 나는 어찌어찌 묘안을 짜내어 내 작은 노트북에 데이터를 저장할 수 있었다. 주기억장치의 용량은 원활한 데이터처리에 아주 중요하다. 주기억장치는 중앙처리장치인 CPU에 아주 가까이 붙어 있어, 그 안에 저장된 데이터를 CPU가 직접적으로 액세스할 수 있다. 그것의 영어 이름이 램RAM, radom access memory인 것도 그래서다. 데이터가 용량이 커서 주기억장치에 들어갈 수 없으면 하드디스크로 보내지고, 필요할 때만 주기억장치에서—이미 그곳에 있던 데이터와 호환하여—카피가 이루어진다. 이런 교환Swap은 직접 액세스하는 것보다 굳이 숫자로 표현하자면 100만 배는 더 느리다. 2007년 램 용량은 굉장히 제한되어 있었고, 대용량 램은 매우 비쌌다. 하지만 내가 그 돈을 투자했다 해도, 나의 프로그래밍언어인 자바가 그런 램을 제대로 관리할 수 없었을 것이다. 그래서 나는 당시 데이터를 작은 램에 밀어넣기 위해 많은 땀을 흘려야 했다.

8 예측의 이런 품질 척도를 평균 제곱근 오차Root Mean Square Error, RMSE라고 한다.

9 이 단락의 모든 수치는 넷플릭스 프라이즈에 대한 꽤 읽어볼 만한 위키피디아 자료를 참조했다. https://en.wikipedia.org/wiki/Netflix_Prize, 2019년 2월 28일 마지막 접속.

10 이와 관련하여 앞으로 나오는 수치는 모두 우연히 뽑은 1만 명의 이용자 표본을 기준으로 한 것이다.

11 거래규칙에서의 이른바 유용성 척도Interestingness measures도 그에 속한다. 다음

을 참조하라. B. L. Geng, H. J. Hamilton, "Interestingness measures for data mining: A survey", *ACM Computing Surveys*, 38/2006, p. 9

12 정말로 보여줄 수 있다. 궁금한 독자들은 다음을 보라. https://en.wikipedia. org/wiki/VeggieTales.

13 이 농담은 내 남편의 원고 검열에서 간신히 살아남았다. 이 책 원고를 남편에게 읽혔을 때, 그는 이 이야기는 완전히 허구이며, 친구들이 저녁에 함께 모여 비디오를 보는 모임은 이제 절대 없다고 강조했다.

14 기본 모델은 우리의 다음 논문에 설명되어 있다(〈귀여운 여인〉/〈스타워즈〉 결과가 명시적으로 언급되어 있지는 않다. 학술논문에 모든 계산이 포함될 수는 없기 때문이다.) A. Spitz, A. Gimmler, T. Stoeck, K. A. Zweig, E.-Á. Horvá, "Assessing Low-Intensity Relationships in Complex Networks", *Plos One*, 2016, https://doi.org/10.1371/journal.pone.0152536.

15 그 밖에 나는 상품 측뿐 아니라 평가 측에서 분산이 클 때, 즉 상품의 인기도가 서로 다르고, 고객들의 상품평가 행동도 많이 차이가 날 때는 언제나 첫 모델이 상품평가 데이터와 관련하여 늘 잘못된 결과를 도출한다는 것을 수학적으로도 증명할 수 있다. 많은 상황이 이에 해당하므로, 첫 모델이 순수 이론적인 이유에서 장기간 널리 활용되어서는 안 될 것이다. 출처 K. A. Zweig, M. Kaufmann, "A systematic approach to the one-mode projection of bipartite graphs", *Social Network Analysis and Minin*, 1/2011, pp. 187-218.

16 이하 참조 K. A. Zweig, "Good versus optimal: Why network analytic methods need more systematic evaluation", *Central European Journal of Computer Science*, 1/2011, pp. 137-153.

17 넷플릭스는 이제 당신이 별점을 몇 점 주든 개의치 않는다. 중요한 것은 당신이 얼마나 오래 넷플릭스를 시청했는가이다! 당신이 어느 부분에서 나가버렸는가? 시리즈의 몇 편을 하루 중 어느 시간에 연달아 보았는가? 알다시피 데이터 상황은 오늘날 훨씬 '방대하고' 섬세해졌다.

18 아마존에 우베 쉐닝Uwe Shöning 책을 검색하자 '이 책을 구입한 분들은 다음 책도 구입했습니다' 코너에 75번째 추천으로 이 책들이 떴다. https://www. amazon.de/Theoretische-Informatik-gefasst-Uwe-Sch%C3%B6ning/ dp/3827418240, 2019년 2월 28일 마지막 접속.

19 아마존에 우베 쉐닝 책을 검색하자 '이 책을 구입한 분들은 다음 책도 구입했습니다' 코너에 70번째 추천으로 이 책이 떴다. https://www.amazon.de/ Theoretische-Informatik-gefasst-Uwe-Sch%C3%B6ning/dp/3827418240, 2019년 2월 28일 마지막 접속.

20 Toby Walsh, *Machines that think – The future of artificial intelligence*(New York: Prometheus Books, 2018).

21 Jane Burns, "Tinder has been raided for research again, this time to help AI 'genderize' faces", *Forbes*, 2.5.2017, https://www.forbes.com/sites/ janetwburns/2017/05/02/tinder-profiles-have-been-looted-againthis-time- for-teaching-ai-to-genderize-faces/#64765818545.

22 Robert Hacket, "Researchers Caused an Uproar By Publishing Data From 70,000 OkCupid Users", *Fortune*, 2016년 5월 18일 게재, 출처 http://fortune. com/2016/05/18/okcupid-data-research/, 2019년 4월 15일 마지막 접속.

23 Kate O'Neill, "Facebook's 10 Year Challenge is just a harmless meme-right?", *Wired online*, 15.1.2019, https://www.wired.com/story/facebook-10-year- meme-challenge/.

24 빌 하트 데이비슨Bill Hart-Davidson도 페이스북 글에서 그 점을 지적한다. https://m.facebook.com/story.php?story_fbid=10113999199234334& id=2364532.

25 틴더에는 케냐의 마지막 백색 코뿔소 계정이 있다. 이런 것은 알고리즘에게 약간 혼란을 초래할 수 있을 것이다. 출처 J. Bacon, "Swipe right! Last male northern white rhino joins Tinder", 2017년 4월 26일 게재, 출처 https://www.

cnbc.com/2017/04/26/swipe-right-last-male-northern-white-rhinojoins-tinder.html, 2019년 4월 15일 마지막 접속.

26 혹시 부엌에 당신을 염탐할 수 있는 가전제품이 있는가? 프랑스의 안전전문가들은 리들 사 써모믹스 제품에 마이크가 달려 있음을 발견했는데, 비활성화상태로 기계에 장착된 태블릿의 부품인 것으로 드러났다. 그러나 태블릿 자체에도 다시금 안전상의 구멍이 많다. 이런 이유에서 인터넷과 연결되는 가전제품은 권하고 싶지 않다. https://www.stern.de/digital/technik/hacker-knacken-lidls-thermomix-klon—und-finden-ein-verstecktes-mikrofon-8760538.html?utm_campaign=&utm_source=twitter&utm_medium=amp_sharing.

27 가령 다음 연구를 보라. A. Vijayan, S. Kareem, Dr. J. J. Kizhakkethottam, "Face recognition across gender transformation using SVM Classifier", *Pro-Cedia Technology*, 24/2016, pp. 1366-1373.

28 James Vincent, "Transgender YouTuber's had their videos grabbed to train facial recognition software - In the race to train AI, researchers are taking data first and ask questions later", *The Verge*, 2017년 8월 22일 게재, 출처 https://www.theverge.com/2017/8/22/16180080/transgender-youtubers-ai-facial-recognition-dataset.

29 아직 보지 못했다면 다음에서 볼 수 있다. https://www.youtube.com/watch?v=cQ54GDm1eL0.

30 T. H. Davenport, D. J. Patil, "Data Scientist: The Sexiest Job of the 21st Century", a. a. O.

31 ibid.

32 A. Spitz, A. Gimmler, T. Stoeck, K. A. Zweig, E.-Á. Horvát, "Assessing Low-Intensity Relationships in Complex Networks", a. a. O.

33 S. Uhlmann, H. Mannsperger, J. D. Zhang, E.-Á. Horvát, C. Schmidt, M. Küblbeck, A. Ward, U. Tschulena, K. A. Zweig, U. Korf, S. Wiemann, Ö.

Sahin, "Global miRNA Regulation of a Local Protein Network: Case Study with the EGFR-Driven Cell Cycle Network in Breast Cancer", *Molecular Systems Biology*, 8/2012, p. 570.

5장 | 컴퓨터지능

1 Florian Gallwitz, "Auch 2029 wird es keine Künstliche Intelligenz geben, die diesen Namen verdient", *WIRED* 2029 특별판, 2018년 12월 14일 게재. https://www.gq-magazin.de/auto-technik/article/auch-2029-wird-es-keine-kuenstliche-intelligenz-gebendie-diesen-namen-verdient.

2 이것은 지도형 기계학습supervised learning의 알고리즘을 학습 요소로서 활용하는 인공지능 시스템에 국한한다. 즉 체험들을 카테고리 혹은 평가에 넣어주면 시스템이 그것들을 학습한다.

3 https://en.wikipedia.org/wiki/Decision_tree_learning#/media/File:CART_tree_titanic_survivors.png. By Stephen Milborrow-Own work, CC BY-SA 3.0, https://commons.wikimedia.org/w/index.php?curid=14143467.

4 앞의 주를 보라.

5 웹사이트 www.kaggle.com은 데이터세트, 회사, 데이터과학자들을 위한 플랫폼을 제공한다. 타이타닉 데이터세트의 링크는 다음과 같다. https://www.kaggle.com/c/titanic. 이 사이트는 다음과 같은 약간 시니컬한 제목으로 되어 있다. "Titanic: Machine Learning from Disaster: Start here! Predict survival on the Titanic and get familiar with ML basics".

6 Pedro Domingos, "A Few Useful Things to Know about Machine Learning", *Communication of the ACM*, 55(10), 2012, pp. 78-87. 원문은 다음과 같다. "It is often also one of the most interesting parts, where intuition, creativity and 'black art' are as important as the technicalstuff."

7 관심 있는 사람은 한 프로젝트에 대한 우리의 티저 영상을 보라(영어로 되어 있다). https://www.youtube.com/watch?v=z_sD9Dj35J0.

8 그 과정을 쉽게 단순화시켜 묘사할 수 있다. 서포트 벡터 머신의 실제 결과에서 분할선은 더 많은 특성들을 충족시켜야 한다.

9 '데이터포인트'는 물론 늘 사람을 의미한다. 입사지원자 말이다. 그러나 이 사실은 곧잘 잊히곤 한다.

10 Cassie Kozyrkov, "The first step in AI might surprise you", 2018년 10월 15일 'Hackernoon'이라는 표제로 미디엄[소셜네트워크 서비스의 한 종류—옮긴이]에 게재. 2019년 3월 17일 마지막 접속. https://hackernoon.com/the-first-step-in-aimight-surprise-you-cbd17a35708a. 원문은 다음과 같다. "Go sprinkle machine learning over the top of our business so … good things happen."

11 트위터 계정 @smingleigh을 쓰는 커스터드 스밍리Custard Smingleigh가 공유한 이야기. 2018년 11월 7일. https://twitter.com/smingleigh/status/1060325665 671692288?lang=de.

12 William Blackstone, *Commentaries on the Laws of England*, vol. IV, 1765, 21 edn., Maxwell Sweet(ed.)(London: Stevens, & Norton, 1844), p. 358.

13 NBC의 척 토드Chuck Todd가 딕 체니Dick Cheney 외 몇몇 정치가들과 진행한 인터뷰 원고. 2014년 12월 14일 〈미트 더 프레스Meet the Press〉 방송 기록. 출처 https://www.nbcnews.com/meet-the-press/meet-press-transcript-december-14-2014-n268181.

14 이 두 인용문을 서로 대조하는 아이디어는 학문과 사회에서 컴퓨터의 제한된 유용성을 주제로 한 크리스 무어Cris Moore의 양질의 동영상에서 얻었다. 출처 https://www.youtube.com/watch?v=Sg2jtEY6qms.

15 연구팀에 따라 이런 수치가 늘 70퍼센트 정도에서 왔다갔다하는 일련의 연구들이 있다. 그중 하나는 노스포인트 사Northpointe Inc.(현재는 이퀴번트로 개칭)가 공개한 기술보고로, 모두가 확인가능한 공적인 데이터세트를 토대로

한 연구다. 출처 W. Dieterich, C. Mendoza, T. Brennan, "COMPAS Risk Scales: Demonstrating Accuracy Equity and Predictive Parity", 2017. http://go.volarisgroup.com/rs/430-MBX-989/images/ProPublica_Commentary_Final_070616.pdf, 2019년 4월 20일 마지막 접속.

16 이것은 ROC AUC 정의의 직접적인 결과다. 가령 위키피디아의 다음 페이지에서 확인할 수 있다. https://de.wikipedia.org/wiki/Receiver_Operating_Characteristic.

17 W. Dieterich et al., "COMPAS Risk Scales: Demonstrating Accuracy Equity and Predictive Parity", a. a. O. 부록 A1~A4의 표들은 PV+라는 명칭하에 열 개의 서로 다른 문턱값에 대해 양성예측차를 보여준다.

18 그렇다. 터미네이터 영화들처럼 말이다.

19 프레젠테이션 슬라이드는 다음에서 찾아볼 수 있다. https://theintercept.com/document/2015/05/08/skynet-courier/, 2019년 3월 23일 마지막 접속.

20 이에 대해 가령 앤절라 헬름Angela Helm이 최신 데이터를 가지고 이야기한 내용은 다음을 참조하라. "While Stop & Frisk Has Decreased Significantly in NYC, Young Men of Color Are Still Hit Hardest: Report", *The Root*, 2019년 3월 14일 게재, 출처 https://www.theroot.com/while-stop-frisk-has-decreased-substantially-in-nyc-1833294359, 2019년 4월 20일 마지막 접속.

21 "States should incorporate the application of risk assessment instruments to individuals throughout the criminal justice process—including in the pre-trial process, sentencing process, and parole and probation decisions." 2011년 다음과 같은 제목으로 공개된 미국 시민자유연맹American Civil Liberty Union의 보고서에서 인용. "Smart Reform is Possible", p. 10.

22 이미 기억이 나지 않는 사람들은 1995년에 공개된 "Faster, Harder, Scooter"라는 제목의 스쿠터에 대한 인기 동영상을 보라. https://www.youtube.com/watch?v=j0LD2GnxmKU/.

1 예를 들면, https://www.passengeronearth.com/unterschiedseehunde-seeloewen-seebaeren-walrosse-robben/. 전문가의 조언에 따르면, 잘 모르는 경우 '기각류'라고 싸잡아 말하면 늘 맞는다. 그 말을 기억해야겠다.

2 http://www.image-net.org/challenges/LSVRC/.

3 이 그래픽을 나는 2010~2017년 ILSVRC의 결과(종목: 분류와 위치인식)로부터 합성했다. http://www.image-net.org/challenges/LSVRC/.

4 사진을 이미지인식에 활용해도 되는가에 대해 이미지 저작권자들에게 늘 문의가 이루어지는 것은 아니다. ILSVRC의 데이터세트는 트릭을 동원하여 제공된다. 이미지넷 스스로가 섬네일만을 보여주기 때문이다. 즉 사진의 URL처럼 오리지널 이미지의 축소판을 보여준다. 그리고 "이미지들은 저작권 보호의 대상일 수 있습니다"라는 경고문을 붙여놓고 있다. 이로써 법규는 충족되며, 인공지능을 훈련하는 데도 충분하다. 트레이너는 이를 위해 URL을 차례대로 불러온다. 학습하기 위해 굳이 다운받을 필요는 없다. 모니터에 알록달록한 픽셀을 띄우는 것으로 충분하다.

5 http://farm1.static.flickr.com/10/13160739_05cd2aeed5.jpg.

6 http://www.image-net.org/challenges/LSVRC.

7 이 이미지는 캡차와 비슷한 수수께끼를 보여준다. 원 출처는 다음과 같다. MartinVector:Loki 66-Captcha.jpg. 저작권 없음. https://commons.wikimedia.org/w/index.php?curid=18112609.

8 이제 이 과정이 꼭 필요한 건 아니다. 그냥 '위험값'만 피드백할 수 있고, 그에 대해 웹사이트 운영자가 어떻게 처리할 것인지 생각해볼 수도 있다. 이에 대해서는 구글의 리캡차 3.0 버전에 대한 동영상을 참조하라. https://www.youtube.com/watch?time_continue=145&v=tbvx.FW4UJdU.

9 이것저것 클릭해보며 리캡차를 게으르게 해결하는 사람들을 통해 데이터가 조작되는 것을 피하기 위해, 특정 시점에 같은 수수께끼를 여러 사람들에게 제공해

다수의 의견이 관철되도록 한다.

10 https://developers.google.com/recaptcha/.

11 https://www.youtube.com/watch?v=fsF7enQY8uI.

12 H. A. Haenssle, C. Fink, R. Schneiderbauer, F. Toberer, T. Buhl, A. Blum, A. Kalloo, A. B. H. Hassen, L. Thomas, A. Enk, L. Uhlmann, "Man against machine: diagnostic performance of a deep learning convolutional neural network for dermoscopic melanoma recognition in comparison to 58 dermatologists", *Annals of Oncology*, 29/2018, pp. 1836-1842.

13 Tom Simonite, "When it comes to Gorillas, Google Photos remains Blind", *WIRED*, 2018년 11월 1일 게재, https://www.wired.com/story/when-itcomes-to-gorillas-google-photos-remains-blind/, 2019년 3월 24일 마지막 접속.

14 테드 토크 시리즈는 수준 높은 여성 강연자들을 '기술, 엔터테인먼트, 디자인' 분야의 주제로 묶고 있다. 테드 토크는 소규모의 지역적 컨퍼런스를 토대로 만들어진다.

15 Joy Buolamwini, "How I'm fighting bias in algorithms", 2016년 11월에 열린 TEDxBeacon Street 컨퍼런스를 토대로 한 테드 토크. https://www.ted.com/talks/joy_buolamwini_how_i_m_fighting_bias_in_algorithms, 2019년 3월 24일 마지막 접속.

16 이에 대한 동영상은 다음 두 개의 링크를 참조하라. https://metro.co.uk/2017/07/13/racist-soap-dispensers-dont-work-for-black-people6775909/. 그리고 https://mic.com/articles/124899/the-reasonthis-racist-soap-dispenser-doesn-t-work-on-black-skin#.bveNTn5Qf.

17 일례로 다음 책이 있다. Caroline Criado-Perez, *Invisible Women – Exposing Data Bias in a World Designed for Men*(London: Chatto & Windus, 2019).

18 다음 논문에서 인용했다. "The Importance of Nuance", *Harvard Medicine*, Winter edition 2019, https://hms.harvard.edu/magazine/artificial-

intelligence/importance-nuance, 2019년 3월 24일 마지막 접속.

19 Chris Anderson, "The end of theory: The data deluge that makes the scientific method obsolete", *WIRED*, 2008년 8월 23일 게재, 출처 https://www.wired.com/2008/06/pb-theory/, 2019년 3월 24일 마지막 접속.

20 Nassim Nicholas Taleb, *Der schwarze Schwan – Die Macht höchst unwahrscheinlicher Ereignisse*(München: Albrecht Knaus Verlag, 2015).

21 Cathy O'Neil, *Angriff der Algorithmen*(München: Carl Hanser Verlag, 2017).

22 Safiya U. Noble, *Algorithms of Oppression – How Search Engines Reinforce Racism*(New York: New York United Press, 2018).

23 Eli Pariser, *Filter Bubble: Wie wir im Internet entmündigt werden* (München: Carl Hanser Verlag, 2012).

24 Yvonne Hofstetter, *Sie wissen alles*(München: Penguin Verlag, 2016).

8장 | 알고리즘과 차별, 그리고 이데올로기

1 다음을 참조하라. S. U. Noble, *Algorithms of Oppression – How Search Engines Reinforce Racism*(New York: New York United Press, 2018); V. Eubank, *Automating Inequality*(London: St. Martin's Press, 2018); S. Wachter-Boettcher, *Technically Wrong – Sexist Apps, Biased Algorithms, and other threats of Toxic Tech*(New York: W. W. Norton & Company, 2017).

2 이를 잘 보여주는 예는 마케도니아 10대 청소년들이 2016년 미국 대선에 개입했던 일이다. 마케도니아 청소년들은 힐러리 클린턴Hillary Clinton에 대한 악의적인 글들을 짜깁기하여 가짜 뉴스를 양산해 많은 인터넷 유저들이 자신들의 웹사이트를 클릭하게 했으며, 그렇게 하여 청소년으로서는 마땅한 일감이 없는 나라에서 두둑한 수익을 챙길 수 있었다고 진술했다. 이에 대해서는 다음을 참조하라. Samanth Subramanian, "Inside the Macedonian FakeNewsComplex",

WIRED, 2017년 2월 15일 게재. 출처 https://www.wired.com/2017/02/veles-macedonia-fake-news/, 2019년 4월 24일 마지막 접속. Dan Tynan, "How Facebook powers money machines for obscure political 'news' sites", *The Guardian*, 2016년 8월 24일 게재, 출처 https://www.theguardian.com/technology/2016/aug/24/facebook-clickbait-political-newssites-us-election-trump, 2019년 4월 24일 마지막 접속.

3 데이터 보호 문제에 대해서는 다음을 참조하라. W. Christl, S. Spiekermann, *Networks of Control*(Wien: Facultas Verlags- und Buchhandels AG, 2016).

4 연방정부의 인공지능 전략, 2018년 11월 게재, 출처 https://www.bmbf.de/files/Nationale_KI-Strategie.pdf.

5 https://www.bundestag.de/ausschuesse/weitere_gremien/enquete_ki.

6 Birgit Hippeler, Heike Korzillus, "Arztberuf: Die Medizin wird weiblich", *Deutsches Ärzteblatt* 105/12, 2008, S. 609-612.

7 버벡 대학교의 범죄정책연구소 산하 세계 교도소 보고World Prison Brief의 구금률 통계.

8 Dr. Ann Carson, "Prisoners in 2016", 2016년 미 법무부의 보고. 이 문건의 표 6은 이런 비율이 2006년 이래 비슷하게 유지되어왔음을 보여준다.

9 American Civil Liberty Union, "Smart Reform is Possible", August 2011, https://www.aclu.org/files/assets/smartreformispossible.pdf, 2019년 5월 30일 마지막 접속.

10 이 흥미로운 판결에 대해서는 다음을 참조하라. http://www.justiz.nrw.de/nrwe/ovgs/vg_gelsenkirchen/j2016/1_K_3788_14_Urteil_20160314.html.

11 Jeffrey Dastin, "Amazon scraps secret AI recruiting tool that showed bias against women", *Reuters Business News*, 2018년 10월 10일 게재, 출처 https://www.reuters.com/article/us-amazon-comjobs-automation-insight/amazon-scraps-secret-ai-recruiting-toolthat-showed-bias-against-women-

idUSKCN1MK08G, 2019년 3월 31일 마지막 접속.

12 ibid., 캡션 2. 그 이유는 복잡하고 다면적이다. 한편으로는 기술 분야의 직업을 선택하는 여성들이 소수이기 때문이기도 하고, 한편으로는 IT 업계에 취직한 여성들이 종종 **빠르게** 일을 그만두기 때문이기도 하다. 하지만 이 책에서는 일 자리 점유가 불균등한 이유를 따지는 것이 아니라, 알고리즘 의사결정 시스템을 어떻게 훈련시켜야 하는가 하는 문제를 다룬다. 이 문제에 대한 답이 불균등이 심화되는가, 지속되는가, 상쇄되는가에 영향을 미친다. 이것은 소규모의 개발팀이 결정할 문제가 아니라 기업 전체 내지 사회가 결정해야 하는 사안이다.

13 ibid.

14 Sonia Paul, "Voice is the next big platform, unless you have an accent", $WIRED$, 2017년 3월 27일 게재, 출처 https://www.wired.com/2017/03/voice-is-the-next-big-platform-unless-you-have-an-accent/, 2019년 4월 1일 마지막 접속.

15 Rachael Tatman, "Google's speech recognition has a gender bias", 2016년 7월 12일 블로그 게재, 출처https://makingnoiseandhearingthings.com/2016/07/12/googles-speech-recognitionhas-a-gender-bias/. 이 블로그에서는 비슷한 결과를 보여주는 또 다른 (꽤 오래된) 연구들을 인용한다.

16 Rachael Tatman, "How well do Google and Microsoft and recognize speech across dialect, gender and race?", 2016년 8월 29일 블로그 게재, 출처 https://makingnoiseandhearingthings.com/2017/08/29/how-well-do-google-and-microsoft-and-recognizespeech-across-dialect-gender-and-race/, 2019년 4월 2일 마지막 접속.

17 https://www.youtube.com/watch?v=NMS2VnDveP8.

18 Australian Associated Press, "Irish-born native English speaker left in visa limbo after low score in voice recognition test", 2017년 8월 9일 게재, 출처 https://www.abc.net.au/news/2017-08-09/voicerecognition-computer-

native-english-speaker-visa-limbo/8789076, 2019년 4월 24일 마지막 접속.

19 White Paper of World Economic Forum Global Future Council on Human Rights 2016-2018, "How to Prevent Discriminatory Outcomes in Machine Learning", 2013년 3월 게재, 출처 http://www3.weforum.org/docs/ WEF_40065_White_Paper_How_to_Prevent_Discriminatory_Outcomes_ in_Machine_Learning.pdf, 2019년 4월 3일 마지막 접속.

20 '트윗'은 짧은 메시지다. 유저들은 자신이 공감하는 트윗에 하트를 누름으로써 '좋아요' 표시를 할 수 있다. 그리고 무엇보다 그 트윗을 자신의 팔로워들에게 전달할 수 있다('리트윗').

21 James Vincent, "Twitter taught Microsoft's AI chatbot to be a racist in less than a day", *The Verge*, 2016년 3월 24일 게재, 출처https://www.theverge. com/2016/3/24/11297050/tay-microsoftchatbot-racist, 2019년 4월 2일 마지막 접속.

22 이 영화에 대해서는 다음을 참조하라. http://www.thecleanersfilm.de/ Regisseur. 모리츠 리제비크Moritz Riesewieck가 이에 대한 글을 썼다. Digitale Drecksarbeit, dtv, München(2017).

23 보완을 위해 말하자면, 물론 개발팀에서도 의식적으로 인종차별적·성차별적 혹은 다른 영역에서의 차별적 결정규칙들을 직접적으로 프로그램에 입력할 수 있다. 지금까지 머신러닝에서 그런 경우는 들어보지 못했고 유니세프 보고서 (Kochi, 2017)도 그렇게 보지는 않는다. 그러나 물론 생각할 수 있는 일이다.

24 구글의 FAQs에 그렇게 되어 있다. https://support.google.com/accounts/ answer/27442?visit_id=636897172188013978-778214861&p=gender&hl=de& rd=1#1#gender.

25 "We also found that setting the gender to female resulted in getting fewer instances of an ad related to high paying jobs than setting it to male." A. Datta, C. Tschantz, A. Datta, "Automated Experiments on Ad Privacy

Settings. A Tale of Opacity, Choice and Discrimination"(2015) 인용. 이런 말은 비판의 여지가 있다. 이 논문을 읽어보면 이것이 급여가 높은 일자리를 얻을 수 있다고 약속하는 코칭 광고라는 걸 알 수 있다. 그럼에도 이런 연구에서 남성들에게 더 좋은 일자리에 대한 광고가 제공되었다는 식으로 인용되곤 한다. 하지만 그렇지는 않았다.

26 이 연구에서는 성별을 이진법으로 모델링했다. 퀴어나 트랜스젠더들이 다른 광고를 받을 가능성은 연구되지 않았다.

27 이에 대한 언론 보도는 다음에 실려 있다. https://civilrights.org/2018/07/30/more-than-100-civil-rights-digital-justiceand-community-based-organizations-raise-concerns-about-pretrialrisk-assessment/, 2019년 4월 20일 마지막 접속.

28 J. Angwin, J. Larson, S. Mattu, L. Kirchner, "Machine Bias - There's software used across the country to predict future criminals. And it's biased against blacks", *ProPublica*(2016) 게재, 출처https://www.propublica.org/article/machine-bias-risk-assessments-in-criminal-sentencing, 2019년 3월 31일 마지막 접속.

29 현재 회사 이름이 이퀴번트로 바뀌었다.

30 J. Kleinberg, S. Mullainathan, M. Raghavan, "Inherent Trade-Offs in the Fair Determination of Risk Scores", Proceedings of the 8th Innovations in Theoretical Computer Science Conference, 2017 (ITCS'17), 43:1-43:23.

31 K. A. Zweig, T. Krafft, "Fairness und Qualität algorithmischerEntscheidungen", *(Un)berechenbar? Algorithmen und Automatisierung in Staat und Gesellschaft*(Kompetenzzentrum Öffentliche IT, 2018).

32 Erica Kochi et al.,, "How to Prevent Discriminatory Outcomes in Machine Learning", World Economic Forum, White Paper of the Global Future Council on Human Rights 2016-2018, 2017년 게재.

33 Gerd Gigerenzer, *Das Einmaleins der Skepsis – Über den richtigen Umgang mit Zahlen und Risiken*(München: Piper Verlag, 2015).

9장 | 어떻게 감독할 수 있을까

1 '필터 버블'은 알고리즘이 이용자의 관심사를 파악해 정보들을 필터링해서 제공하는 것을 말한다. 이 개념은 2011년 엘리 파리저Eli Pariser가 그의 책에서 제기한 것이다. 독일어판 *Filter Bubble – Wie wir im Internet entmündigt werden*(Carl Hanser Verlag, München, 2012). 이것은 데이터가 부족해 검증이 쉽지 않다. '에코 챔버'는 자신의 목소리를 내면 메아리가 울리는 반향실처럼, 인터넷 공간에서 자신과 유사한 생각을 가진 친구와 지인의 목소리만 듣게 되는 현상을 말한다. 에코 챔버 역시 알고리즘이 만들어내고 편향적인 사고를 굳히는 것이다. 이 개념 역시 연구하기가 쉽지 않다.

2 T. Krafft, K. A. Zweig, "Transparenz und Nachvollziehbarkeit algorithmischer Entscheidungssysteme - ein Regulierungsvorschlag", 독일 소비자센터 연방연합을 위한 연구, 2019. https://www.vzbv.de/sites/default/files/downloads/2019/05/02/19-01-22_zweig_krafft_transparenz_adm-neu.pdf.

3 K. A. Zweig, S. Fischer, K. Lischka, "Wo Maschinen irren können", a. a. O.

10장 | 기계가 인간을 판단하는 걸 누가 원할까

1 110개 이상의 그룹에 대한 언론 보도 중 하나는 다음을 참조하라. American Civil Liberty Union(ACLU), "The use of pretrial 'risk assessment' instruments - A shared statement of civil rights concerns", 2018년 게재, 출처 http://civilrightsdocs.info/pdf/criminaljustice/Pretrial-Risk-Assessment-Full.pdf.

2 이 모든 것은 그 배경이 되는 알고리즘 기반의 의사결정을 개발한 신테시스 포

어숭 유한회사의 상세한 연구 보고서에 실려 있다. 이 보고서는 로지스틱 회귀 분석을 토대로 한 것이다. Jürgen Holl, Günter Kernbeiß, Michael Wagner-Pinter, "Das AMS-Arbeitsmarktchancen-Modell", Konzeptunterlage zur AMS-Software, 2018년 10월 AMS-연구 네트워크 게재, 출처 http://www.forschungsnetzwerk.at/downloadpub/arbeitsmarktchancen_methode_%20dokumentation.pdf.

3 앞의 자료 참조. 로지스틱 회귀분석은 데이터에서 결정규칙을 학습하는 가장 단순한 방법 중 하나다. 그것이 인공지능 영역에 속하는지를 문제 삼는 사람도 있을 것이다. 하지만 최소한 인간행동 예측에 활용될 때는 그렇다고 봐야 한다. 이런 단순한 방법에서도 이미 언급한 모든 문제들이 중요하기 때문이다.

4 ORF[오스트리아 라디오 방송—옮긴이]의 보고, "Die Grenzen des AMS-Algorithmus", 2019년 1월 18일 게재, 출처 https://orf.at/stories/3108185/, 2019년 4월 30일 마지막 접속.

5 Jürgen Holl, Günter Kernbeiß, Michael Wagner-Pinter, "Das AMSArbeits-marktchancen-Modell", a. a. O.

6 그것으로 그 정보가 이진수로 표시되는지(성별), 또는 정수인지(가령 연령), 또는 카테고리인지(가령 다양한 학교 졸업장)를 물은 것이다.

7 바그너핀터 팀은 개개인의 더 많은 특성을 파악하고 있었다. 하지만 이 모두를 사용하면 데이터세트가 더 많은 그룹으로 쪼개질 것이고, 각 그룹에 포함되는 사람이 몇 안 될 것이다. 먼저 했던 계산을 다시 해보자면. 두 가지 표현형을 갖는 한 가지 특성은 2개의 그룹을 만든다. 그리고 두 가지 표현형을 갖는 두 가지 특성은 4개의 그룹을, 두 가지 표현형을 갖는 세 가지 특성은 8개의 그룹을 만들어내는 식으로 된다. 그러나 데이터포인트의 수는 같다. 그리하여 특성이 많을수록 각 그룹은 작아져서, 통계적 분석을 할 수 없게 된다. 통계적 발언을 하려면 그룹당 충분한 수가 있어야 하기 때문이다. 그러므로 파악한 특성을 다 활용할 수는 없었다. AMS 알고리즘에서 그것이 어떤 특성들인지는 데이터 분석을 통해 사전 결

정되었다.

8 Jürgen Holl, Günter Kernbeiß, Michael Wagner-Pinter, "Personenbezogene Wahrscheinlichkeitsaussagen ('Algorithmen')-Stichworte zur Sozialverträglichkeit", http://www.synthesis.co.at/images/Personenbezogene_Wahrscheinlichkeit-saussagen_Algorithmen_Mai2019.pdf.

11장 | 강한 인공지능은 필요할까

1 Jürgen Geuter, "Nein, Ethik kann man nicht programmieren", *ZEIT* 외부 기고, 2018년 11월 27일자. https://www.zeit.de/digital/internet/2018-11/digitalisierung-mythen-kuenstliche-intelligenzethik-juergen-geuter, 2019년 5월 28일 마지막 접속.

2 위르겐 슈미트후버Jürgen Schmidhuber의 여러 논문이 이를 다루고 있다. 혹은 그의 강의를 편집한 다음 동영상을 참조하라. https://www.youtube.com/watch?v=Ipomu0MLFaI.

3 프리데만 비버Friedemann Bieber, 카타리나 라즐로Katharina Laszlo의 위르겐 슈미트후버 교수와의 인터뷰, "Intelligente Roboter werden vom Leben fas-ziniert sein", *Frankfurter Allgemeine Zeitung*, 2015년 12월 1일. 업데이트 버전 출처https://www.faz.net/aktuell/feuilleton/forschung-und-lehre/die-welt-von-morgen/juergen-schmidhuber-will-hochintelligentenroboter-bauen-13941433-p2.html?printPagedArticle=true#pageIndex_1, 2019년 4월 5일 마지막 접속.

4 이런 말이 과장이 아닐까 하는 사람은 존 브로크만John Brockmann이 엮은 책 (Frankfurt am Main: Fischer Taschenbuch, 2017)을 읽어보라. 《인공지능을 어떻게 생각해야 할까*Was sollen wir von Künstlicher Intelligenz halten?*》라는 제목하의 "유기체의 지능은 미래가 없다"(마틴 리즈Martin Rees), "굴복시킬 수 없으면 연대하라"

(프랭크 티플러Frank Tipler), "여하튼 나는 기계 지배자를 환영한다"(앤터니 개릿 리시 Antony Garrett Lisi) 장들을 참조하라.

5 창출은 한 시스템의 부분들 사이의 상호작용으로부터 다음 차원의 새롭고 측정 가능한 속성이 나타나는 것을 말한다. 가령 고속도로의 자동차들이 서로 상호작 용하여, 다음 차원으로 전체 교통에서 뚜렷한 이유 없이 정체가 발생할 수 있다. 유튜브 채널 'youknow'에서 이를 쉽게 설명해주는 동영상을 볼 수 있다. https:// www.youtube.com/watch?v=W-tJiRe9HDM. 반면 각각의 자동차의 차원— 서로 상호작용하여 운행을 창출하는 시스템—에서는 이런 정체 현상을 이해할 수 없다.

6 프로이트 스스로는 그들과 자신의 인식을 나르시시즘적인 상처라 보았다. 우리 가 중심이 아니고, 진화의 일시적인 결과일 뿐이라는 우주적 상처, 생물학적 상 처, 심리적 상처 말이다. 나는 오늘날 행동심리학자들의 인식을 네 번째 나르시 시즘적 상처로서 보고 싶다. 바로 우리의 결정이 종종 비이성적이라는 합리적-경 제적 상처다.

7 Antony Garrett Lisi, "Ich heiße jedenfalls unsere maschinellen Gebieter willkommen", in *Was sollen wir von künstlicher Intelligenz halten?*, John Brockmann(hrsg.)(Frankfurt am Main Fischer Taschenbuch, 2017).

8 Patrick Beuth, "Man kann Kirche nicht ohne KI schreiben", *ZEIT*, 2017년 11 월 18일 게재, 출처 https://www.zeit.de/digital/internet/2017-11/way-of-the- future-erste-kirche-kuenstliche-intelligenz/komplettansicht, 2019년 4월 6일 마지막 접속.

9 비버와 라즐로와의 인터뷰, *Frankfurter Allgemeine Zeitung*(2015).

10 ibid.

11 그녀의 프로젝트 내용은 다음에 실려 있다. https://connect.unity.com/p/ pancake-bot. Das Veröffentlichungsdatum fehlt.

12 목록은 다음을 참조하라. https://docs.google.com/spreadsheets/u/1/d/

e/2PACX-1vRPiprOaC3HsCf5Tuum8bRfzYUiKLRq JmbOoC-32JorNdfy TiRRsR7Ea5eWtvsWzuxo8bjOxCG84dAg/pubhtml.

13 Mark Bergen, "YouTube Executives Ignored Warnings, Letting Toxic Videos Go Rampant", *Bloomberg News*, 2019년 4월 2일 게재, 출처 https://www. bloomberg. com/news/features/2019-04-02/youtube-executives-ignored-warnings-letting-toxic-videos-Run-rampant, 2019년 4월 7일 마지막 접속.

14 John Doerr, *Measure what matters: OKRs: The Simple Idea that Drives 10x Growth*(New York: Portfolio/Penguin, 2018).

15 ibid. chap. 14.

16 예를 들면 Adam Alter, *Unwiderstehlich – Der Aufstieg suchterzeugender Technologien und das Geschäft mit unserer Abhängigkeit*(München: Berlin Verlag, 2017); Tim Wu, *The Attention Merchants – The Epic Struggle to Get Inside Our Heads*(London: Atlantic Books, 2017).

17 크리스티안 알트Christian Alt와 크리스티안 쉬퍼Christian Schiffer가 쓴 모반이론에 대한 다음 책을 읽어보라. 정말 흥미진진하며, 때로는 가슴이 섬뜩해진다. *Angela Merkel ist Hitlers Tochter*(München: Carl Hanser Verlag, 2018). 작년에 나를 찾아오는 동료들에게 이 책을 선물했다.

18 인간은 이런 '최적화 기능'이 뉴런에 연결되어 있고, 신체에 심겨 있으며, 호르몬 분비와 신경신호로 조절된다. 개인적이며, 역동적으로 변화하는 이런 복잡한 기능이 정말로 학습가능할지는 미지수다.

19 트롤리에 대한 다음 위키피디아 페이지를 참조하라. 관련 상황과 독일과 오스트리아에서의 법적 판단을 각각 잘 정리해놓았다. https://de.wikipedia.org/wiki/Trolley-Problem.

20 E. Awad, S. Dsouza, R. Kim, J. Schulz, J. Henrich, A. Shariff, J.-F. Bonnefon, I. Rahwan, "The Moral Machine Experiment", *Nature*, 563/2018, pp. 59-64.

21 이것은 한편으로는 참가자들이 자원해서 참여했기 때문이다(자기 선택). 다른

한편 여러 번 참가했을 가능성을 배제할 수 없다. 연구 참가자의 인구분포를 보면 데이터베이스가 왜곡되어 있음이 드러난다. 고학력자가 많고, 70퍼센트는 남성이며, 연봉은 적다. 이런 정보는 아직 학업 중인 사람들이 많이 참여했음을 짐작하게 한다. 인터넷 연결이 잘 안 되는 나라들이 많다는 것 역시 의견 편향을 유발한다. https://static-content.springer.com/esm/art%3A10.1038%2Fs41586-018-0637-6/MediaObjects/41586_2018_637_MOESM1_ESM.pdf. 그럼에도 결과가 흥미로운 것은 문화적 다양성을 보여주기 때문이다.

22 독일 '자율주행자동차 윤리위원회'의 보고, 2017년 6월 독일 연방 교통·디지털인프라부(BMVI) 게재. https://www.bmvi.de/SharedDocs/DE/Publikationen/D G/bericht-der-ethik-kommission.pdf ?__blob=publicationFile.

23 지역적 구분이 적확하게 선정되지는 않았다. 특정 국가 참가자들의 선호를 상대적으로 비슷한 다른 나라들의 선호와 통합하는 알고리즘이 선정되었는데, 이런 과정 자체가 많은 모델링 결정을 아우른다. 그리하여 '서구'라고 지칭된 그룹에는 다수의 유럽 국가들과 북아메리카 외에 방글라데시, 러시아, 남아프리카도 들어간다. 반면 '남쪽'이라고 지칭된 그룹에는 남아메리카의 여러 나라들 외에 프랑스와 헝가리도 들어간다.

24 원문은 다음과 같다. "Whereas the ethical preferences of the public should not necessarily be the primary arbiter of ethical policy, the people's willingness to buy autonomous vehicles and tolerate them on the roads will depend on the palatability of the ethical rules that are adopted."

25 실제적인 태도가 최적화 목표와 거꾸로 가는 '정반대의 충동'의 일반적인 예는 위키피디아를 참조하라. https://en.wikipedia.org/wiki/Perverse_incentive. 가령 게임이나 조세법에서 좋지 않은 최적화 기능을 남용하는 것을 보통 '게이밍gaming'이라고 한다. 내 친구 하나는 어느 온라인게임에서 이런 충동을 극단까지 밀어붙이는 바람에 운영진 측으로부터 "명시적으로 허락되어 있지 않은 모

든 것은 금지되어 있습니다"라는 메일을 받았다. 그를 제어하고자 하는 멋진 노
력이었지만 별 소용은 없었다.

26 David Collingridge, *The Social Control of Technology*(Basingstoke: Palgrave
Macmillan, 1981).

그림 출처

© Katharina Zweig :

38쪽, 39쪽, 54쪽, 84쪽, 159쪽, 161쪽, 162쪽, 168쪽, 172쪽, 174쪽(그래프), 178쪽, 191쪽, 196쪽, 197쪽, 227쪽, 228쪽, 229쪽, 252쪽, 256쪽, 258쪽, 261쪽, 263쪽

© Sandra Schulze, Katharina Zweig :

13쪽, 16쪽, 18쪽, 21쪽, 22쪽, 24쪽, 25쪽, 28쪽, 33쪽, 35쪽, 40쪽, 43쪽, 46쪽, 48쪽, 49쪽, 52쪽, 55쪽, 60쪽, 62쪽, 66쪽, 67쪽, 68쪽, 73쪽, 81쪽, 88쪽, 91쪽, 97쪽, 100쪽, 102쪽, 103쪽, 109쪽, 133쪽, 134쪽, 135쪽, 139쪽, 141쪽, 148쪽, 157쪽, 165쪽, 166쪽, 182쪽, 214쪽, 220쪽, 279쪽, 281쪽, 282쪽, 287쪽, 291쪽, 295쪽, 298쪽

무자비한 알고리즘

초판 1쇄 발행 2021년 1월 15일
초판 3쇄 발행 2022년 12월 25일

지은이 카타리나 츠바이크
옮긴이 유영미
펴낸이 이혜경

펴낸곳 니케북스
출판등록 2014년 4월 7일 제300-2014-102호
주소 서울시 종로구 새문안로 92 광화문 오피시아 1717호
전화 (02) 735-9515
팩스 (02) 735-9518
전자우편 nikebooks@naver.com
블로그 nikebooks.co.kr
페이스북 www.facebook.com/nikebooks
인스타그램 www.instagram.com/nike_books

한국어판출판권 ⓒ 니케북스, 2021

ISBN 979-11-89722-32-6 (03400)

책값은 뒤표지에 있습니다.
잘못된 책은 구입한 서점에서 바꿔 드립니다.